战略性新兴领域“十四五”高等教育系列教材

先进机器人建模与控制

吴俊东　孟庆鑫　张　盼　王亚午　编著

机械工业出版社

本书以机器人的发展和进化为线索，聚焦于传统和先进机器人的基础理论和研究方法。在阐述机器人相关理论的基础上，以实际机器人系统为案例进行分析，并配备了仿真或实验所需的源代码和教程，帮助读者深入了解先进机器人系统的建模与控制方法。本书重点介绍刚性全驱动机器人、欠驱动机器人、柔性机器人、气动软体机器人和智能材料软体机器人五类机器人系统，主要内容包括：机器人的定义和发展、自由度和刚性的概念、机器人的基本运动学和动力学建模、柔性梁理论、迟滞非线性、机器人的基本控制思路、全驱动机器人的位置控制及阻抗控制、垂直欠驱动机器人的摇起控制、平面欠驱动机器人的平衡控制、柔性关节机器人和柔性连杆机器人的建模与控制、气动软体机器人的建模和末端位置控制以及轨迹跟踪控制、基于介电弹性体和液晶弹性体的软体机器人驱动器的建模与控制。

本书可作为普通高校机器人、自动化、智能制造等专业高年级本科生和研究生的教材，也可供相关行业的研究人员参考学习。

图书在版编目（CIP）数据

先进机器人建模与控制 / 吴俊东等编著. --北京 ：机械工业出版社，2024. 11. --（战略性新兴领域“十四五”高等教育系列教材）. -- ISBN 978-7-111-76988-0

Ⅰ. TP24

中国国家版本馆 CIP 数据核字第 2024HC1329 号

机械工业出版社（北京市百万庄大街 22 号　邮政编码 100037）

策划编辑：吉　玲　　　　责任编辑：吉　玲　杜丽君

责任校对：梁　园　陈　越　　封面设计：张　静

责任印制：常天培

固安县铭成印刷有限公司印刷

2024 年 12 月第 1 版第 1 次印刷

184mm×260mm · 12 印张 · 296 千字

标准书号：ISBN 978-7-111-76988-0

定价：45.00 元

电话服务　　　　　　　　网络服务

客服电话：010-88361066　　机　工　官　网：www.cmpbook.com

　　　　　010-88379833　　机　工　官　博：weibo.com/cmp1952

　　　　　010-68326294　　金　书　网：www.golden-book.com

　机工教育服务网：www.cmpedu.com

前言

PREFACE

机器人的兴起和发展毫无疑问是人类在20世纪以来最为重要的成就之一。21世纪以来，随着材料科学和制造工艺迅速发展，以柔性、软体机器人为代表的先进机器人技术步入了人们的视野，为机器人行业注入了新的活力。如今，机器人技术是生产制造的根本，是社会安定的助力剂；而机器人学科本身，也发展到了一个崭新的阶段。目前，国家高度重视机器人产业的高质量发展，工业和信息化部、国家发展和改革委员会等15个部门联合印发了《“十四五”机器人产业发展规划》，对“十四五”时期机器人产业发展做出了全面部署和系统谋划。可以说，在这样的时代背景下，学习、研究和发展机器人技术是我国科技发展的重要战略选择。

基于上述考虑，本书以机器人的发展和进化为线索，聚焦于传统工业机器人和先进机器人所涉及的理论和方法，详细介绍了刚性机器人、柔性机器人、软体机器人的基本理论、建模和控制方法。书中既包括前人的经验和总结，也不乏编者的科研心得和实践成果。本书具有以下特点：

1）本书涉及面广，内容全面，以机器人的发展过程作为脉络，系统地介绍了刚性机器人、柔性机器人、软体机器人等不同时期机器人类型所涉及的理论和实践方法。内容层次清晰，脉络分明，方便读者有针对性地进行查阅。

2）本书所述方法均以实际实践为立足点出发进行考虑，摒弃了过于理论的而缺乏实际可行性的内容，所有理论方法均经过了实际系统实验验证。书中会对所涉及的方法辅以实际案例进行说明，包括实验平台的搭建、硬件的结构、程序的实现等，方便读者迅速理解所学理论知识，掌握机器人建模与控制的核心内容。

本书共8章：第1章为绪论，介绍了机器人的发展历程，自由度和刚度的基本概念，通过刚度对机器人的类型进行划分；第2章为机器人基础，介绍了机器人的基本运动学和动力学模型，柔性、软体机器人所涉及的基本概念和方法，以及常用的机器人控制方法；第3章为全驱动机器人，介绍了刚性全驱动机器人的位置控制及阻抗控制方法；第4章为欠驱动机器人，主要讲述刚性欠驱动机器人的控制方法、垂直欠驱动机器人的摇起控制以及平面欠驱动机器人的稳定控制；第5章为柔性机器人，分别对柔性关节机器人和柔性连杆机器人的建模方法进行了介绍，并介绍了如何实现上述两类机器人的控制；第6章为气动软体机器人，描述了以气体进行驱动的软体机器人驱动器的建模方法，包括基于半物理半唯象的建模方法以及基于改进三元模型的建模方法，并在此基础上介绍了气动软体驱动器的末端位置控制和轨迹跟踪控制；第7章为智能材料软体机器人，分别介绍了介电弹性体和液晶弹性体两类智能材料，在此基础上，介绍了介电弹性体驱动器的唯象建模方法和前馈-反馈复合控制方法以及液晶弹性体驱动器的多步形变建模方法和双闭环控制方法；第 8 章为总结与展望，对全书内容进行了总结，并围绕未来机器人的发展前景和所面临的挑战展开讨论。

本书由中国地质大学（武汉）吴俊东、孟庆鑫、张盼、王亚午共同编写。吴俊东编写第 1 章、第 2 章和第 8 章的内容并负责全书的统稿工作；张盼编写第 3 章和第 4 章的内容；孟庆鑫编写第 5 章和第 6 章的内容；王亚午编写第 7 章的内容。

由于编著者的知识水平有限，书中难免存在不当之处，恳请广大读者批评指正。

编著者

目录

前言

第 1 章 绪论 …… 1

1.1 引言 …… 1
1.2 机器人的结构与特征 …… 2
1.2.1 机器人的基本结构 …… 2
1.2.2 机器人的自由度 …… 3
1.2.3 机器人材料的刚度 …… 4
1.3 从刚性机器人到软体机器人 …… 5
1.3.1 基于刚度的机器人分类 …… 5
1.3.2 刚性机器人 …… 5
1.3.3 柔性机器人 …… 6
1.3.4 软体机器人 …… 6
1.4 机器人的典型应用 …… 7
本章小结 …… 8
习题 …… 8
参考文献 …… 8

第 2 章 机器人基础 …… 10

2.1 引言 …… 10
2.2 机器人的建模基础 …… 11
2.2.1 机器人运动学模型 …… 11
2.2.2 机器人动力学模型 …… 14
2.3 柔性机器人的振动及其建模 …… 16
2.3.1 柔性机器人的弯曲形变 …… 16
2.3.2 柔性梁理论基础 …… 19
2.4 软材料的迟滞及其建模 …… 23
2.4.1 软材料的迟滞非线性 …… 23
2.4.2 迟滞的机理建模法 …… 24
2.4.3 迟滞的唯象建模法 …… 25

2.5 机器人的基本控制方法 …… 29
2.5.1 前馈控制 …… 29
2.5.2 PID 控制 …… 31
2.5.3 智能控制 …… 32
本章小结 …… 37
习题 …… 37
参考文献 …… 38
第 3 章 全驱动机器人 …… 39
3.1 引言 …… 39
3.2 全驱动机器人末端的位置控制 …… 40
3.2.1 关节空间下的末端位置控制 …… 40
3.2.2 任务空间下的末端位置控制 …… 46
3.2.3 机器人末端的位置控制案例 …… 48
3.3 全驱动机器人末端的阻抗控制 …… 55
3.3.1 阻抗模型 …… 56
3.3.2 阻抗控制器设计 …… 57
3.3.3 机器人末端的阻抗控制案例 …… 57
本章小结 …… 62
习题 …… 62
参考文献 …… 63
第 4 章 欠驱动机器人 …… 65
4.1 引言 …… 65
4.2 垂直欠驱动机器人控制 …… 67
4.2.1 运动空间划分 …… 70
4.2.2 近似线性化与平衡控制器设计 …… 70
4.2.3 摇起控制器设计 …… 72
4.2.4 垂直两连杆欠驱动机器人控制案例 …… 75
4.3 平面欠驱动机器人控制 …… 78
4.3.1 运动状态约束 …… 79
4.3.2 目标角度计算 …… 82
4.3.3 驱动关节控制器设计 …… 85
4.3.4 平面两连杆欠驱动机器人控制案例 …… 86
本章小结 …… 89
习题 …… 89
参考文献 …… 89

第 5 章 柔性机器人 …… 91

5.1 引言 …… 91
5.2 柔性机器人建模 …… 93
5.2.1 柔性关节机器人建模 …… 93
5.2.2 柔性连杆机器人建模 …… 94
5.3 柔性机器人控制 …… 99
5.3.1 柔性关节机器人控制 …… 99
5.3.2 柔性关节机器人控制案例 …… 101
5.3.3 柔性连杆机器人控制 …… 104
5.3.4 柔性连杆机器人控制案例 …… 106
本章小结 …… 120
习题 …… 120
参考文献 …… 121

第 6 章 气动软体机器人 …… 122

6.1 引言 …… 122
6.2 气动软体机器人基础 …… 126
6.2.1 气动软体机器人的设计 …… 126
6.2.2 气动软体机器人的制作 …… 130
6.2.3 气动软体机器人的控制平台组成 …… 132
6.2.4 气动软体机器人的动态特性 …… 133
6.3 气动软体驱动器建模 …… 135
6.3.1 半物理半唯象建模 …… 135
6.3.2 改进三元模型及参数辨识 …… 137
6.4 气动软体驱动器控制 …… 141
6.4.1 波纹管型气动软体驱动器末端位置控制案例 …… 141
6.4.2 驱动器末端轨迹跟踪控制案例 …… 144
本章小结 …… 148
习题 …… 149
参考文献 …… 149

第 7 章 智能材料软体机器人 …… 151

7.1 引言 …… 151
7.2 智能材料软体机器人基础 …… 153
7.2.1 介电弹性体驱动器 …… 153
7.2.2 液晶弹性体驱动器 …… 156

7.3 介电弹性体驱动器建模与控制 …… 160
7.3.1 介电弹性体驱动器唯象建模 …… 160
7.3.2 介电弹性体驱动器前馈-反馈复合控制 …… 165
7.3.3 介电弹性体驱动器控制案例 …… 166
7.4 液晶弹性体驱动器建模与控制 …… 169
7.4.1 光驱动液晶弹性体驱动器多步形变过程建模 …… 169
7.4.2 光驱动液晶弹性体驱动器双闭环控制 …… 173
7.4.3 光驱动液晶弹性体驱动器控制案例 …… 176
本章小结 …… 178
习题 …… 178
参考文献 …… 179
第 8 章 总结与展望 …… 180
8.1 总结 …… 180
8.2 展望 …… 182
习题 …… 183
参考文献 …… 184

第1章 绪论

导 读

机器人被誉为"制造业皇冠顶端的明珠"，其研发、制造、应用是衡量一个国家科技创新和高端制造业水平的重要标志。当前，机器人技术蓬勃发展，正极大地影响着人类生产和生活方式；先进机器人技术的不断革新，也为这门学科本身不断注入新的活力。本章将从机器人的起源与发展出发，介绍人们对机器人概念的理解和发展；从仿生角度出发，介绍机器人的基本构成，以及自由度、刚度的概念；在此基础上，介绍基于刚度的机器人分类，以及传统和先进机器人技术在不同领域的典型应用。

本章知识点

- 机器人的定义、基本结构与特征
- 机器人的自由度与刚度
- 机器人的分类
- 机器人的典型应用

1.1 引言

机器人是什么？机器人作为20世纪的新生词，如今已成为人们日常生活中频繁提及的概念。国际标准化组织在ISO 8373：2021标准中，将机器人定义为一种具有一定自主性的、可编程的驱动机构；可以执行运动、抓取或定位操作。这是一种从实用角度出发的机器人定义，描述的是传统的工业机器人。这类机器人通常是由金属、陶瓷一类的刚性材料构成的，可以在操控下实现精确的操作，满足生产制造、工业自动化的需求。然而，机器人一词所涵盖的内容却远不止于此。

1920年的一部科幻舞台剧《罗梭的万能机器人》（*Rossum's Universal Robots*）中，最早对机器人一词进行了使用。剧中，一家公司制造了一种可以执行各种任务的类人机器，并对它们冠以了"机器人"的称呼。在这里，人们对理想中的机器人的要求初见端倪：人们希望能创造一种和人相似的机器，去代替人类完成重复性或是具有危险性的各种工作。可以看出，在实现机器人功能性的同时，人们往往希望机器人具有类人的结构和行为特征，正如美国韦氏词典（*Merriam-Webster Dictionary*）中对机器人一词的描述：机器人是一种类似于生物的机器，能够实现独立行走（如步行或通过轮子滚动）并执行复杂的动作（如抓取或搬运物体）。

中国科学家则是对机器人应具有的特性进行了更为全面的概括：其一，像人或人的上肢，并能模仿人的动作；其二，具有智力或感觉与识别能力；其三，是人造的机器或机械电子装置。

事实上，随着机器人技术的不断发展，新的功能、概念和理论不断涌现，人们对机器人本身的理解、定义和需求也随着时代不断变化并越来越丰富。进入 21 世纪以来，随着计算机技术和人工智能技术的快速崛起，以及材料科学、制造工艺技术的突飞猛进，基于柔性结构、软材料的柔性机器人和软体机器人也逐渐进入人们的视野。这类先进机器人在实现功能性的需求基础上，更加追求智能化、仿生的理念。可以说，先进机器人技术的发展，也标志着现代机器人已经逐渐成了一门研究生命及其本质的学科。对机器人的探索，也是人们审视生命、寻找自我的过程，是人类璀璨智慧的体现。

1.2 机器人的结构与特征

1.2.1 机器人的基本结构

大自然是机器人最好的老师。自然界中的生命体经历数亿年的演化，是机器人结构设计的最佳参考对象。诚然，不同的生物结构不一，形态差异巨大；传统机器人和现代机器人亦是不同。然而，生物体的运动系统实际上有着十分相近的结构。基本上，可以认为生物体的运动系统具有三个基本组成部分，即感知器官、大脑和运动器官。

在上述基本组成部分中，感知器官通过视觉、嗅觉、味觉等一系列感应机制获取环境的信息；大脑负责处理这些信息和向运动器官发出运动指令；而运动器官则在大脑的控制下，根据环境信息进行运动，与外界进行交互。这三个部分各司其职，共同协作完成生物体与环境的基本交互。

受到上述生物体运动系统的启发，机器人可由如图 1-1 所示的三个基本部分构成，即感知系统、控制系统和运动系统，分别同生物体的感知器官、大脑和运动器官对应。其中，根据功能的不同，运动系统又可分为驱动机构、传动机构和执行机构三个子系统。下面分别对机器人的各个基本结构进行介绍：

感知系统是机器人获取环境信息的交互窗口，一般由各类传感器构成。常见的传感器包括摄像头、激光雷达、超声波传感器、力传感器、温度计等。同生物的感知器官类似，这些传感器可以将位置、距离、声音、受力、温度等信息转变为电信号或其他形式信号，传递至控制系统进行处理。根据所传递信息是属于外部环境信息还是机器人内部状态信息，感知系统可进一步划分为外部传感器和内部传感器两类。

控制系统是机器人的大脑，负责接收来自传感器的信号，判断机器人自身状态和外部环境。它根据任务指令制订运动决策，生成相应的控制信号作用于运动系统，完成一系列任务。控制系统通常包含计算机、系统和环境的模型、控制策略的相关程序等。

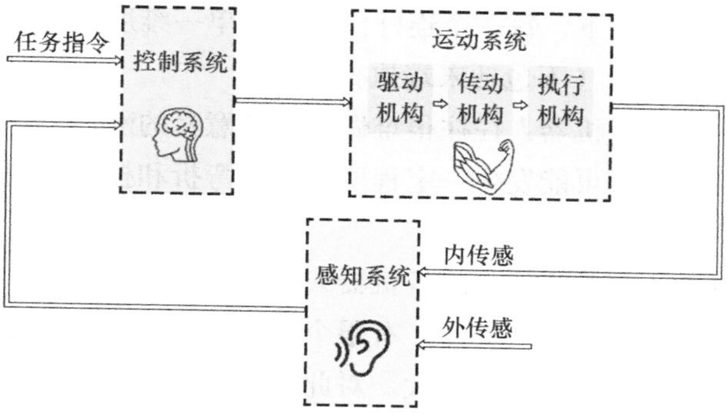

图 1-1 机器人的基本结构示意图

运动系统用于实现机器人在指令下的具体运动，分为驱动机构、传动机构和执行机构三个部分。其中，驱动机构又称驱动器，负责为机器人的运动提供原动力，常见的机器人驱动器包括电动机、液压缸、气动元件、智能材料元件等；传动机构一般在机械型机器人中较为常见，负责将驱动机构产生的运动和作用力传递给执行机构，一般由传送带、齿轮类元件构成；执行机构是机器人执行运动的主体，通常由一系列连杆、关节、末端执行器等元件组成，能够根据控制系统的指令实现具体的操作，完成任务。

在实际应用中，不同功能的机器人往往会在构造和形态上存在较大的差异。例如，工业机器人的运动系统基本由电动机、固定的底座、机械臂和末端执行器组成，能够实现在生产线上的重复性的劳作。而服务类机器人则更加注重机器人与环境的交互，往往具有便于运输和移动的轮式小车结构。然而，即便现有的机器人形态各异，但基本结构始终可以由图 1-1 表示。

在自然界中，不乏存在生物的感知和运动通过同一个器官完成的情况。例如，海中的水母能通过身体中的神经细胞感知周围的环境，同时也通过不断改变自己身体的形状实现在水中的游动。它的身体既是感知器官，又能实现自身的运动，这种驱动感知一体化的特征，被现代机器人研究借鉴，往往出现于软体机器人设计中。这也成为软体机器人区分于传统刚性机器人的重要特征之一。例如，气压驱动的软体机器手可以通过内部气压变化实现运动，同时也可以通过气压值判断其状态；基于形状记忆合金的机器人能通过温度变化产生形变，而反过来也能通过其形状变化监测所处的环境温度。驱动感知一体化机器人的设计和实现，是先进机器人在仿生领域迈出的重要一步。

1.2.2 机器人的自由度

物体的自由度定义为用于对物体在空间中位置和姿态进行完整描述的独立变量数目，是描述机器人状态的重要指标。对于由刚性材料构成的刚体而言，可以认为其运动由六个独立运动构成：沿着 x，y，z 方向的平移运动和分别绕着 x，y，z 轴的翻滚、俯仰和偏摆运动，如图 1-2 所示。

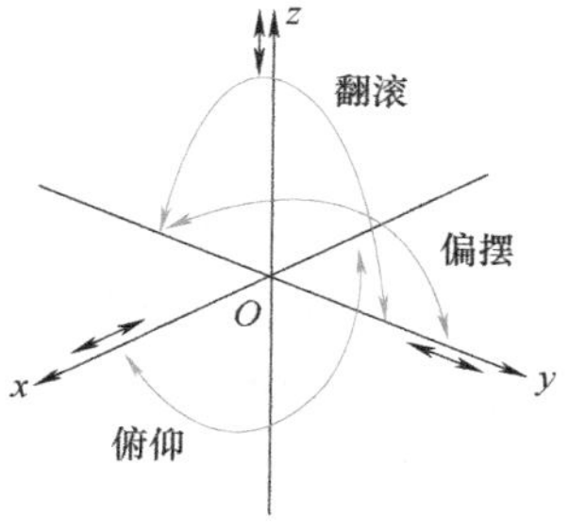

图 1-2 刚体的自由度

当刚体处在约束条件下，其自由度数目则会由于约束关系的存在而减少。传统的工业机器人往往可以视为由一系列相互约束的连杆所构成，在关节的作用下，每一个连杆仅能进行单一维度上的平动或转动。这一类机器人的自由度即为其关节数目（不包括末端执行器）。

然而，实际生活中的工业机器人往往很难做到严格意义的刚性。在较大的作用力下，这类机器人的某些连杆和关节有可能发生一定程度的弹性弯折和扭转，而对这种弹性形变的描述则往往需要额外的自由度。

在现代机器人设计中，一些机器人或者机器人结构的设计则是完全放弃了刚性材料的使用，由没有固定形状的软材料构成。此时，有限个的自由度已无法完整描述这类机器人的位置和形状，机器人的自由度数目趋于无穷大。对此类机器人运动的描述，往往需要在一定约束和限制条件下进行。

因此，可将结构中某些连杆或关节存在弹性形变的机器人称为柔性机器人，由软材料构成的机器人称为软体机器人。这两类机器人将在后面的章节中进行更为详细的介绍。

1.2.3 机器人材料的刚度

机器人材料的坚硬柔软与否，对机器人的自由度数目及其空间状态的描述有着不可忽视的影响。而材料的柔软程度往往可以用该材料的刚度进行描述，刚度的定义为材料在外力作用下抵抗形变的能力。在工程上，人们一般使用材料的杨氏模量对机器人材料的刚度进行定量衡量。

材料的杨氏模量定义为：材料发生轴向形变时，其单位面积上所受作用力与其相对形变的比值（单位为 Pa）。图 1-3 所示为常见材料的杨氏模量，包括生物体的组成材料（橙色）和一些工业、实验室常见材料（蓝色）。其中，最为柔软的是一种被称为水凝胶的软材料，其杨氏模量和生物体的脂肪接近，约为 10^4Pa；而金刚石的杨氏模量可达约 10^{12}Pa，是大自然中最坚硬的天然物质。

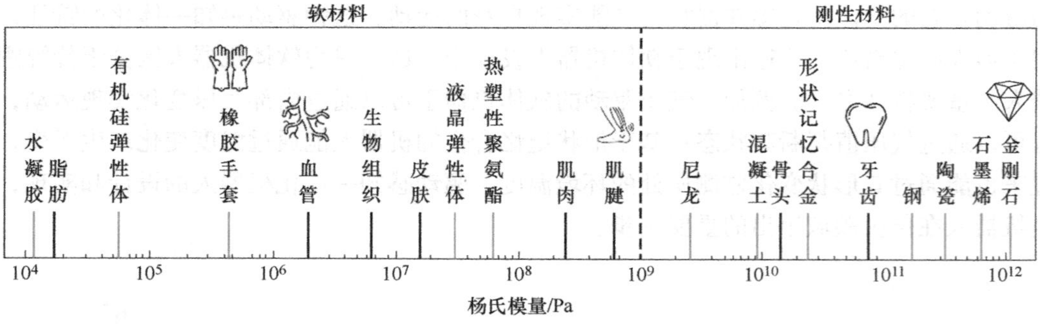

图 1-3 常见材料的杨氏模量

通常，以 10^9Pa 作为刚性材料和软材料的分水岭，如图 1-3 所示。一般工业机器人的组成材料（金属、陶瓷等）属于刚性材料范畴，其杨氏模量为 10^9 ~ 10^{12}Pa，较为坚硬；相对的，构成生物体的大部分材料（骨骼除外）的杨氏模量则为 10^4 ~ 10^9Pa。其中，肌腱有着接近 10^9Pa 的杨氏模量，是一种坚韧而又有一定舒张能力的纤维组织，起到了连接肌肉和骨骼、协助运动和平衡的作用。

1.3 从刚性机器人到软体机器人

1.3.1 基于刚度的机器人分类

由于机器人材料的刚度，对机器人的功能、性能和使用条件有着决定性的影响，因此可以通过构成材料的刚度对机器人进行区分，划分出不同性质和功能的机器人。根据构成材料刚度的不同，机器人可以分为刚性机器人、柔性机器人和软体机器人。不同刚度的机器人往往在运动形态、功能特性上有显著差别，可适应不同的工作环境和工作需求。

实际上，基于刚度的机器人分类，在一定程度上体现了机器人的发展过程：随着机器人技术的迅速发展，人们已经不满足于仅使用传统的刚性机器人完成生产制备、工业自动化等方面的工作，而开始放眼于机器人系统在医疗健康、勘查探测、生物工程等领域的应用。这一理念的实现往往需要机器人具有接近生物体组成材料的柔韧性、环境适应力和交互能力，而这些特性却是传统的刚性工业机器人所不具有的。在自然界中，如章鱼、老鼠一类的生物往往可以穿过比自己小很多的空间；蛇、蚯蚓等生物则可以通过身体的弯曲绕过复杂的障碍前进。这些生物所展现的强大形变特性以及环境适应能力，是很难通过刚性材料来实现的。因此，为了提高机器人的柔软程度，获得更好的环境适应能力和交互能力，人们开始考虑使用具有类似生物体柔软度的组成材料进行机器人设计，基于软材料的机器人应运而生。

由此可见，从刚性材料向软材料的转变，对于实现更加接近生物的机器人设计具有举足轻重的意义，是现代机器人发展过程中重要的一步。基于刚度的机器人分类，归根结底是对传统功能型机器人和现代先进机器人的划分。而在这一划分中，刚度的变化是决定性因素。

1.3.2 刚性机器人

刚性机器人是由包括金属、陶瓷、硬质塑料等刚性材料构成的机器人。一般认为理想的刚性机器人能够在操作和运动过程中始终保持稳定的结构，不会发生变形或弯折。它们通常由电动机、液压驱动，能够实现快速、稳定、高精度的运动和操作，这些特点使得刚性机器人被广泛应用于工业自动化领域。

刚性材料所带来的稳定性和精度，使得刚性机器人常用于完成一些高精度、高速度和重复性要求较高的任务，如装配、焊接、喷涂、零件加工等。此外，也能完成一些较为危险、不适合人工操作的任务，如在高温、有害气体或高风险环境下的作业。可以说，刚性机器人的投入，对提高生产率和保障产品质量有着重要意义。

由于采用刚性材料，可以用有限数目的自由度对刚性机器人的空间状态进行描述。因此，只要在每个关节分别配置用于控制关节连杆的电动机（驱动器），就可以实现对其运动和姿态的精确掌控。这类驱动器数目与自由度数目相等的机器人，称为全驱动机器人。全驱动机器人是20世纪90年代以前机械系统的主要形式。这类系统可以自主控制每个关节的位置、速度和力矩，其控制实现比较简单、直接，具有很高的灵活性和自主性，在工业生产、医疗护理、服务机器人等各种领域都有广泛的应用。欠驱动机器人是指驱动器数目少于自由度数目的机器人。这类机器人自由度数目超过了可控的关节数目，无法使用驱动器对每一个关节进行一一对应的控制，这也使得欠驱动机器人的控制复杂性较高，灵活性和适用范围受限。然而，相较于全驱动机器人，欠驱动机器人采用更少的驱动器实现控制目标，通常能够具有更紧凑的机械结构、更轻的重量以及更低的能耗。欠驱动机器人的研究起步于20世纪90年代，如今已经在太空探索、航海运输、水下探索、仿生机器人等领域广泛应用。

全驱动机器人和欠驱动机器人的概念并非局限于刚性机器人的范畴。实际上，由软材料构成的机器人在不受约束的条件下也属于欠驱动系统；若对它的运动施加约束，则也可将其转变为全驱动的结构。在理论上，本书更注重于介绍刚性全驱动机器人和刚性欠驱动机器人的建模和控制研究。因此，为了避免混淆，在之后的正文中，本书提到的全驱动机器人和欠驱动机器人均默认为在刚性机器人范畴内讨论。

1.3.3 柔性机器人

柔性机器人在刚性机械结构的基础上，通过引入部分具有弹性形变的连杆或关节，实现了具有柔软度和更高灵活性的机器人设计。具有弹性形变的连杆或关节，称为柔性连杆或柔性关节。由于在现实生活中，严格意义上的刚性是不存在的，在机械结构的载荷超出其承受范围时，往往需要考虑机械结构发生弹性形变所带来的影响，因此柔性机器人在一定程度上也是非理想刚性机器人的体现。

在柔性机器人中，一方面柔性结构的引入增强了机器人的柔韧性，实现了较为灵活的机器人的设计；另一方面柔性机器人依然保留着一定的刚性结构，这保证了柔性机器人本身的稳定性。此外，柔性结构也不可避免地为柔性机器人增加了额外的自由度。通常，需要无限个自由度才能对柔性结构的连续形变进行描述，而在一定程度的简化下，则可用单个或数个自由度来对柔性结构的形变进行概括。额外自由度的引入，无疑让柔性机器人的建模和控制问题变得颇为复杂，增加了机器人建模和控制难度。

一般根据柔性结构部位的不同，柔性机器人可以分为柔性关节机器人和柔性连杆机器人。柔性连杆机器人被用于完成需要灵活性和适应性较高的任务，如复杂环境中的操纵、协作和装配等。柔性关节机器人常应用于需要精确控制和柔软触觉的领域，如医疗手术、物料处理等。

1.3.4 软体机器人

软体机器人由一系列易于形变的软材料构成，通常具有自主行动能力。软材料的柔韧性使得软体机器人可以在与环境的交互过程中产生高自由度的连续形变，使其获得接近于生物系统的环境适应力和交互能力，完成刚性机器人难以实现的复杂任务。

软体机器人的形态特征与刚性、柔性机器人大相径庭。通常，上述两类机器人往往可根据图1-1分为若干的基本结构，各结构完成自己的功能，并共同协作完成任务。然而，软体机器人的主体是一个连续可变的整体，其感知、控制、运动系统均被整合于同一个主体之中，属于典型的驱动感知一体化系统。由此可见，对构成软体机器人主体材料的研究，是软体机器人研究的基础和核心。

随着材料科学、制造工艺的发展，越来越多不同种类的新型材料被投入到软体机器人的研究中。常用于软体机器人的软材料包括：硅胶、介电弹性体、液晶弹性体、水凝胶等，种类繁多的材料为软体机器人的发展带来了不同的可能性。如今，软体机器人的应用已经涵盖了医疗、地质勘探、传感、仿生实现等一系列领域，属于现代机器人学研究的重点。

由于软体机器人不具备固定的形态，其连续形变需要无限自由度描述，这使得对于软体机器人的运动和姿态描述十分困难。构成软体机器人的软材料往往具有复杂的动力学特性，这使得当下对于软体机器人，依然缺乏有效的建模和控制手段。研究软体机器人的道路依旧任重而道远。

1.4 机器人的典型应用

刚性机器人在工业制造领域一直扮演着至关重要的角色，是自动化生产的重要组成部分。刚性工业机器人往往被要求完成一些高精度、高速度和重复性要求较高的任务，如零件检测、加工、组装、喷涂等。刚性材料所带来的稳定性，使得刚性机器人能够胜任制造和装配的精密电子仪器设备等对精度要求高的任务。此外，也能完成一些较为危险、不适合人工操作的任务，如在高温、有害气体或高风险环境下的作业。刚性机器人的投入，对提高生产率和保障产品质量有着重要意义，其技术水平始终是用于衡量一个国家制造水平和科技水平的重要标志。

柔性机器人在医疗行业一般被应用于外科手术和内科治疗中。内窥镜手术是柔性机器人的一个典型应用场景。通过采用柔性传感器和可变形的机械结构，柔性机器人能更好地适应人体内部的复杂环境并实现微创手术。柔性机器人同时具备灵活性和精确性，使得医生能够更加精准和安全地进行手术，并减少患者创伤和术后恢复时间，为患者带来了更加高效和安全的医疗服务。

柔性机器人的另一个重要应用领域为康复机器人。随着人机一体化技术的发展，柔性外骨骼机器人应运而生。外骨骼机器人往往被用于对残疾人员和老龄人口进行康复和助力操作，或帮助士兵以及部队后勤实现运动助力的功能。基于柔性机器人的外骨骼机器人往往重量轻、便于佩戴、柔软性高，既能够适应不同人的体型差异，也能提供更为自然的助力。可以说，柔性外骨骼机器人的研究，具有极高的理论价值和现实意义。

软体机器人技术作为机器人前沿技术，在航天航海、医疗、极端环境下的勘测等领域具有巨大的潜力。在软体机器人技术研究中，颇具代表性的是仿生机器人的研究。自然界生物在长久以来的进化过程中，已经进化出了极为高效的生物体结构和灵活的运动模式，是机器人设计最好的“老师”，这是仿生机器人研究的基本思想。例如，德国 Festo 公司已经开发出一系列包括鱼形机器人、蝴蝶机器人等仿生机器人，能够实现在空间中的灵活运动；中国、日本、美国的一些高校和研究所也已制作出爬行机器人、向日葵机器人等形态各异的仿生机器人。仿生概念的实现，对提高机器人运转效率、提升系统灵活性、增强环境适应能力有着重要的意义。

此外，软体机器人研究还利用了诸如介电弹性体、导电聚合物、液晶弹性体、水凝胶等智能软材料，实现毫米乃至微米级别的微小型机器人设计。这类智能软材料支持驱动感知一体化设计，能够简化机器人结构，进而实现机器人的微型化。相关研究对机器人在临床医学的应用有着重要意义，如利用微型机器人实现人体内部的药物定向运输、血管疏通、病变器官检测等。

尽管近年来软体机器人的研究十分火热，相关领域发展迅速，但受限于软材料本身的复杂机理和非线性特性，对软体机器人的建模和控制始终十分困难。这导致软体机器人的研究目前仍然处于起步阶段，相关成果往往仅完成了概念的实现，距离实际投入应用仍然困难重重。软体机器人的蓬勃发展，对于广大的科研工作者来说，既是机遇也是挑战，唯有迎难而上，方能迎来更加丰富多彩的未来。

本章小结

本章从机器人的定义出发，介绍了不同时代人们对机器人概念的理解。通过与实际生物运动系统的对比，介绍了机器人的基本构成；同时介绍了机器人的自由度、机器人材料的刚度及其对机器人特性的影响。在此基础上，以构成机器人材料的刚度为标准进行了机器人的分类，分别介绍了刚性机器人、柔性机器人和软体机器人的特点和区别。最后，对这三种机器人的发展现状和相关应用进行了介绍。

习 题

1-1 机器人的基本构成要素是什么？请结合具体的机器人进行说明，并与实际生物系统比较。

1-2 什么是机器人的自由度？请举例说明一至两个生活中常见的机器人的自由度，它们的自由度数目是多少？

1-3 说明以下典型系统的自由度数目：①单摆；②一维弹簧双振子；③气球。

1-4 什么是机器人材料的刚度？请简单说明机器人材料刚度和其自由度的联系。

1-5 举例说明机器人自由度数目对其特性、功能的影响和限制。

1-6 除自由度和刚度以外，还有哪些可以表征机器人特征的量？请说说你自己的看法。

1-7 试用自己的话定义以下术语：刚性机器人、柔性机器人、软体机器人。解释柔性机器人和软体机器人的区别。

1-8 以生活中常见的一些机器人为例，说明当它的刚性材料被软材料替换时会有什么不同。

1-9 从生物启发和仿生学的角度来讨论软体机器人的发展前景和可能的创新应用。

1-10 结合自己的专业背景或兴趣领域，提出一个可能的机器人应用场景，并设想设计该机器人时可能面临的主要挑战。

参考文献

[1] 斯庞，哈钦森，维德雅萨加．机器人建模与控制［M］．贾振中，译．北京：机械工业出版社，2016.

[2] 尼库．机器人学导论：分析、控制及应用［M］．孙富春，朱纪洪，刘国栋，等译．2 版．北京：电子工业出版社，2018.

[3] 战强．机器人学：机构、运动学、动力学及运动规划［M］．北京：清华大学出版社，2019.

[4] 张涛．机器人概论［M］．北京：机械工业出版社，2020.

[5] 熊有伦，李文龙，陈文斌，等．机器人学：建模、控制与视觉［M］．2 版．武汉：华中科技大学出版社，2020.

[6] 蔡自兴，谢斌. 机器人学［M］. 4版. 北京：清华大学出版社，2022.
[7] 王斌锐，崔小红. 机器人建模与控制仿真［M］. 北京：清华大学出版社，2023.
[8] CRAIG J. Introduction to Robotics：Mechanics and Control［M］. 3rd ed. New York：Pearson Education International，2005.
[9] RUS D，TOLLEY M T. Design，fabrication and control of soft robots［J］. Nature，2015，521（7553）：467-475.
[10] LASCHI C，MAZZOLAI B，CIANCHETTI M. Soft robotics：Technologies and systems pushing the boundaries of robot abilities［J］. Science Robotics，2016，1（1）：eaah3690.
[11] WALLIN T J，PIKUL J，SHEPHERD R F. 3D printing of soft robotic systems［J］. Nature Reviews Materials，2018，3（6）：84-100.
[12] WANG J，CHORTOS A. Control strategies for soft robot systems［J］. Advanced Intelligent Systems，2022，4（5）：2100165.
[13] 王田苗，郝雨飞，杨兴帮，等. 软体机器人：结构，驱动，传感与控制［J］. 机械工程学报，2017，53（13）：1-13.
[14] 赵新刚，谈晓伟，张弼. 柔性下肢外骨骼机器人研究进展及关键技术分析［J］. 机器人，2020，42（3）：365-384.
[15] 孟庆鑫，赖旭芝，闫泽，等. 驱动器故障影响下柔性机械臂运动控制的进展与展望［J］. 广东工业大学学报，2022，39（5）：9-20.
[16] 刘忠良，张坤，魏彦龙，等. 康复机器人系统的研究现状与展望［J］. 机器人外科学杂志（中英文），2023，4（6）：497-506.

第2章　机器人基础

导 读

机器人的建模和控制，是机器人研究过程中最为基本也最为关键的两个课题。机器人理论汇集了机械、电子、计算机、控制、人工智能、数学等多个学科领域的知识和技术。在进一步深入学习之前，本章针对机器人建模与控制的基础知识展开介绍，主要包含机器人的建模基础、柔性机器人的振动及其建模、软材料的迟滞及其建模，以及机器人的基本控制方法四个方面的内容。

本章知识点

- 机器人的建模基础
- 柔性机器人的振动及其建模
- 软材料的迟滞及其建模
- 机器人的基本控制方法

2.1　引言

建模和控制是机器人自诞生以来，自始至终面临着的两个问题：“为什么动”和“怎么动”。其中，“为什么动”即要求人们找到机器人运动过程的因果联系——这正是机器人的建模问题。机器人建模是指将机器人的运动、行为和性能描述为数学模型的过程，它描述了机器人运动行为及其驱动力之间的因果联系。

通常，机器人模型可分为两类：运动学模型和动力学模型。运动学模型描述了机器人的几何结构和运动规律之间的关系，通常用于解决机器人的位姿（姿态）和路径规划等问题。运动学模型包括正运动学模型和逆运动学模型。对于传统的刚性机器人，其正运动学模型的输入为机器人的关节角度，输出为机器人末端执行器的位置和方向；逆运动学模型的输入为机器人末端执行器的位置和方向，输出为机器人各关节的角度。机器人的动力学模型描述了其运动与受到的力和力矩之间的关系。机器人的动力学模型考虑了其各部件之间的相互作用，以及质量、惯性和外部力的影响。通常，刚性机器人可利用牛顿-欧拉法或欧拉-拉格朗日法建立动力学模型。

与传统刚性机器人相比，柔性机器人中柔性结构带来的振动问题对柔性机器人建模提出了巨大挑战。柔性机器人的主要振动形式之一是弯曲振动，即在运动或受到外部力作用时，柔性结构发生弯曲形变并引起振动。为了理解柔性机器人的振动特性，通常使用模态分析。模态分析可以确定结构的自然频率、振动模态，以及与这些模态相关的振动形状。柔性机器人的不同部件之间可能存在耦合振动，即一个部件的振动会影响其他部件的振动。这种耦合振动需要在设计和控制中加以考虑。柔性梁理论提供了描述柔性结构振动行为的基本框架。其中，最常用的理论之一是欧拉-伯努利（Euler-Bernoulli）梁理论，它假设梁在挠曲时的变形主要是由于横向挠曲引起的，而横向应变与梁的切线偏移之间存在线性关系。柔性机器人的振动特性需要通过柔性梁理论建模和分析。这些理论和方法可以帮助科研人员理解和预测柔性机器人的振动行为，并设计有效的控制策略来减少振动对机器人性能的影响。

基于软材料的软体机器人建模则截然不同。由于软材料具有黏弹性，软体机器人在宏观运动上表现出极其复杂的迟滞非线性特性，这为软体机器人的建模带来了巨大困难。软体机器人的迟滞建模方法可分为机理建模法和唯象建模法两大类。其中，机理建模法借助物理学的基本原理和法则分析软材料的变形机制，经过严格的数学推导得出能够描述机器人运动特性的数学模型。唯象建模法则不考虑软材料的形变机理，而是根据机器人系统的输入输出数据进行建模，构建能够精确描述其输入输出特性的数学关系式。其中，以基于 Prandtl-Ishlinskii 模型及其变体的具有解析逆表达式的迟滞唯象模型较为常见。

“怎么动”即要求人们找到使机器人完成运动目标的行为逻辑——这对应着机器人的控制问题。机器人控制是指通过设计合适的驱动力或力矩作用于机器人，并使其达成控制目标的过程。长久以来，机器人控制方法的研究一直是机器人领域和控制领域的前沿研究课题。在现有的控制方法中，基本的机器人控制方法有前馈控制、PID（proportional integral derivative）控制、智能控制等。其中，前馈控制方法通过构建机器人逆模型的方式设计前馈控制器，将前馈控制器的输出直接作用于机器人，实现机器人系统的输出对目标信号的跟踪控制目标。PID 控制方法通过将误差、误差的积分和误差的微分进行线性组合，通过反馈的方式设计控制器，实现机器人的运动控制目标。智能控制是人工智能与自动控制相结合的产物，包括模糊控制、专家控制和神经网络控制等，为解决具有高度非线性和复杂任务要求的机器人系统控制问题开辟了新的方向。

基于上述考虑，本章重点介绍机器人建模与控制的基础知识，主要包含以下四个方面的内容：机器人的建模基础、柔性机器人的振动及其建模、软材料的迟滞非线性及其建模、机器人的基本控制方法。

2.2　机器人的建模基础

2.2.1　机器人运动学模型

连杆机械臂是工业机器人中的一类经典结构，这类结构由一系列连杆通过关节相互链接构成，在关节处可进行平动或者转动，所有关节共同作用以达成末端执行器在空间中的不同位置。工程中常用的起重机、机械臂等均采用这类经典结构。

本节以连杆机械臂为例，介绍机器人正运动学的经典方法：D-H（Denavit-Hartenberg）

建模法。该方法主要用于建立机器人的正运动学模型，其基本思想为：对于每个连杆，建立一个相对静止的连杆坐标系，通过齐次坐标变换找到上一级连杆坐标系和下一级连杆坐标系中坐标的转换关系；在此基础上，对于多连杆系统，多次使用齐次坐标变换，就可以建立首末坐标系的坐标转换关系。

具体地，对于 n 连杆机械臂中任意相邻两个连杆，建立如图 2-1 所示的连杆坐标系。图中，z_i 轴为第 i 个连杆始端关节的旋转轴，第 $i-1$ 个连杆和第 i 个连杆对应的连杆坐标系分别为$\{O_{i-1}\}$、$\{O_i\}$，它们的相对位置应该满足 D-H 约定：①x_i 轴与 z_{i-1}轴垂直；②x_i 轴与 z_{i-1}轴相交。

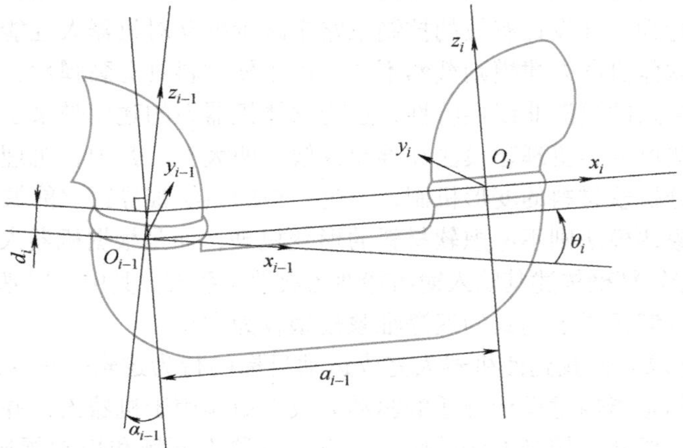

图 2-1　连杆两端相邻坐标系变换示意图

在上述约定下，可用连杆长度 a_{i-1}、连杆扭曲 α_{i-1}、连杆偏置 d_i 以及关节角度 θ_i 四个参数描述$\{O_{i-1}\}$和$\{O_i\}$之间的相对位置关系。a_{i-1}、α_{i-1}、d_i 和 θ_i 四参数具体定义如下：

a_{i-1}：z_{i-1}轴沿 x_i 轴移动到与 z_i 轴相交的距离。

α_{i-1}：z_{i-1}轴绕 x_i 轴旋转到与 z_i 轴平行的角度，方向与 x_i 轴满足右手螺旋定则时取正。

d_i：从原点 O_{i-1}沿 z_{i-1}轴移动到 z_{i-1}轴与 x_i 轴的交点的距离。

θ_i：x_{i-1}轴绕 z_{i-1}轴旋转到 x_i 轴的角度，方向与 z_{i-1}轴满足右手螺旋定则时取正。

此时，连杆坐标系$\{O_i\}$中的位置矢量 $\boldsymbol{P}_i$ 与它在上一级连杆坐标系$\{O_{i-1}\}$中的对应位置矢量 $\boldsymbol{P}_{i-1}$之间具有以下关系：

$$\boldsymbol{P}_{i-1}={}^{i-1}_{\ i}\boldsymbol{T}\boldsymbol{P}_i \tag{2-1}$$

式中，${}^{i-1}_{\ i}\boldsymbol{T}$ 称为连杆坐标系$\{O_{i-1}\}$相对于连杆坐标系$\{O_i\}$的变换矩阵，有

$${}^{i-1}_{\ i}\boldsymbol{T}=\begin{bmatrix}\cos\theta_i & -\sin\theta_i\cos\alpha_{i-1} & \sin\theta_i\sin\alpha_{i-1} & a_{i-1}\cos\theta_i\\ \sin\theta_i & \cos\theta_i\cos\alpha_{i-1} & -\cos\theta_i\sin\alpha_{i-1} & a_{i-1}\sin\theta_i\\ 0 & \sin\alpha_{i-1} & \cos\alpha_{i-1} & d_i\\ 0 & 0 & 0 & 1\end{bmatrix} \tag{2-2}$$

$\boldsymbol{P}_i$ 为四维位置矢量，前三个元素为 $\{O_i\}$ 中的空间坐标，第四个元素由 1 填充，即

$$\boldsymbol{P}_i=[x_i\quad y_i\quad z_i\quad 1]^{\mathrm{T}} \tag{2-3}$$

基于式（2-1），第 n 个连杆坐标系相对基座的坐标变化关系为

$$\begin{cases} \boldsymbol{P}_0 = {}^0_n\boldsymbol{T}\boldsymbol{P}_n \\ {}^0_n\boldsymbol{T} = {}^0_1\boldsymbol{T}{}^1_2\boldsymbol{T}{}^2_3\boldsymbol{T}\cdots{}^{i-1}_{i}\boldsymbol{T}{}^{i}_{i+1}\boldsymbol{T}\cdots{}^{n-1}_{n}\boldsymbol{T} \end{cases} \tag{2-4}$$

在利用 D-H 法建立正运动学模型的过程中，往往会将每个连杆坐标系对应的 a_{i-1}、α_{i-1}、d_i 和 θ_i 参数以表格的形式列出，再利用式（2-2）和式（2-4）求解，这个表格称为 D-H 参数表。

例 2-1：根据 D-H 建模法，以平面三连杆机械臂为例，建立运动学模型。平面三连杆机械臂的结构示意图如图 2-2 所示。连杆 $i=1，2，3$，q_i 为第 i 连杆的角位置，L_i 为第 i 连杆的长度。

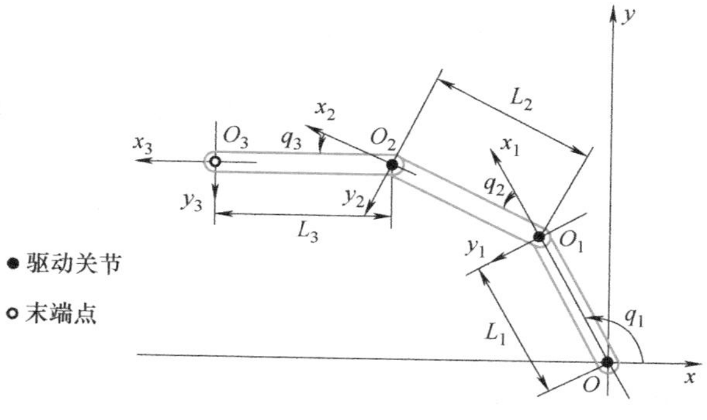

图 2-2　平面三连杆机械臂结构示意图

根据 D-H 约定建立平面三连杆机械臂的连杆坐标系。定义参考坐标系{O}，该坐标系固定在基座上。对于第 i 连杆，以连杆的远端为原点建立坐标系{O_1}、{O_2}、{O_3}。由于平面三连杆机械臂位于一个平面上，因此所有的关节轴线都与平面三连杆机械臂所在的平面垂直。即 z_i 轴均垂直于纸面向外。x_i 轴沿 z_{i-1} 轴和 z_i 轴方向，由 z_{i-1} 轴指向 z_i 轴。因此，x_i 轴均沿连杆方向。根据右手法则，可以确定 y_i 轴。根据上述关系建立的坐标系最终如图 2-2 所示。

根据建立的坐标系，列写平面三连杆机械臂对应的 D-H 参数表。因为所有关节都是旋转关节，所以关节角度 θ 分别为各个连杆的角度，即 q_1、q_2 和 q_3。图 2-2 中，z_i 轴均垂直纸面向外，相互平行，而连杆扭角 α_i 代表 z_{i-1} 轴绕 x_i 轴旋转到与 z_i 轴平行的角度，方向与 x_i 轴满足右手螺旋定则时取正，因此 α_i 均为 0。由于 x_i 轴均在一个平面内，而连杆偏距 d_i 为从原点 O_{i-1} 沿 z_{i-1} 轴移动到 z_{i-1} 轴与 x_i 轴的交点的距离，因此 d_i 均为 0。a_{i-1} 代表 z_{i-1} 轴沿 x_i 轴移动到与 z_i 轴相交的距离，由图 2-2 得到 $a_0=L_1$，$a_1=L_2$，$a_2=L_3$。根据上述分析，列写平面三连杆机械臂对应的 D-H 参数表，见表 2-1。

表 2-1　平面三连杆机械臂对应的 D-H 参数表

i	α_{i-1}	a_{i-1}	d_i	θ_i
1	0	L_1	0	q_1
2	0	L_2	0	q_2
3	0	L_3	0	q_3

根据 D-H 参数表及相邻连杆坐标系的变换矩阵通式[式(2-1)]，可以得到平面三连杆机械臂第 3 连杆的近端相对基坐标系的变换矩阵为

$$
{}_3^0\boldsymbol{T}(q_1,q_2,q_3)={}_1^0\boldsymbol{T}(q_1){}_2^1\boldsymbol{T}(q_2){}_3^2\boldsymbol{T}(q_3)=\begin{bmatrix}\cos\sum_{i=1}^{3}q_i & -\sin\sum_{i=1}^{3}q_i & 0 & \sum_{i=1}^{3}\left(L_i\cos\sum_{j=1}^{i}q_j\right)\\ \sin\sum_{i=1}^{3}q_i & \cos\sum_{i=1}^{3}q_i & 0 & \sum_{i=1}^{3}\left(L_i\sin\sum_{j=1}^{i}q_j\right)\\ 0&0&1&0\\ 0&0&0&1\end{bmatrix} \tag{2-5}
$$

将$\{O_3\}$作为系统的参考坐标系，则末端点齐次坐标表示为

$$
\boldsymbol{P}_3=[0\quad 0\quad 0\quad 1]^{\mathrm{T}} \tag{2-6}
$$

于是可得平面三连杆机械臂的末端点相对于$\{O\}$的齐次坐标为

$$
\boldsymbol{P}_0={}_3^0\boldsymbol{T}\boldsymbol{P}_3 \tag{2-7}
$$

根据图 2-2 中的几何关系，可以得到平面三连杆机械臂末端点的位置坐标为

$$
\begin{cases} x_P=\sum_{i=1}^{3}\left(L_i\cos\sum_{j=1}^{i}q_j\right)\\ y_P=\sum_{i=1}^{3}\left(L_i\sin\sum_{j=1}^{i}q_j\right)\end{cases} \tag{2-8}
$$

至此，平面三连杆机械臂运动学模型建立完毕。

2.2.2 机器人动力学模型

对于刚性连杆机器人而言，欧拉-拉格朗日（Euler-Lagrange）建模法是最为基本且常用的方法。本小节以垂直平面内的 n 连杆全驱动机械臂为例，基于欧拉-拉格朗日建模方法，建立垂直 n 连杆全驱动机械臂的动力学模型。

垂直 n 连杆全驱动机械臂的结构示意图如图 2-3 所示。图中，q_i 为第 i 连杆的角度；L_i 为第 i 连杆的长度；l_i 为第 i 关节到第 i 连杆重心的距离；J_i 为第 i 连杆的转动惯量；g 为重力加速度；$i=1,2,\cdots,n$。

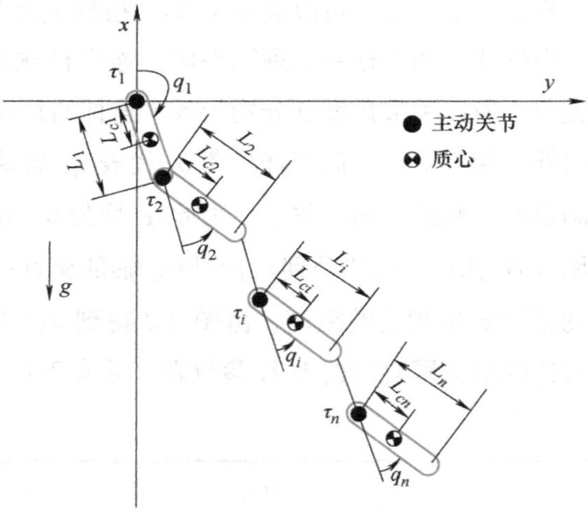

图 2-3 垂直 n 连杆全驱动机械臂结构示意图

根据欧拉-拉格朗日建模法，定义：

$$
L(q,\dot{q})=K(q,\dot{q})-P(q) \tag{2-9}
$$

为垂直 n 连杆全驱动机械臂的拉格朗日函数，式中，$K(q,\dot{q})$、$P(q)$分别为系统的动能和势能。则垂直 n 连杆全驱动机械臂满足如下的拉格朗日动力学方程：

$$
\frac{\mathrm{d}}{\mathrm{d}t}\frac{\partial L(q,\dot{q})}{\partial\dot{q}_i}-\frac{\partial L(q,\dot{q})}{\partial q_i}=\tau_i,\ i=1,2,\cdots,n \tag{2-10}
$$

式中，τ_i 为作用在第 i 关节的力矩，$i=1,2,\cdots,n$。

例 2-2：以垂直二连杆全驱动机械臂为例，利用欧拉-拉格朗日法建立系统的动力学模型。垂直二连杆全驱动机械臂的结构示意图如图 2-4 所示。

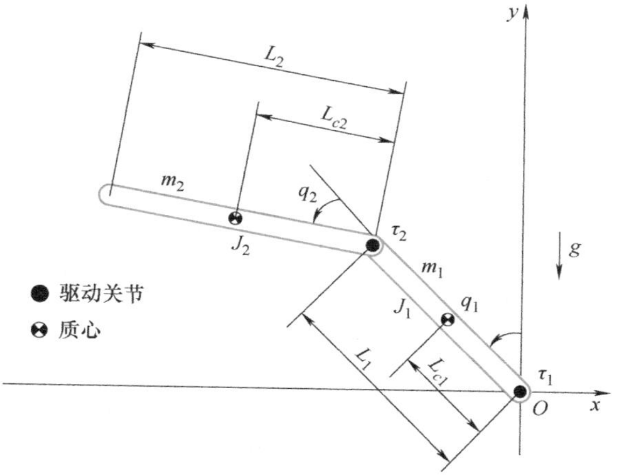

图 2-4　垂直二连杆全驱动机械臂结构示意图

根据图 2-4，垂直二连杆全驱动机械臂第一连杆的质心位置坐标 X_1 和第二连杆的质心位置坐标 X_2 可以分别表示为

$$\begin{cases}X_1=[L_{c1}\sin q_1,L_{c1}\cos q_1]\\X_2=[L_1\sin q_1+L_{c2}\sin(q_1+q_2),\\\quad L_1\cos q_1+L_{c2}\cos(q_1+q_2)]\end{cases}\tag{2-11}$$

从而

$$\begin{cases}\dot{X}_1=[L_{c1}\dot{q}_1\cos q_1,-L_{c1}\dot{q}_1\sin q_1]\\\dot{X}_2=[L_1\dot{q}_1\cos q_1+L_{c2}(\dot{q}_1+\dot{q}_2)\cos(q_1+q_2),\\\quad -L_1\dot{q}_1\sin q_1-L_{c2}(\dot{q}_1+\dot{q}_2)\sin(q_1+q_2)]\end{cases}\tag{2-12}$$

则第一连杆的动能为

$$K_1(q,\dot{q})=\frac{1}{2}m_1\|\dot{X}_1\|^2+\frac{1}{2}J_1\dot{q}_1^2=\frac{1}{2}(m_1L_{c1}^2+J_1)\dot{q}_1^2\tag{2-13}$$

第二连杆的动能为

$$\begin{aligned}K_2(q,\dot{q})&=\frac{1}{2}m_2\|\dot{X}_2\|^2+\frac{1}{2}J_2(\dot{q}_1+\dot{q}_2)^2\\&=\frac{1}{2}(m_2L_1^2+m_2L_{c2}^2+J_2+2m_2L_1L_{c2}\cos q_2)\dot{q}_1^2+(m_2L_{c2}^2+J_2+m_2L_1L_{c2}\cos q_2)\dot{q}_1\dot{q}_2+\\&\quad\frac{1}{2}(m_2L_{c2}^2+J_2)\dot{q}_2^2\end{aligned}\tag{2-14}$$

垂直二连杆全驱动机械臂的总动能为

$$K(q,\dot{q})=K_1(q,\dot{q})+K_2(q,\dot{q})=\frac{1}{2}m_{11}(q_2)\dot{q}_1^2+m_{12}(q_2)\dot{q}_1\dot{q}_2+\frac{1}{2}m_{22}\dot{q}_2^2\tag{2-15}$$

式中

$$\begin{cases}m_{11}(q_2)=a_1+a_2+2a_3\cos q_2\\m_{12}(q_2)=a_2+a_3\cos q_2,m_{22}=a_2\\a_1=m_1L_{c1}^2+m_2L_1^2+J_1,a_2=m_2L_{c2}^2+J_2,a_3=m_2L_1L_{c2}\end{cases}\tag{2-16}$$

定义 x 轴所在的平面为零势能参考面，则垂直二连杆全驱动机械臂第一连杆的势能 $P_1(q)$ 和第二连杆的势能 $P_2(q)$ 分别为

$$P_1(q)=m_1gL_{c1}\cos q_1,\quad P_2(q)=m_2g[L_1\cos q_1+L_{c2}\cos(q_1+q_2)]\tag{2-17}$$

那么垂直二连杆全驱动机械臂的总势能为

$$P(q)=P_1(q)+P_2(q)=a_4\cos q_1+a_5\cos(q_1+q_2)\tag{2-18}$$

式中，$a_4=(m_1L_{c1}+m_2L_1)g$；$a_5=m_2L_{c2}g$。联立式（2-6）、式（2-13）和式（2-16）得

$$L(q,\dot{q})=\frac{1}{2}m_{11}(q_2)\dot{q}_1^2+m_{12}(q_2)\dot{q}_1\dot{q}_2+\frac{1}{2}m_{22}\dot{q}_2^2-a_4\cos q_1-a_5\cos(q_1+q_2)\tag{2-19}$$

故有

$$
\begin{cases}
\dfrac{\partial L(q,\dot{q})}{\partial \dot{q}_1}=m_{11}(q_2)\dot{q}_1+m_{12}(q_2)\dot{q}_2 \\
\dfrac{\partial L(q,\dot{q})}{\partial q_1}=a_4\sin q_1+a_5\sin(q_1+q_2) \\
\dfrac{\partial L(q,\dot{q})}{\partial \dot{q}_2}=m_{12}(q_2)\dot{q}_1+m_{22}\dot{q}_2 \\
\dfrac{\partial L(q,\dot{q})}{\partial q_2}=-a_3(\dot{q}_1+\dot{q}_2)\dot{q}_2\sin q_2+a_5\sin(q_1+q_2)
\end{cases}
\tag{2-20}
$$

再由式（2-10）得到垂直二连杆全驱动机械臂的动力学方程为

$$
\begin{bmatrix} m_{11}(q_2) & m_{12}(q_2) \\ m_{12}(q_2) & m_{22} \end{bmatrix}\begin{bmatrix} \ddot{q}_1 \\ \ddot{q}_2 \end{bmatrix}+\begin{bmatrix} -a_3\dot{q}_2\sin q_2 & -a_3(\dot{q}_1+\dot{q}_2)\sin q_2 \\ a_3\dot{q}_1\sin q_2 & 0 \end{bmatrix}\begin{bmatrix} \dot{q}_1 \\ \dot{q}_2 \end{bmatrix}+\begin{bmatrix} -a_4\sin q_1-a_5\sin(q_1+q_2) \\ -a_5\sin(q_1+q_2) \end{bmatrix}=\begin{bmatrix} \tau_1 \\ \tau_2 \end{bmatrix}
\tag{2-21}
$$

垂直二连杆全驱动机械臂的动力学模型建立完毕。

2.3 柔性机器人的振动及其建模

2.3.1 柔性机器人的弯曲形变

柔性机器人是指具有柔性关节或柔性连杆的机器人。柔性机器人由于其轻量化、高柔顺性和安全性等特点，近年来在工业自动化、医疗手术和服务机器人等领域得到了广泛应用。关节的柔性是指关节由弹性、轻质材料组成，这会导致连杆与电动机之间存在扭转变形；连杆的柔性是指连杆具有轻质、弹性或细长结构，这会导致连杆在转动过程存在一定弯曲。

柔性连杆和柔性关节的存在使得柔性机器人在运动过程中存在连杆或关节的振动和形变，它们轻则影响机器人的精度和稳定性，重则可能导致机械故障。振动和形变的存在，使柔性机械臂的动态特性变得更加复杂，难以通过简单的控制方法来精确控制。因此，对于柔性机器人，需要建立不同于刚性系统的模型来描述关节或连杆的柔性对机械臂的影响。

在柔性关节机器人中，作为电动机和连杆之间的枢纽，关节的柔性使得电动机和连杆之间的约束关系更为复杂。具体而言，当电动机旋转时，关节的振动和形变会导致电动机的旋转角度和连杆的旋转角度不一致，进而影响机器人的控制精度。为了描述柔性关节振动和形变的影响，研究人员通常会把柔性关节视为由弹簧、阻尼和未知动力学三部分构成，分别对柔性关节的弹性形变、能量耗散和非线性进行描述。在此基础上，基于欧拉-拉格朗日法建立柔性关节机器人的动力学模型，以描述柔性关节对机器人的运动带来的影响。

柔性连杆机器人和柔性关节机器人相比，在结构和工作原理上有着显著的区别。柔性连杆的存在导致连杆在运动中可能发生弯曲，这种设计使得此类机器人能够灵活地适应一些较为复杂的工作环境。然而，弯曲形变和与之对应的切向振动，也使得对柔性连杆机器人的形态和运动的描述更为复杂。在现有的柔性机器人理论中，可使用挠度对柔性连杆机器人的弯曲形变进行定量描述。这里，梁的挠度是指梁在外力作用下沿垂直于其原始长度方向的变形量。挠度通常用于描述梁在负载下的变形程度，是柔性结构分析中的重要参数。

在这里，需要先介绍分布参数系统的概念。分布参数系统是指物理量（如位移、应力、温度等）在空间和时间上都连续变化的系统。对于柔性连杆机器人来说，连杆的每一个微小部分都可能会发生形变，这种形变不仅仅是一个点或几个点的变化，而是整个连杆在空间上的连续变化。因此，柔性连杆机器人是一类典型的分布参数系统，它的挠度由分布参数描述。当柔性连杆发生弯曲形变时，连杆上的每一个点都会有不同程度的位移，而所有点的位置为一个连续变化的值，这些值同时也会随着时间的推移而改变。因此，梁的挠度是一个连续的函数，可以表示连杆在不同位置和不同时间的状态。

传统的刚性机器人往往只需要用有限个参数（如角度、位置）就可描述其运动状态和动力学关系。而柔性连杆机器人作为分布参数系统，必须考虑连杆在整个长度上的变形和振动，这需要使用更加复杂的数学工具和方法来进行描述和分析。通常使用偏微分方程来建立柔性连杆机器人的动力学模型，这些方程能够描述连杆在空间和时间上的连续变化，是分析和控制柔性连杆机器人不可或缺的工具。偏微分方程模型的核心在于它们能够描述连杆在不同位置和不同时间的状态，通过这些偏微分方程，可以建立连杆在不同位置和不同时间的位移、应力和应变的关系。这些方程通常需要结合初始条件和边界条件，通过数值方法进行求解。

然而，直接求解这些偏微分方程往往非常复杂且计算量巨大，这种高强度的计算常常导致控制系统响应滞后，无法有效地对柔性连杆机器人进行控制。此时，通常需要用离散化的方法，将描述柔性连杆机器人动力学特性的偏微分方程模型简化为常微分方程模型来进行计算。这种简化可以大大减少计算量，使控制系统更加高效和及时地响应，从而更好地控制柔性连杆机器人的运动。上述两种方法的区别在于，偏微分方程模型是描述柔性连杆机器人运动的"全景图"，它包含了所有细节和复杂性；而简化后的常微分方程模型则是从这个"全景图"中提取出的几个关键"特写镜头"，通过这些特写镜头来帮助人们理解和分析机器人的运动。

常用的离散化方法包括集中参数法、有限元法和假设模态法等。其中，集中参数法是较早使用的一种对柔性臂动力学建模的方法。该方法的基本思想是将柔性杆的全部质量分配到有限个等距节点上，这些节点之间由无质量的弹性元件（如弹簧）连接，以反映机械臂的柔性。以单连杆柔性连杆机器人为例介绍集中参数法。如图 2-5 所示，集中参数法将复杂的系统简化为基本的弹簧-质量单元，从柔性连杆的一端开始，依次建立各节点的动力学模型。此方法便于计算，是建立柔性机械臂模型最简单的离散方法。其中，分布式节点数量越多，建模精度越高，但也会带来更大的计算负担，影响建模和控制的实时性。因此，在使用集中参数法时，需要在建模精度和计算速度之间进行权衡。

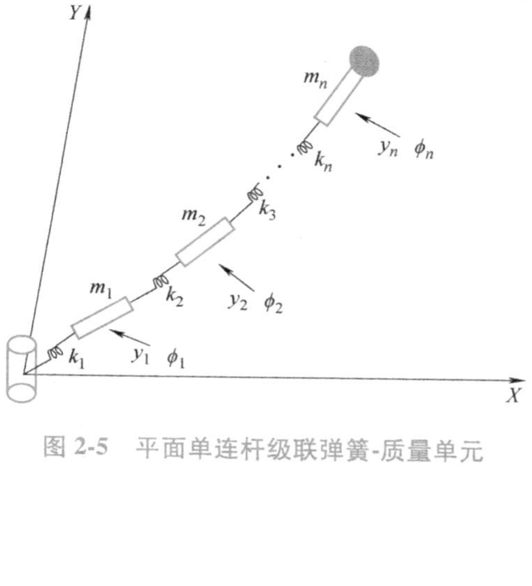

图 2-5 平面单连杆级联弹簧-质量单元

集中参数法在模拟非均匀质量密度分布的柔性连杆时存在一定的局限性，弹簧的刚度差异也可能导致模型不准确。因此，尽管集中参数法在某些情况下非常实用，但在更复杂的应用中，可能需要考虑其他更精确的建模方法。

有限元法的基本原理是将连续的结构划分成许多小的离散化单元，称为有限元，通过对每个单元进行求解，最终得到整个结构的整体行为。这个过程类似于拼图，每一块拼图代表一个单元，通过拼接拼图块，最终得到整个图案的全貌。对于柔性连杆机器人而言，可以在每个单元内使用简单的数学函数（通常是多项式）来近似描述单元的物理信息，研究各个单元之间的相互关系，最终利用数值方法求解这一系统，得到连杆的应力、挠度等信息。

使用有限元法进行柔性连杆机器人建模的具体步骤可以分为以下六个主要步骤：

1）几何建模：根据机器人的实际结构，建立其几何模型。这一步通常使用计算机辅助设计（CAD）软件来完成。

2）网格划分：将建立的几何模型划分成许多小单元，即生成有限元网格。网格的密度和单元形状会影响计算的精度和效率。

3）材料属性定义：为每个单元指定材料的物理属性，如杨氏模量、密度等，这些属性决定了单元的力学性质。

4）施加载荷和边界条件：定义结构所受的外力和约束条件。例如，一些连杆结构的一段可能固定不动；连杆可能因为负载的存在而承受一定的外力作用。

5）求解：通过对各个有限元进行求解，得到连杆的应力、挠度、振动等特性。一般是基于有限元分析软件进行数值求解。

6）结果分析：对求解结果进行分析和可视化，了解结构在各种力作用下的行为，结合仿真结果优化机器人设计，提高机器人的性能。

有限元法在柔性连杆机器人建模中的应用具有许多优点。一方面，它能够处理复杂的几何形状和多种材料属性，使得对实际结构的模拟更加精确。另一方面，有限元法提供了详细的局部应力和变形信息，这对于优化设计和改进结构性能非常有帮助。此外，有限元法的数值求解过程能够处理各种复杂的边界条件和载荷情况，适用于多种工程问题。

然而，有限元法也存在一些缺点。基于有限元法的求解通常需要大量的计算资源和时间，特别是对于大型复杂结构的求解。此外，有限元法往往需要专业的知识和大量的经验。例如，网格划分的质量直接影响计算结果的精度和稳定性，网格划分不当可能导致结果不准确、计算繁杂、收敛性差等后果。

假设模态法是一种用于分析柔性机器人振动特性的有效方法，其基本思想是将柔性机器人中的振动视为一组振动模态的叠加，这些振动模态一般是柔性机器人自由振动时的特征值。具体来说，使用不同阶数的空间特征模态函数和时变模态来描述柔性连杆的动力学行为，并通过模态截断方法，取其中有限阶的模态近似描述整个连杆的振动。下面以图 2-6 所示的平面单连杆柔性机械臂物理结构为例介绍基于假设模态法的建模思路。

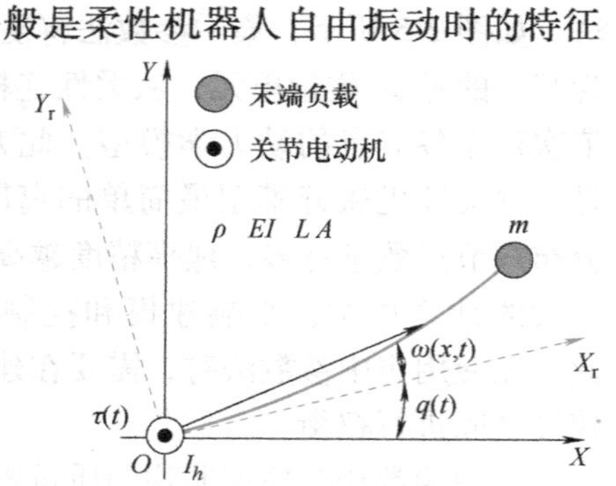

图 2-6 平面单连杆柔性机械臂物理结构

图中，XOY 为机器人的基坐标系，X_rOY_r 为机器人的旋转坐标系；ρ 为连杆的材料密度，A 为连杆的横截面积，则 ρA 表示柔性连杆单位长度的质量；E 为连杆的杨氏模量，I 为连杆的截面惯性矩，EI 表示柔性连杆的抗弯刚度；L 为连杆的长度；I_h 为关节电动机的转动惯量；m 为末端负载的质量；$q(t)$ 为连杆的旋转角度；$\tau(t)$ 为关节电动机提供的控制扭矩；$\omega(x,t)$ 为连杆上位于 x 的点在 t 时刻的挠度。

基于假设模态法，柔性连杆在坐标 x 的挠度 $\omega(x,t)$ 表示为

$$\omega(x,t)=\sum_{i=1}^{n}\phi_i(x)p_i(t) \tag{2-22}$$

式中，$\phi_i(x)$ 是与变量 x 有关的振型函数；$p_i(t)$ 是与变量 t 有关的广义模态坐标；n 是假设模态的数量。

假设模态的数量 n 越大，模型的精度就越高，但这也会带来计算量增大的问题。因此，在实际应用中，需要在模型精度和计算复杂度之间找到一个平衡，合理选择 n 的数值。

假设模态法有许多显著的优点。例如，它能够明确表示柔性连杆的固有频率，这对于动态分析和控制器设计非常有利；了解固有频率可以帮助研究人员设计出更有效的控制策略，从而提高机器人的性能；假设模态法导出的动态模型通常是低阶的，这意味着计算量较少，效率较高；低阶模型不仅易于计算，还便于实时控制和仿真；假设模态法能够系统性地描述柔性体的变形情况，使得对柔性连杆的动态行为有更全面的理解。这种方法主要适用于具有均匀截面的柔性连杆，对于截面随空间变化的连杆，可能需要更复杂的建模方法。总的来说，假设模态法是目前分析柔性连杆机器人振动特性的关键方法之一，也是设计柔性连杆机器人控制策略的重要工具。

2.3.2 柔性梁理论基础

柔性梁理论是柔性连杆机器人动力学建模的基本理论，对于深入理解和描述机器人连杆在运动过程中可能出现的弹性变形和振动特性起到了至关重要的作用。柔性梁理论可以更准确地预测和分析柔性机器人在不同操作条件下的动态行为，从而提升对柔性机器人的控制精度以及机器人的整体性能。同时，柔性梁理论提供了一个系统化的方法来处理复杂的柔性结构，以便于更好地设计和优化机器人系统。

柔性梁理论为集中参数法、有限元法和假设模态法等建模方法提供了重要的理论支撑。其中，柔性梁理论为集中参数法中的集中参数的确定提供了理论依据，使模型的结构更加合理；柔性梁理论为有限元法提供了理论基础，使得离散化的模型和对应的求解更为精确；在假设模态法中，柔性结构的挠度一般视为若干个模态的叠加，而柔性梁理论能够帮助确定这些模态的形式和特性。

柔性梁理论认为，机器人的柔性连杆就像是一根能够弯曲的柔性梁。为了准确描述这种连杆在运动中的弯曲和振动，需要仔细分析柔性梁在受力情况下的表现，并推导出其弯曲振动的数学方程。通过求解这些弯曲振动方程，可以了解柔性梁在不同力作用下的振动和变形情况。图 2-7 所示为柔性梁在弯曲振动时的受力情况。

图中，L 为梁的长度；ρ 为连杆的材料密度，A 为连杆的横截面积，ρA 表示柔性连杆单位长度的质量；EI 表示柔性连杆的抗弯刚度。

下面分析在梁上距左端距离为 x 处的微元段 $\mathrm{d}x$ 的受力情况。在 t 时刻，剪力用 $Q(x,t)$ 表示，弯矩用 $M(x,t)$ 表示，分布的干扰力用 $p(x,t)$ 表示，此微元段的挠度则用 $\omega(x,t)$ 表示。按照图 2-7 所示的受力情况，微元段沿 y 方向的动力学方程为

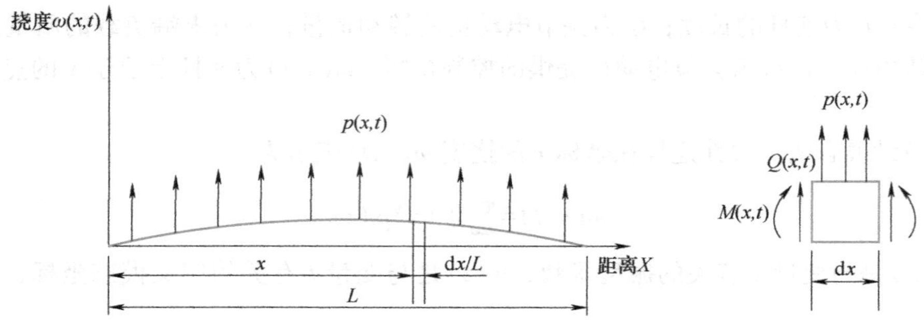

图 2-7　柔性梁在弯曲振动时的受力情况

$$\rho A\mathrm{d}x\,\frac{\partial^2\omega}{\partial t^2}=Q-\left(Q+\frac{\partial Q}{\partial x}\mathrm{d}x\right)+p(x,t)\,\mathrm{d}x \tag{2-23}$$

式（2-23）可化为

$$\rho A\,\frac{\partial^2\omega}{\partial t^2}=p(x,t)-\frac{\partial Q}{\partial x} \tag{2-24}$$

以微元端的截面形心为参考点的力矩平衡方程为

$$M+\frac{\partial M}{\partial x}\mathrm{d}x-M-Q\mathrm{d}x-p(x,t)\,\mathrm{d}x\,\frac{\mathrm{d}x}{2}+\rho A\mathrm{d}x\,\frac{\partial^2\omega}{\partial t^2}\frac{\mathrm{d}x}{2}=0 \tag{2-25}$$

略去二阶微分，则有

$$\frac{\partial M}{\partial x}=Q \tag{2-26}$$

由材料力学中的平面假设条件，可以得到弯矩与挠度曲线的关系，即

$$M=EI\,\frac{\partial^2\omega}{\partial x^2} \tag{2-27}$$

将式（2-26）和式（2-27）代入式（2-24）中可得到

$$\rho A\,\frac{\partial^2\omega}{\partial t^2}=p(x,t)-EI\,\frac{\partial^4\omega}{\partial x^4} \tag{2-28}$$

式（2-28）为梁弯曲振动的运动微分方程。若 $p(x,t)=0$，梁做自由振动，其运动微分方程为

$$\rho A\,\frac{\partial^2\omega}{\partial t^2}=-EI\,\frac{\partial^4\omega}{\partial x^4} \tag{2-29}$$

可以写成

$$\frac{\partial^2\omega}{\partial t^2}+c^2\,\frac{\partial^4\omega}{\partial x^4}=0 \tag{2-30}$$

式中，$c^2=EI/\rho A$。

由此可见，梁弯曲自由振动方程为四阶偏微分方程。为求其振动解，可以采用分离变量的方法进行简化求解，假设式（2-30）的解有以下形式

$$\omega(x,t)=\Phi(x)P(t) \tag{2-31}$$

式中，$\Phi(x)$是与变量 x 有关的振型函数；$P(t)$是与变量 t 有关的广义模态坐标。

广义模态坐标 $P(t)$可以用简谐运动函数表示为

$$P(t)=\sin(wt+a) \tag{2-32}$$

可得

$$\omega(x,t)=\Phi(x)\sin(wt+a) \tag{2-33}$$

将式（2-33）代入式（2-30），可得

$$\frac{\mathrm{d}^4\Phi(x)}{\mathrm{d}x^4}-\lambda^4\Phi(x)=0 \tag{2-34}$$

式中，$\lambda^4=\frac{w^2}{c^2}$。

式（2-34）为一个四阶常微分方程，其特征方程为

$$s^4-\lambda^4=0 \tag{2-35}$$

其特征根为

$$s_1=\lambda,s_2=-\lambda,s_3=i\lambda,s_4=-i\lambda \tag{2-36}$$

因此，式（2-34）的通解为

$$\Phi(x)=D_1\mathrm{e}^{\lambda x}+D_2\mathrm{e}^{-\lambda x}+D_3\mathrm{e}^{i\lambda x}+D_4\mathrm{e}^{-i\lambda x} \tag{2-37}$$

引用双曲函数

$$\sinh x=\frac{\mathrm{e}^x-\mathrm{e}^{-x}}{2},\quad \cosh x=\frac{\mathrm{e}^x+\mathrm{e}^{-x}}{2} \tag{2-38}$$

利用欧拉公式，式（2-37）可以改写为

$$\Phi(x)=C_1\cosh\lambda x+C_2\sinh\lambda x+C_3\cos\lambda x+C_4\sin\lambda x \tag{2-39}$$

将式（2-39）代入式（2-33），则式（2-33）的解为

$$\omega(x,t)=(C_1\cosh\lambda x+C_2\sinh\lambda x+C_3\cos\lambda x+C_4\sin\lambda x)\sin(wt+a) \tag{2-40}$$

式中，C_1、C_2、C_3、C_4、w 和 a 为待定常值参数，可由梁的两端边界条件及振动的初始条件来确定。

对于梁的弯曲振动，常见的边界条件有以下几种：

1）固定端。梁的两端为固定端时，两端的挠度和转角都为零，即

$$\begin{cases}\omega(\xi,t)=0\\ \dfrac{\partial\omega(\xi,t)}{\partial t}=0\end{cases},\quad \xi=0\text{ 或 }\xi=L \tag{2-41}$$

2）简支端。梁的两端为简支端时，两端的挠度和弯矩都为零，即

$$\begin{cases}\omega(\xi,t)=0\\ EI\dfrac{\partial^2\omega(\xi,t)}{\partial x^2}=0\end{cases},\quad \xi=0\text{ 或 }\xi=L \tag{2-42}$$

3）自由端。梁的两端为自由端时，两端的弯矩和剪力都为零，即

$$\begin{cases}EI\dfrac{\partial^2\omega(\xi,t)}{\partial x^2}=0\\ EI\dfrac{\partial^3\omega(\xi,t)}{\partial x^3}=0\end{cases},\quad \xi=0\text{ 或 }\xi=L \tag{2-43}$$

上述边界条件中，对端点位移或转角的约束条件称为几何边界条件，对弯矩或剪力的约束条件称为力边界条件。

在柔性连杆机器人的设计和控制中，不同的连杆形状和应用场景需要不同的梁模型来描述，选择合适的梁模型能提升建模和控制的精度。目前，最常用的两类柔性梁模型是欧拉-伯努利梁模型和铁摩辛柯（Timoshenko）梁模型。

欧拉-伯努利梁模型是一种经典的梁模型，主要考虑梁的弯曲而忽略了剪切变形和旋转惯性效应。此模型假设梁的横截面在变形过程中始终垂直于梁的中性轴，同时，梁的横截面不存在任何形变。在该假设下，梁的翘曲、横向剪切变形以及横向正应变相对于梁的弯曲可以忽略不计，通常适用于描述细长结构的梁。由于计算过程较为简单，欧拉-伯努利梁模型在许多工程应用中被广泛采用，尤其是在需要快速计算和实时控制的场景中。

欧拉-伯努利梁模型主要基于下述两个假设：

1）刚性横截面假设：在变形前垂直于梁中心线的平面横截面，在变形后仍然保持为平面。

2）在变形后的横截面平面仍然与变形后的中心轴线相垂直。

在上述假设下，欧拉-伯努利梁的横截面在发生弹性形变时，其转动角度 θ 与该点处挠度曲线的切线与横轴的夹角 $\mathrm{d}v/\mathrm{d}x$ 相等。欧拉-伯努利梁的弯曲形变示意图如图 2-8 所示。

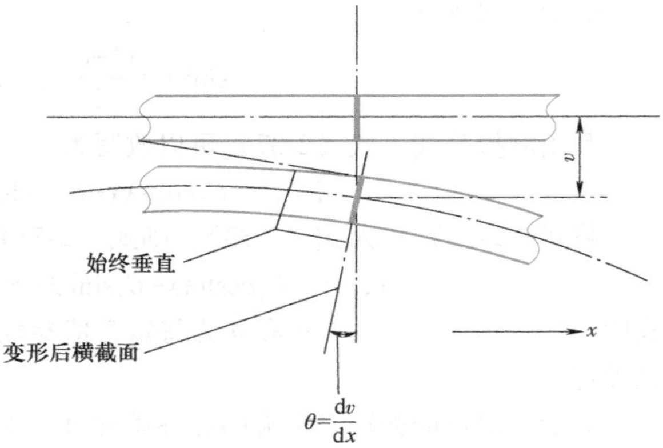

图 2-8　欧拉-伯努利梁的弯曲形变示意图

然而，对于较厚的梁、高频振动的情况以及使用复合材料制造的梁，横向剪切变形是不能忽视的。在这种情况下，必须考虑剪切变形的影响，欧拉-伯努利梁模型的假设不再适用。为了解决这个问题，应在欧拉-伯努利梁模型的基础上，进一步考虑横向剪切形变的影响，从而得到铁摩辛柯梁模型。

铁摩辛柯梁模型中，不仅考虑了梁的弯曲，还包括了剪切形变和旋转惯性效应，能够更为全面地描述柔性梁的形变。此模型特别适用于描述短梁、层合梁以及在波长接近厚度的高频激励情况下的梁的表现。在铁摩辛柯梁模型中，梁的横截面转动角度与挠度曲线切线角度不再相等，而是通过独立的插值函数来描述。这使得铁摩辛柯梁模型能够更准确地反映梁在各种复杂条件下的振动和形变特性。

在铁摩辛柯梁模型中，通常假设剪应变在一个给定的横截面上是常值，并引入了剪切校正因子进行描述，后者的值取决于横截面的形状。在考虑横向剪切变形的情况下，梁的横截面旋转不仅由弯曲引起，还应包括横向（平面外）剪切变形的影响。图 2-9 所示为铁摩辛柯梁的弯曲形变示意图。

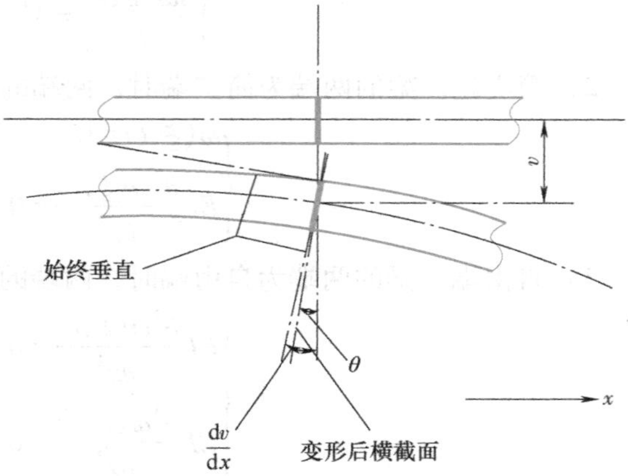

图 2-9　铁摩辛柯梁弯曲形变示意图

由于柔性连杆机器人的机械臂大多具有细长的结构，柔性机器人连杆的弹性形变主要是用欧拉-伯努利梁模型来描述的。这是因为在细长梁的情况下，横向剪切变形的影响较小，可以忽略不计，进而简化计算和分析。然而，在一些特殊情况下，如较厚的连杆或高频振动时，铁摩辛柯梁模型能够提供更精确的描述和分析。因此，在柔性连杆机器人的建模过程中，必须综合考虑机器人柔性连杆的物理特性和应用场景。值得一提的是，当梁材料的剪切模量很大，且可以忽略转动惯量时，铁摩辛柯梁会趋同于欧拉-伯努利梁，此时，欧拉-伯努利梁模型已足以对柔性连杆进行描述。

2.4　软材料的迟滞及其建模

2.4.1　软材料的迟滞非线性

相较于柔性机器人，软体机器人主体由软材料构成，往往具有驱动感知一体化的结构，拥有媲美实际生物体的形变能力和环境适应能力。对于软体机器人而言，软材料的选择往往能决定机器人的基本功能和动力学特性。然而，由于大多数软材料具有黏弹性和非线性，使得软体机器人的动力学特性呈现十分复杂的非线性特征，这为软体机器人的建模和控制带来了不小的挑战。

迟滞（hysteresis）特性是软材料众多非线性特征中最为主要的特征。具有迟滞特性的系统的基本特征是：系统的状态变化同时受系统当前输入以及过去输入的变化路径影响，即系统具有一定程度的记忆特性，能够记住过去输入对它的影响。例如，假设存在一个系统，系统的输入 $u=u(t)$ 及其输出 $v=v(t)$ 均为关于时间 t 的连续变量，则图 2-10 的 u-v 关系图则可以反映系统的状态变化。当 u 从 u_1 增加到 u_2 时，系统状态 (u,v) 会沿着路径 A—B—C 移动。由于系统具有记忆特性，当 u 从 u_2 减小到 u_1 时，系统状态 (u,v) 并不会沿着路径 C—B—A 返回，而是会沿着一条新的路径 C—D—A 移动。此时，路径 A—B—C 和路径 C—D—A 构成一个完整的闭环 A—B—C—D—A，被称为迟滞环。它反映了输入 u 经历了从 u_1 增加到 u_2，再从 u_2 减小到 u_1 一个完整周期变化过程中系统的变化路径。迟滞特性广泛存在于物理学、化学、工程、生物学乃至经济学等各个领域当中。

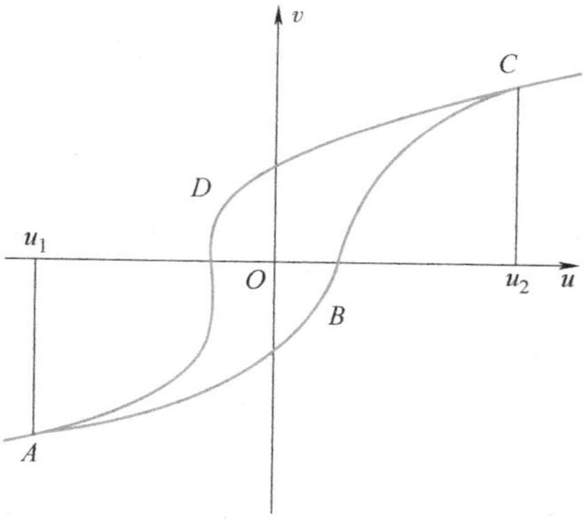

图 2-10　u-v 关系图

对于不同系统而言，迟滞的产生原因不尽相同。对于软材料而言，目前认为软材料的迟滞现象通常是由于材料内部结构和物理性质导致的。例如，压电材料和形状记忆合金等智能材料，在受到外部激励时，会由于材料内部的微观结构改变、电荷重新排列、相变等过程而导致系统状态的变化存在一定滞后。这种响应滞后会导致迟滞的产生。除此之外，一些软材料在受到外部激励后可能会出现振荡或结构的回复过程，这也会导致迟滞现象的出现。

此外，软材料的迟滞特性往往会和其他非线性特征相互耦合，进而呈现出更为复杂的动力学特征。其中，最为典型的就是软材料迟滞的非对称性、率相关性和应力相关性。这里，软材料迟滞的非对称性表现为迟滞环相对于其中心是不对称的，无法通过系统的部分输入输出特性对整体动态特性进行预测。软材料迟滞的率相关性指的是输入信号的变化速率会影响软材料的迟滞特性，当软材料被施加不同的输入信号时，材料的状态会沿着完全不同的迟滞环变化。软材料迟滞的应力相关性指的是软材料的内部应力会对其迟滞特性产生影响，即不同负载下的迟滞环也会存在差异。这些复杂的迟滞特性对基于软材料的软体机器人的建模与控制研究带来了巨大的挑战。

2.4.2 迟滞的机理建模法

机理建模指的是根据系统的物理或化学的变化规律，利用相关的原理建立对应的动力学方程，得到系统模型表达式。对于软材料而言，机理建模法能够反映软材料在形变过程中所涉及的物理机理，并将结果用一系列微分方程或偏微分方程组给出。机理模型的参数通常具有明确的物理含义，当实际系统或者环境发生变化时，可以通过调整相应的模型或参数值对模型进行修正。

建立机理模型时，对于不同的软材料需要从不同的角度出发进行考虑。例如，气动软体机器人的机理模型涉及热力学中气体的状态方程，电磁驱动的介电弹性体软体机器人则会用到电磁学的知识，基于温度变化产生形变的液晶弹性体则需要考虑液晶分子的相变过程。因此，建立机理模型时，需要综合软材料所涉及的物理原理、几何约束、能量转化、磨损耗散等因素，同时结合周围环境和实际场景出发进行考虑。通常，这样建立的机理模型往往计算繁琐、十分复杂，需要一定的假设和简化进行精简。

对于软材料的形变过程，准静态过程假设是一种常用的手段。准静态过程假设为：系统在外界作用下发生变化时，系统内部能够迅速调整并达到一个相对稳定的状态。此时，系统在每一个时刻的状态变化都可以视为从一个平衡状态变化为另一个平衡状态的过程，称为准静态过程，而系统和外界之间的相互作用则可以根据系统的平衡状态方程给出。准静态过程假设通常适用于系统变化较为缓慢或系统内部状态调整的时间常数很小的情况。

在准静态过程假设下，虚功原理是求解系统和外界相互作用的一个重要方法。虚功原理是动力学中的一个重要原理，可以基本解释为：当系统内部处于平衡状态时，若发生一个虚拟的变化，即假设系统发生一个微小的形变或移动，此时所有外力和惯性力的虚功和应等于系统平衡状态能量的变化。

虚功原理本质上是从平衡状态能量的角度出发，对系统和外界的相互作用进行求解。若系统的变化不能视为准静态过程，所有力的虚功和依然应等于系统的能量变化。然而，此时系统的能量无法根据平衡状态方程给出，方程将会变得难以求解。下面以软材料中的介电弹性体驱动器为例，介绍虚功原理的应用。介电弹性体是一类常见的电驱动软材料，能够在电场作用下产生形变。关于介电弹性体更具体的介绍，将在第 7 章中给出。

图 2-11 为一薄片状介电弹性体驱动器。其中，深色部分为两个柔性电极，两电极间夹着初始尺寸为 $L\times L\times H$ 的介电弹性体薄膜。当电极两端施加电压 Φ 时，介电弹性体薄膜会产生形变，其尺寸变为 $l\times l\times h$，同时膜两侧将会积累电荷量为 Q 的电荷，在水平方向上产生 P 的力。

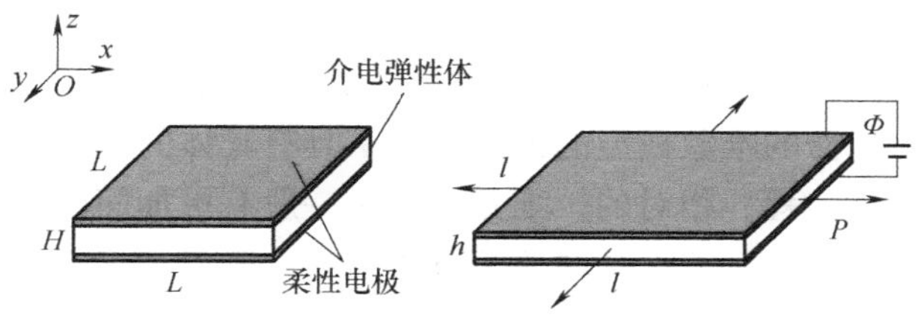

图 2-11　介电弹性体电驱动示意图

此时，定义水平形变系数 $\lambda=l/L$ 来表示介电弹性体薄膜的形变，水平方向上的应力定义为 $s=P/(L\times H)$。介电弹性体薄膜标称电场为 $\widetilde{E}=\Phi/H$，标称电位移 $\widetilde{D}=\Phi/(L\times L)$；真实电场强度为 $E=\Phi/(\lambda H)$，真实电位移为 $D=\lambda Q/(L\times L)$。标称电场值与标称电位移值之间的关系为

$$D=\varepsilon E \tag{2-44}$$

式中，ε 为介电常数。

在拉伸过程中，介电弹性体薄膜的材料惯性力和阻尼力沿 x 轴和 y 轴做功。因此，可沿 x 轴和 y 轴对位移进行积分。由于膜在 x 方向和 y 方向上受力与位移均相同，两个方向上的功相等。下面以 x 轴为例，惯性力和阻尼力做的功分别为

$$\begin{cases} W_{\mathrm{ix}}=\rho LH\dfrac{\mathrm{d}^2\lambda}{\mathrm{d}t^2}\Delta\lambda\displaystyle\int_0^L x^2\mathrm{d}x=\dfrac{\rho L^4H}{3}\dfrac{\mathrm{d}\lambda}{\mathrm{d}t^2}\Delta\lambda \\ W_{\mathrm{dx}}=c\dfrac{\mathrm{d}\lambda}{\mathrm{d}t}\Delta\lambda\displaystyle\int_0^L x\mathrm{d}x=\dfrac{1}{2}cL^2\Delta\lambda\dfrac{\mathrm{d}\lambda}{\mathrm{d}t} \end{cases} \tag{2-45}$$

式中，ρ 为弹性体密度；c 为阻尼系数。根据虚功原理，在系统形变时，膜自由能的变化应该等于电压、预应力、惯性力和阻尼力所做的功，即

$$L^2H\Delta W=\Phi\Delta Q+2PL\Delta\lambda-2W_{\mathrm{ix}}-2W_{\mathrm{dx}} \tag{2-46}$$

在此处，利用 Gent 模型来计算弹性自由能，介电弹性体的自由能函数可表示为电能密度与弹性能密度之和，即

$$W=-\frac{\mu J_{\mathrm{m}}}{2}\ln\left(1-\frac{2\lambda^2+\lambda^{-4}-3}{J_{\mathrm{m}}}\right)+\frac{\varepsilon}{2}\left(\frac{\Phi}{H}\right)^2\lambda^4 \tag{2-47}$$

式中，μ 为等温无穷小剪切模量；J_{m} 为与极限拉伸相关的无因次参数。

因此，根据以上式子可以得到

$$\frac{L^2\rho}{3\mu}\frac{\mathrm{d}^2\lambda}{\mathrm{d}t^2}+\frac{\lambda-\lambda^{-5}}{1-\dfrac{2\lambda^2+\lambda^{-4}-3}{J_{\mathrm{m}}}}-\frac{\varepsilon}{\mu}\left(\frac{\Phi}{L}\right)^2\lambda^3-\frac{P}{\mu L^2}+\frac{1}{2}\frac{c}{\mu H}\frac{\mathrm{d}\lambda}{\mathrm{d}t}=0 \tag{2-48}$$

式（2-48）即描述介电弹性体形变的动力学方程。机理建模的方法从物理原理出发对软材料的动力学特性进行建模，所得到的机理模型往往能很好地反映软材料形变的基本原理。然而，这类建模往往形式复杂，难以计算和求解，具有高度的非线性，大多难以用于控制器设计中。

2.4.3　迟滞的唯象建模法

为了让软材料的动力学模型能更好地用于控制器设计，科学家们提出了针对迟滞特征的

唯象建模法。迟滞的唯象建模法是从材料的输入输出特性出发，通过构造数学函数、建立等效模型等手段，构造出能符合软材料输入输出特性的微分方程，用来描述其动力学特性。相较于机理建模的方法，迟滞的唯象模型的模型参数不具有具体的物理含义，模型本身通常无法反映出实际的物理变化过程；相对的，唯象建模法一般有更加简洁的表达形式，计算复杂度相对较低，是更适合用于控制器设计的建模方法。

软材料迟滞的唯象建模法中，构建等效模型是一种常见的手段，具体步骤为：先构造一个合适的迟滞模型，将构造模型的仿真结果和实际实验数据比对，对模型参数进行辨识，使得最终的模型可以准确描述系统的迟滞特征。对于这类建模方法而言，合适模型的构造十分重要，这往往要求所构造的模型能够准确反映软材料动力学特性中可能存在的饱和、死区、线性、蠕变、超弹性等特征。根据构造模型的不同，基于模型的唯象建模法包括基于微分方程的迟滞模型和基于算子的迟滞模型两类。

1. 基于微分方程的迟滞模型

基于微分方程的迟滞模型用微分方程来描述软材料的迟滞行为。较为常见的基于微分方程的迟滞模型包括质量-弹簧-阻尼模型及其变体、Duhem 模型、Bouc-Wen 模型等。

质量-弹簧-阻尼模型是一类用于描述迟滞的经典模型，也是许多针对软材料迟滞的先进建模方法的理论基础。该模型将软材料的弹性形变等效为一线性弹簧，将系统中的能量损耗等效为一线性阻尼器，并将弹簧和阻尼器作用于负载上，如图 2-12 所示。

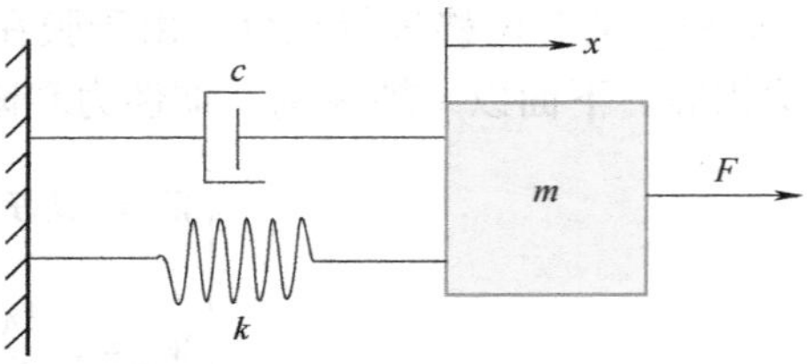

图 2-12 质量-弹簧-阻尼模型

图 2-12 中，k 为弹簧弹性系数；c 为阻尼系数；m 为负载质量；作用力 F 为系统的输入，即 $u(t)=F$；负载的位置 x 为系统的输出，即 $v(t)=x$。

弹簧-质量-阻尼模型的动力学方程可以表示为

$$m\ddot{x}+c\dot{x}+kx=F \tag{2-49}$$

式（2-49）为二阶线性微分方程，在正弦输入 $F=F_0\cos(\omega t)$ 作用下，系统稳态响应为

$$x(t)=\frac{F_0}{\sqrt{(k-m\omega^2)^2+c^2\omega^2}}\cos(\omega t-\varphi) \tag{2-50}$$

其中

$$\varphi=\arctan\left(\frac{c\omega}{k-m\omega^2}\right) \tag{2-51}$$

由此可见，在正弦输入下，负载的位移相较于输入存在一定的相位差，这体现了系统的滞后特性。质量-弹簧-阻尼模型的输入输出特性曲线呈现为一个具有对称性的迟滞环，如图 2-13 所示。质量-弹簧-阻尼模型提供了一个简单的基本迟滞单元，而实际软材料的迟滞往往更加复杂，可以视为由多个不同弹性系数和阻尼的质量-弹簧-阻尼模型通过一定的

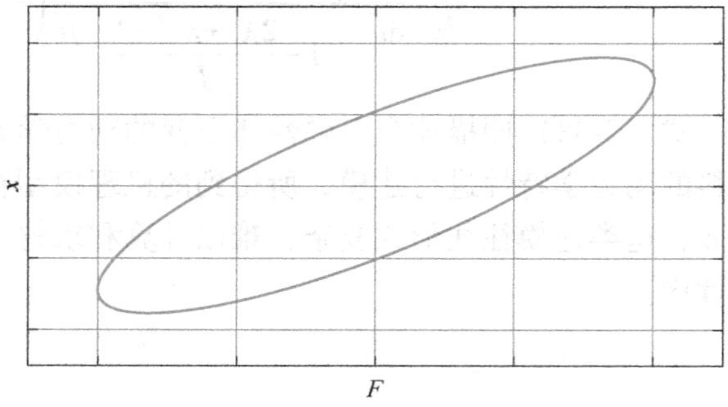

图 2-13 质量-弹簧-阻尼模型的输入输出特性曲线

串并联组合而成。

相较于质量-弹簧-阻尼模型，Duhem 模型和 Bouc-Wen 模型具有更为复杂的微分方程形式。表 2-2 分别给出了 Duhem 模型和 Bouc-Wen 模型对于一个输入为 u、输出为 v 的迟滞系统的具体表达形式。

Duhem 模型由法国物理学家皮埃尔·德姆（Pierre Duhem）于 19 世纪提出，最初被用于描述一类主动迟滞特性。Duhem 模型的基本思路在于构造一个动力学模型，使得输出 v 在输入 u 变向时具有不同的动态特性，并选择合适的 $f(u)$ 和 $g(u)$ 函数使得方程有解。Duhem 模型常被用于描述磁流变阻尼器和压电陶瓷材料的迟滞特性。

Bouc-Wen 模型由 Bouc 于 1967 年提出，并由 Wen 进行完善。该模型从质量-弹簧-阻尼模型出发，对弹性力进行修正，认为仅有比例为 α 的部分具有弹性，而剩余$(1-\alpha)$部分表现为非线性，非线性部分由 $z(t)$ 表示。而通过选择非线性部分参数 A、β、γ、n 的值，系统的输出最终能够呈现出不同特征的迟滞特性。Bouc-Wen 模型能够通过模型参数的调整，对多种不同特征的迟滞环进行拟合，因此能够描述出大部分迟滞特性，在各类非线性系统的控制中得到了广泛的应用。

表 2-2　Duhem 模型和 Bouc-Wen 模型

模型名称	表达式
Duhem 模型	$\dot{v}=\alpha\,\lvert\dot{u}\rvert[f(u)-v]+\dot{u}g(u)$ 式中，$\alpha>0$，为常数
Bouc-Wen 模型	$\begin{cases} m\ddot{v}+c\dot{v}+\alpha kv+(1-\alpha)kz(t)=u \\ \dot{z}(t)=A\dot{v}-\beta z(t)\,\lvert\dot{v}\rvert\,\lvert z(t)\rvert^{n-1}-\gamma\dot{v}\,\lvert z(t)\rvert^{n} \end{cases}$ 式中，A、β、γ 和正整数，n 为模型特征参数

2. 基于算子的迟滞模型

基于算子的迟滞模型以迟滞算子作为模型的基本单元，并将模型视为多个迟滞算子的加权叠加。由于可以自由调整迟滞算子的数目和权值，这类模型往往更容易描述出复杂的非线性迟滞关系，同时也具有很强的通用性。具有代表性的基于算子的迟滞模型主要包括 Preisach 模型、K-P（Krasnosel'skii-Pokrovskii）模型和 P-I（Prandtl-Ishlinskii）模型。

Preisach 模型是基于算子的迟滞模型中最为经典和常用的一个。Preisach 算子的基本结构为延迟传播算子，对于一个时间段 $t\in[t_{i-1},t_i)$，Preisach 算子 $\gamma_{\alpha\beta}[u(t)]$的定义如下

$$\gamma_{\alpha\beta}[u(t)]=\begin{cases} 1 & ,u(t)>\alpha \\ -1 & ,u(t)<\beta \\ \gamma[u(t_{i-1})] & ,\beta<u(t)<\alpha \end{cases} \tag{2-52}$$

式中，α 和 β 分别为延迟传播算子上界和下界。

Preisach 算子的形状如图 2-14 所示。

相较于不连续的 Preisach 模型，K-P 模型采用了连续变化的 K-P 算子作为迟滞的基本单元。K-P 算子采用的是广义 Play 算子的一种特殊形式，K-P 算子 $\kappa(u(t),\xi)$的定义如下

$$\kappa(u(t),\xi)=\begin{cases} \max\{\xi,r(u(t)-p_2)\}, & \dot{u}\geqslant 0 \\ \min\{\xi,r(u(t)-p_1)\}, & \dot{u}<0 \end{cases} \tag{2-53}$$

式中，函数 $r(x)$ 表示为

$$r(x)=\begin{cases}-1 & ,x<0\\ -1+2\dfrac{x}{a} & ,0\leqslant x\leqslant a\\ +1 & ,x>a\end{cases} \quad (2\text{-}54)$$

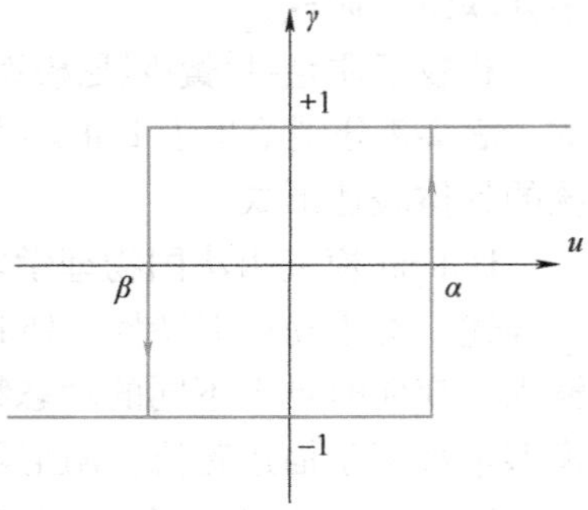

图 2-14 Preisach 算子的形状

K-P 算子的结构如图 2-15 所示。一般而言，连续变化的 K-P 算子相较于不连续的 Preisach 算子能够提供更多的非线性信息。因此，K-P 模型能够更加准确地描述非线性迟滞。

P-I 模型可以看作是 Preisach 模型的一个特殊子集，往往被用于描述各类材料的迟滞特性。该模型包含两种基本算子：Play 算子和 Stop 算子，而模型的输出则是 Play 算子和 Stop 算子的叠加。

Play 算子 $P_r[u](t)$ 定义为

$$P_r[u](t)=f_r(u(t),P_r[u](t_i)) \quad (2\text{-}55)$$

式中，$u(t)$ 为系统的输入，且在 (t_i,t_{i+1}) 上单调变化。

函数 $f_r(u,w)$ 定义为

$$f_r(u,w)=\max(u-r,\min(u+r,w)) \quad (2\text{-}56)$$

式中，r 为算子的参数。

类似的，Stop 算子 $S_r[u](t)$ 的定义为

$$S_r[u](t)=e_r(u(t)-u(t_i)+S_r[u](t)) \quad (2\text{-}57)$$

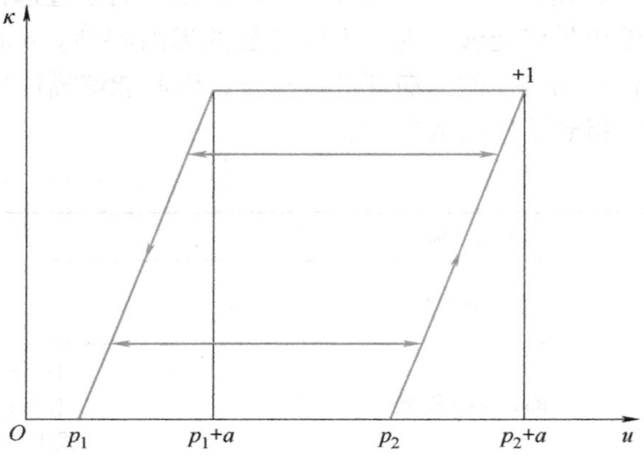

图 2-15 K-P 算子的结构

其中，$e_r(x)$ 的定义为

$$e_r(x)=\min(r,\max(-r,x)) \quad (2\text{-}58)$$

上述两种算子的结构如图 2-16 所示，两者之间具有如下关系：

$$P_r[u](t)+S_r[u](t)=u(t) \quad (2\text{-}59)$$

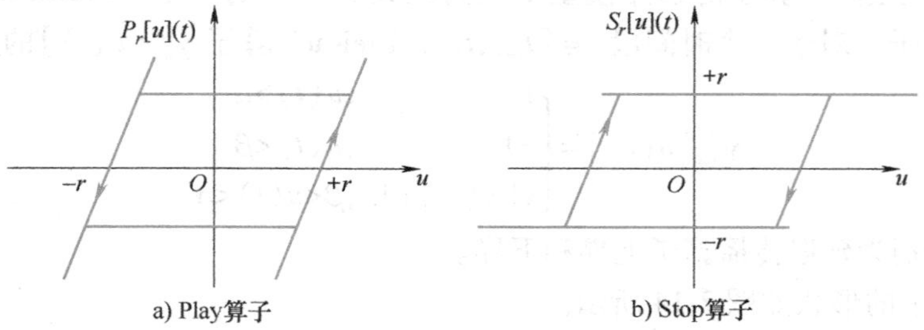

图 2-16 P-I 迟滞算子

相较于前面两种建模方法，P-I 模型的逆模型具有解析解，这意味着能在控制器设计中利用其逆模型对系统中的迟滞特性进行补偿。目前，P-I 模型已经被广泛应用于各类软材料驱动器的迟滞建模研究中。基于算子的迟滞模型表达式见表 2-3。

表 2-3　基于算子的迟滞模型表达式

模型名称	表达式
Preisach 模型	$v(t)=\iint\mu_{\alpha\beta}\gamma_{\alpha\beta}[u(t)]\mathrm{d}\alpha\mathrm{d}\beta$
K-P 模型	$v(t)=\int k(u(t),\xi)\mathrm{d}\mu(s)$
P-I 模型	$\begin{cases} v(t)=\int_0^R\mu(r)S_r[u](t)\mathrm{d}r \\ v(t)=p_0u(t)-\int_0^R\mu(r)P_r[u](t)\mathrm{d}r \end{cases}$ 式中，$p_0=\int_0^R\mu(r)\mathrm{d}r$

注：上述表达式中的 $\mu(*)$ 均表示权重函数

除了上述基于模型构造的唯象建模法以外，还有一种可行的唯象建模方法为基于数据驱动的迟滞建模法。这类建模方法一般从大量的实际实验数据出发，通过回归分析、神经网络、深度学习等数学方法分析和学习数据，最终直接建立系统的输入输出关系。由于这类建模方法属于纯粹的数学方法，在这里不再赘述。

2.5　机器人的基本控制方法

为了完成任务目标，对机器人的控制方法进行设计是必不可少的一步。在一些任务中，机器人的控制方法往往会因为任务的不同而有所差异。例如，一些任务通常会要把机器人的末端执行器移动到某个特定的位置，此为机器人的位置控制；而机器人的姿态控制则会进一步对机器人各个自由度的具体数值有一定的要求；连续的跟踪控制则往往要求机器人在运动过程中沿着特定的轨迹。由于控制类型种类繁多，在此不一一列举。通常，不同类型的控制要求、不同的机器人系统需要设计不同的控制结构，本节主要介绍其中最为基础的两类：前馈控制和 PID 控制。

2.5.1　前馈控制

前馈控制是一种开环控制方法，具体表现在前馈控制器与被控对象之间只有前向控制作用而没有反馈联系，即输入信号与系统的输出无关。图 2-17 所示为机器人前馈控制系统框图。该前馈控制系统包含前馈控制器和被控对象（即图 2-17 中的机器人）两大基本组成部分，具有目标信号、控制输入和系统输出三种信号。

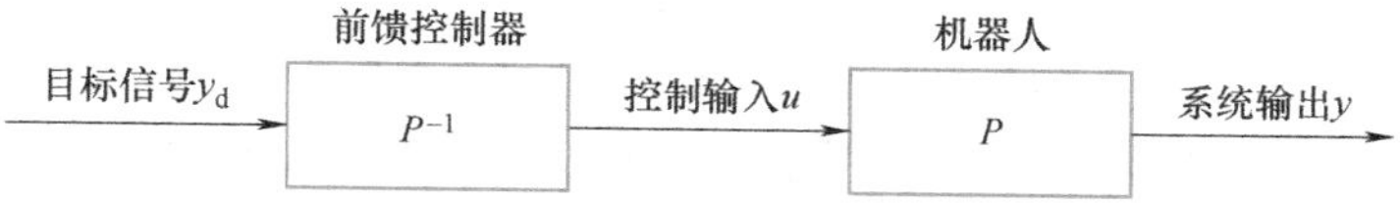

图 2-17　机器人前馈控制系统框图

在前馈控制系统中，控制输入直接由目标信号和前馈控制器决定。针对某一特定的目标信号，前馈控制器可以根据该目标信号直接计算出系统的控制输入，而系统输出不会对系统的控制输入产生影响。因此，整个机器人前馈控制系统的控制性能完全取决于前馈控制器。

前馈控制方法的优点之一是控制输入能够快速响应系统目标信号的变化，使得系统输出具有较快的动态响应速度，能够有效减小系统延迟。此外，前馈控制方法还具有结构简单、调整方便和部署成本低等优势。因此，前馈控制方法在机器人控制中具有重要应用，已成为一种基本的机器人控制方法。

使用前馈控制方法的关键在于前馈控制器的设计，而前馈控制器设计的难点在于机器人逆模型的构建。根据不同的机器人逆模型构建方式，设计机器人前馈控制器的思路可分为以下两种：

1. 通过对机器人模型求逆设计前馈控制器

首先，针对机器人进行数学建模，建立从激励信号 V 到系统输出 y 的机器人模型 P，其数学表达式可表示为

$$y(\cdot)=P[V(\cdot)] \tag{2-60}$$

机器人模型结构框图如图 2-18 所示。

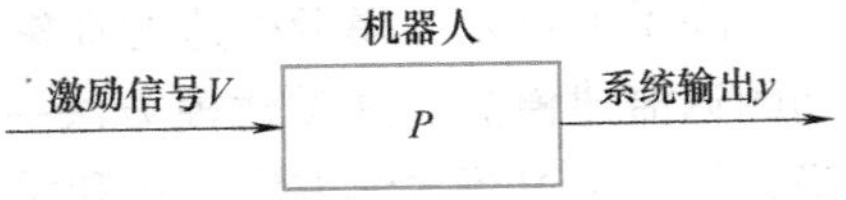

图 2-18　机器人模型结构框图

对机器人模型 P 求逆，得到其逆模型 P^{-1}。根据 P^{-1}和目标信号 y_{d}，机器人前馈控制输入 u 的数学表达式为

$$u(\cdot)=P^{-1}[y_{\mathrm{d}}(\cdot)] \tag{2-61}$$

然后，直接将机器人的逆模型 P^{-1} 作为前馈控制器，并与机器人串联构成前馈控制系统（见图 2-17）。因此，机器人的前馈控制输入 u 就是其激励信号，即

$$V(\cdot)=u(\cdot) \tag{2-62}$$

根据图 2-18 及式（2-60）~式（2-62），整个机器人前馈控制系统的输出为

$$y(\cdot)=P[V(\cdot)]=P[u(\cdot)]=P[P^{-1}[y_{\mathrm{d}}(\cdot)]]=y_{\mathrm{d}}(\cdot) \tag{2-63}$$

2. 通过直接建立机器人逆模型设计前馈控制器

首先，寻找从系统输出 y 到激励信号 V 的映射关系，直接建立机器人的逆模型 P^{-1}，其数学表达式可表示为

$$V(\cdot)=P^{-1}[y(\cdot)] \tag{2-64}$$

机器人逆模型的结构框图如图 2-19 所示。

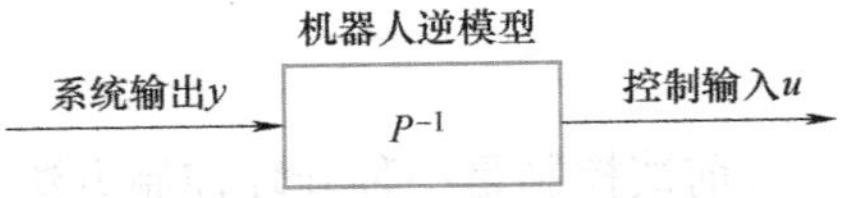

图 2-19　机器人逆模型结构框图

将机器人的逆模型 P^{-1}作为前馈控制器，并与机器人串联构成前馈控制系统（见图 2-17）。根据式（2-64），要使系统输出 y 能够跟踪目标信号 y_{d}，需要的激励信号 V 为

$$V(\cdot)=P^{-1}[y_{\mathrm{d}}(\cdot)] \tag{2-65}$$

根据式（2-65），机器人的前馈控制输入 u 为

$$u(\cdot)=V(\cdot)=P^{-1}[y_{\mathrm{d}}(\cdot)] \tag{2-66}$$

将式（2-66）所列的控制输入 u 作用于机器人，整个机器人前馈控制系统的输出为

$$y(\cdot)=P[u(\cdot)]=P[P^{-1}[y_{\mathrm{d}}(\cdot)]]=y_{\mathrm{d}}(\cdot) \tag{2-67}$$

通过上述两种思路，都可以设计前馈控制器，实现机器人的控制目标。此外，在上述两种前馈控制器的设计思路中，都需要先对机器人的运动特性进行深入分析，建立精准的机器人模型或逆模型，再设计出合适的逆补偿控制器。因此，在机器人前馈控制方法中，机器人的控制精度完全取决于机器人模型或逆模型的精度。在实际的机器人控制中，机器人建模误

差、外界扰动和参数摄动等不确定性是难以避免的，这些因素都会对机器人前馈控制的精度产生不利影响。因此，在实际应用中往往将前馈控制与反馈控制方法相结合，以提高机器人的控制精度。

2.5.2　PID 控制

PID 控制是一种闭环控制方法，即系统的输入信号会受到输出信号的矫正。在众多闭环控制方法中，PID 控制具有结构简单、易于理解、可靠性高和适用范围广等优势，成为应用最为广泛的控制方法。在机器人控制领域，PID 控制方法具有重要的工程应用价值，已成为一种基本的机器人控制方法。

基于 PID 控制方法的机器人控制系统框图如图 2-20 所示。其中，PID 控制器包含比例环节、积分环节和微分环节。比例环节、积分环节和微分环节分别对系统误差进行比例、积分和微分运算，产生相应的控制作用。然后，将比例环节、积分环节和微分环节产生的控制作用进行线性加权叠加，以构成控制输入，从而对被控对象（即机器人）进行控制。

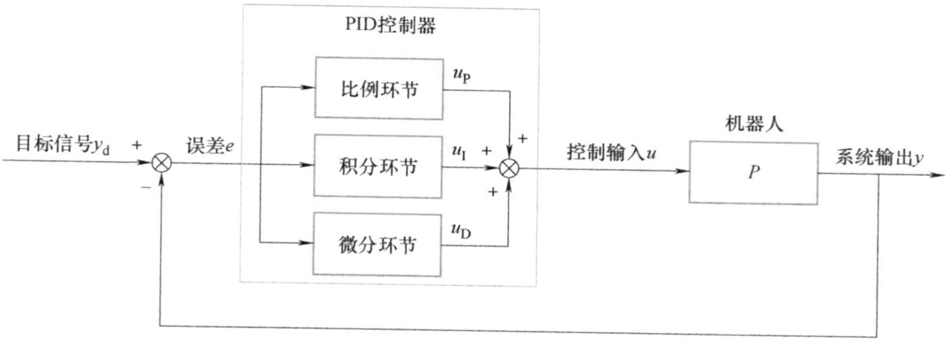

图 2-20　基于 PID 控制方法的机器人控制系统框图

如图 2-20 所示，PID 控制器的输入为误差 e，且有

$$e=y_d-y \tag{2-68}$$

比例环节基于误差本身产生控制作用，其输出 u_P 可以由式（2-69）计算。在比例环节作用下，系统误差一旦产生，控制器立即产生控制作用以减小偏差。

$$u_P=k_P e \tag{2-69}$$

式中，k_P 为比例增益。

积分环节基于误差的积分产生控制作用，其输出 u_I 可以由式（2-70）计算。积分环节的主要作用是消除系统稳态误差，提高系统误差度。

$$u_I=k_I\int_0^t e(\tau)\,\mathrm{d}\tau \tag{2-70}$$

式中，k_I 为积分增益；t 为时间；τ 为被积变量。

微分环节基于误差的微分产生控制作用，其输出 u_D 可以由式（2-71）计算。微分环节具有预测作用，可以反映误差信号的变化趋势，并能在误差变得过大之前，在系统中引入控制信号 u_D 修正机器人的控制输入，从而加快机器人的反应速度，减少调节时间。

$$u_D=k_D\frac{\mathrm{d}e}{\mathrm{d}t} \tag{2-71}$$

式中，k_D 为微分增益。

根据式（2-68）~式（2-71），PID 控制器的输出，即系统的控制输入 u 为

$$u=u_P+u_I+u_D=k_Pe+k_I\int_0^t e(\tau)\mathrm{d}\tau+k_D\frac{\mathrm{d}e}{\mathrm{d}t} \tag{2-72}$$

根据式（2-72），PID 控制器的传递函数的形式为

$$C(s)=\frac{U(s)}{E(s)}=k_P+k_I\frac{1}{s}+k_Ds \tag{2-73}$$

式中，$C(s)$、$U(s)$和$E(s)$分别为 PID 控制器、系统控制输入 u 和误差 e 的传递函数形式。

在 PID 控制器中，比例增益 k_P、积分增益 k_I 和微分增益 k_D 是未知参数，需要进行整定以使得系统控制性能满足需求。PID 控制器的参数整定方法包括经验试错整定法、Ziegler-Nichols 整定法和 Cohen-Coon 整定法等。此外，还可以将 PID 控制与模糊控制、专家控制和神经网络控制等智能控制方法相结合，利用智能方法在线整定 PID 控制的参数，提高机器人控制系统的控制性能。

2.5.3 智能控制

机器人是一个具有高度非线性、时变性和不确定性的复杂系统，其运动受到摩擦、间隙和死区等非线性因素的影响，这为机器人的精确数学建模带来了巨大的困难，也使得高精度运动控制的实现极具挑战性。尤其是对于现代先进机器人系统而言，柔性部位、软材料的连续形变会为系统带来更加复杂的运动形式，传统的控制方法变得难以适用。此外，进行实际作业时，不仅需要考虑控制目标的实现，还必须考虑设备间的协作、工业产品的工艺实现以及生产成本等问题，诸多的限制条件往往不能通过传统的控制方法满足。因此，设计和发展用于解决复杂系统控制问题的方法，对于实现现代先进机器人的控制和应用至关重要。

在生产实践中，解决上述复杂问题的重要途径之一，便是将人的经验智慧与控制理论相结合，灵活应对机器人控制中面临的复杂性和不确定性问题。基于这一技术路线，研究人员进行了一系列探索，推动了机器人控制技术的发展。1965 年，傅京孙首先将人工智能的启发式推理规则用于学习控制系统。1967 年，Leondes 首次使用“智能控制”一词。1971 年，傅京孙论述了人工智能与自动控制的关系。自此，人工智能与自动控制开始碰撞出火花，诞生了一个新兴的交叉领域——智能控制。

智能控制以控制理论、计算机科学、人工智能、运筹学等学科为基础，扩展了相关的理论和技术，是具有智能信息处理、智能信息反馈和智能控制决策的控制方式，是控制理论发展的高级阶段，可以解决使用传统控制方法难以解决的复杂系统控制问题。如图 2-21 所示，智能控制是多学科交叉的产物，除了人工智能与自动控制外，还强调了运筹学中调度、规划和管理的作用。智能控制方法的诞生和发展为解决具有高度非线性和复杂任务要求的机器人系统控制问题开辟了新的方向。

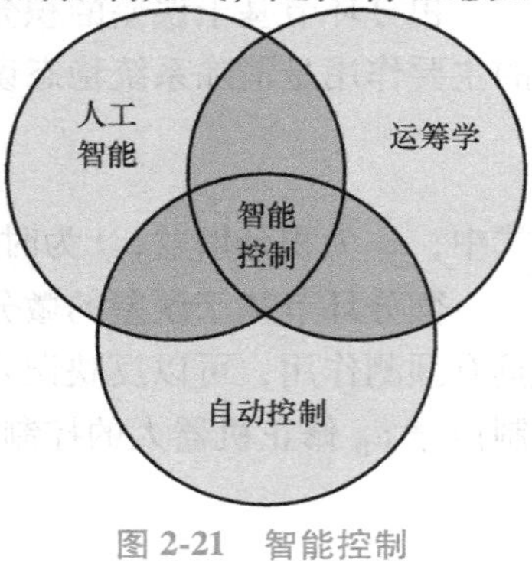

图 2-21　智能控制

机器人智能控制是机器人领域的前沿研究课题和研究热点，已取得了丰富的研究成果。下面将从模糊控制、专家控制和神经网络控制三个方面对智能控制方法进行介绍。

1. 模糊控制

模糊控制领域由 Zadeh 于 1965 年开创。随后，Mamdani 在 1975 年建立了模糊控制的基本框架。模糊数学是模糊控制的基础，为了描述具有模糊性的事物，引入模糊集合的概念。模糊集合的定义为边界不很明确的同一类模糊事物或模糊概念的集合。如天气很冷、天气冷、天气热、天气很热等集合就是模糊集合。

模糊控制用自然语言将人类专家的知识和丰富的操作经验归纳总结为模糊规则，并将其用于实现被动对象的控制目标。模糊控制方法与传统控制方法的最大不同在于，模糊控制方法不需要知道控制对象的数学模型，仅需要积累对被控对象进行控制的操作经验或数据。工程实践表明，模糊控制方法具有很强的适应性、鲁棒性和抗干扰能力，有利于实现复杂非线性系统的控制目标。

模糊控制方法在机器人控制领域具有重要应用前景。机器人模糊控制系统框图如图 2-22 所示，机器人的控制输入由模糊控制器产生。模糊控制器框图如图 2-23 所示，它包含模糊化、知识化、模糊推理和解模糊四个功能模块。其中，模糊化的作用是把一个精确的输入变量（如误差 e）转变为模糊集合；知识化是将操作者或专家的经验总结成若干条规则，经过一定的数学处理后形成知识库 R，也称为制订模糊规则；模糊推理是根据输入模糊集合 E 和知识库 R（即模糊规则）推理出控制输出的模糊集合；解模糊化采用模糊判决，把模糊变量变成精确量。

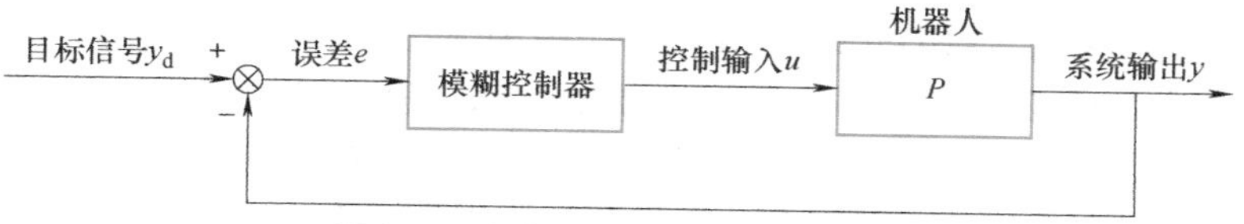

图 2-22　机器人模糊控制系统框图

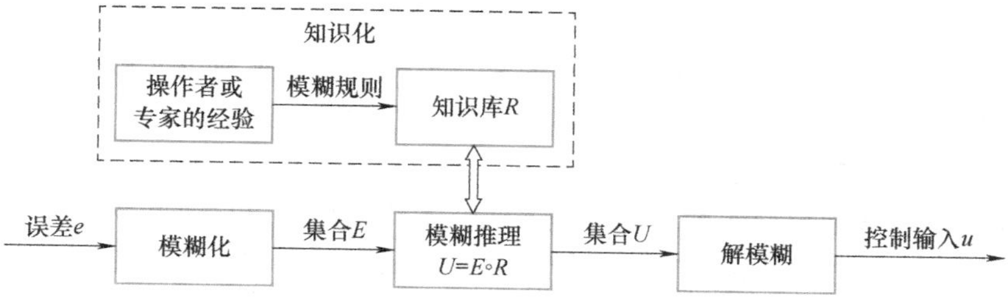

图 2-23　模糊控制器框图

知识库是模糊控制器的核心，由一系列模糊规则构成。模糊规则可以用 If-then 语句表述，例如：

If 机器人运动速度过快，then 施加较小的力矩；

If 机器人运动速度适中，then 施加正常大小的力矩；

If 机器人运动速度过慢，then 施加较大的力矩。

其中，机器人运动速度为输入变量，力矩为输出变量，过快、适中、过慢、较小、正常大小和较大为模糊集合。

在工程实际中，模糊控制具有以下优点：

1）模糊控制系统鲁棒性强，过程参数对系统控制的影响被大大削弱，适用于解决非线性和时变等问题。

2）模糊控制可以直接采用语言性控制规则，不需要知道被控对象的数学模型，只需要积累现场人员的知识和专家的经验。

3）模糊控制是基于语言控制规则的，同时借助了人类的经验，增强了系统适应能力，具有智能性，可以处理更加复杂的系统。

4）模糊控制中采用了语言控制规则，具有相对的独立性，当面临不同的性能指标时，能够找到折中的效果，控制效果更佳。

2. 专家控制

专家系统是一个具有大量的专门知识与经验的智能计算机程序系统，可以根据专家的知识和经验进行推理，从而模拟人类的决策过程。专家控制将专家系统与控制理论相结合，仿效专家的经验，实现对被控对象的控制。在不同的控制系统中，专家控制可以根据需要实现的功能进行推理，选择不同的控制规律，具有很强的灵活性。当面对具有不确定性或模糊性的问题时，专家控制可以根据自身的知识库和专家经验来进行调整，具有良好的适应性。同样，专家控制可用于解决非线性系统的控制问题，具有良好的鲁棒性。

专家控制是在针对复杂系统控制问题的研究中逐渐发展起来的。1965 年由 Stanford 大学开始研制的 DENDRAL 系统是世界上公认的最早和最成功的专家系统之一，它模拟化学家的工作过程，对未知有机化合物的质谱实验数据进行解释，从而推断出可能存在的分子结构及原子结构。20 世纪 70 年代初期开发的 MYCIN 是一个很有影响力的医疗诊断专家系统，用于诊断和治疗传染性疾病。PROSPECTOR 是一个较为大型的探矿专家系统，始建于 20 世纪 80 年代初期，可以估计钼、铜、锌等多种矿的蕴藏量，提供钻探井位。20 世纪 80 年代是专家系统研究和应用最活跃的时期，1986 年 ÅstrÖm 提出专家系统的概念，专家控制已被成功应用于冶金、化学、电力和石油等行业，为过程控制提供了有力手段。

专家控制系统一般包括人机交互界面、知识库、数据库、推理机、工作内存、测量接口和控制接口等，其结构框图如图 2-24 所示。人机交互界面具有两个功能，一个是专家系统通过人机交互界面可对用户的咨询问题进行回复；另一个是专家通过人机交互界面可对知识库进行扩充和维护。知识库包含基于专家经验的判断性规则，用于推理、问题求解的控制性规则，以及用于说明问题的状态、事实和概念及当前的条件和常识等的数据。推理机包含前向推理、反向推理和基于模型的推理等推理方式。工作内存用以存放问题事实和由规则激发而推断出的新事实。推理机借助存放在工作内存中的问题事实和存放在知识库中的知识，建立人的推理模型，以推断出新的信息。测量接口用于接收测量装置测量到的信息，控制接口用于实现专家系统与控制机构的交互。

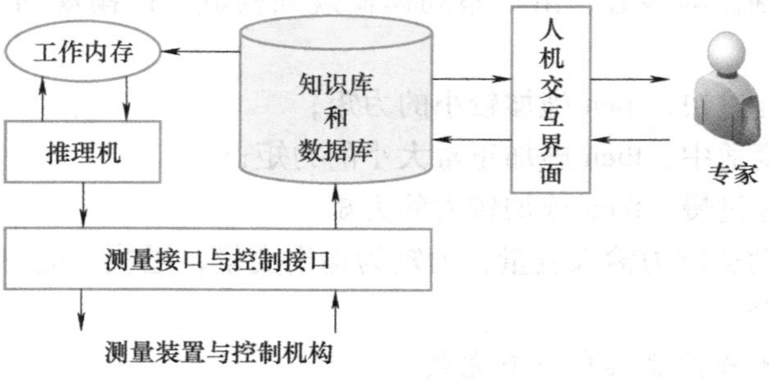

图 2-24　专家系统结构框图

对于不同的控制系统类型，系统结构会有略微不同。一般而言，专家控制器可分为直接专家控制器和间接专家控制器。直接专家控制系统框图如图 2-25 所示，其控制输入由专家控制器直接作用于机器人。间接专家控制系统框图如图 2-26 所示，直接作用于被控对象的是基本控制器产生的控制输入，专家控制器用于调节基本控制器的参数，对系统的控制起间接作用。直接型控制器便于实现一些简单的控制目标，需要在线运行；而间接型控制器则是在线与离线均可，适用性及应用范围更广泛。

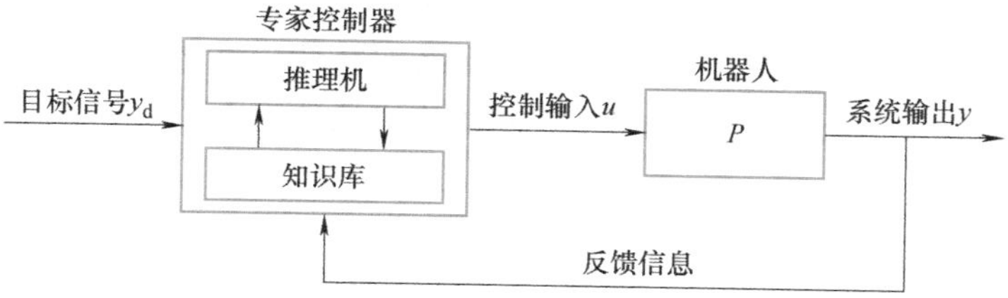

图 2-25　机器人直接专家控制系统框图

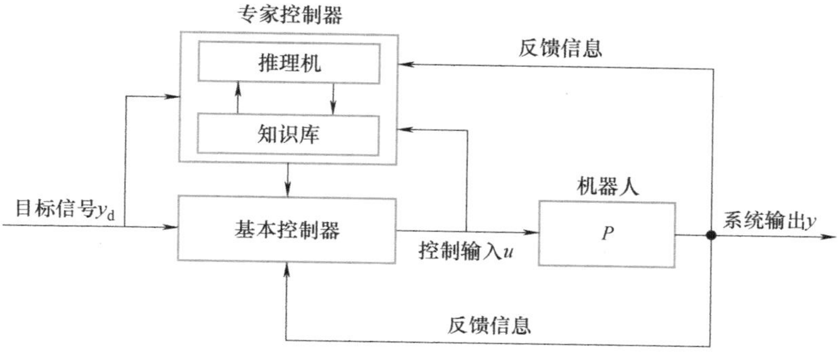

图 2-26　机器人间接专家控制系统框图

3. 神经网络控制

神经网络模仿人脑的结构和功能，可以通过大量训练来学习如何处理信息，具有强大的自学习能力和非线性映射能力。神经网络的蓬勃发展为控制理论的发展注入了活力，衍生出了神经网络控制。下面将对神经网络进行简单介绍，然后介绍两种常见的神经网络控制方法。

神经元是构成神经网络的基本单元，其基本结构如图 2-27 所示。针对单个神经元，其输出计算公式为

$$\begin{cases} g=\sum_{i=1}^{n} w_i x_i + b \\ f=\sigma(g)=\sigma\left[\sum_{i=1}^{n} w_i x_i + b\right] \end{cases} \tag{2-74}$$

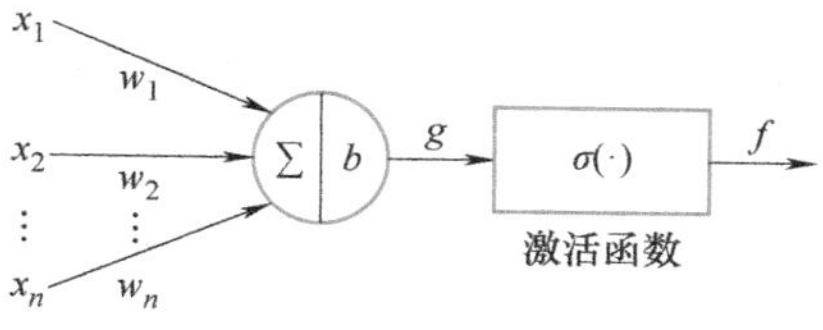

图 2-27　神经元结构图

式中，$x_1, x_2, \cdots, x_n$ 为神经元输入；f 为神经元输出；$w_1, w_2, \cdots, w_n$ 为权重系数；b 为偏置；$\sigma(\cdot)$ 为激活函数，可根据机器人的控制效果而选择为 Sigmoid 函数、二值函数或双曲正切函数等。

通过模仿人脑的结构，对多个神经元进行网络拓扑连接，即可形成神经网络。图 2-28

所示为典型的神经网络结构图，该神经网络包含输入层、隐含层和输出层，具有 n 个输入($x_1, x_2, \cdots, x_n$)和 m 个输出($y_1, y_2, \cdots, y_m$)。

神经网络逆补偿前馈控制是一种前馈控制方法，与传统前馈控制方法的不同之处在于机器人系统的逆模型是基于神经网络建立的。机器人系统神经网络逆模型训练结构框图如图 2-29 所示。在训练过程中，系统输出 y 和控制输入 u 分别被用作神经网络逆模型的输入和输出数据。通过训练算法不断调整神经网络的参数，使神经网络逆模型的输出 u_n 不断逼近机器人系统的控制输入 u。然后，将训练完成的神经网络逆模型直接用作机器人系统的神经网络逆补偿前馈控制器，构造出机器人神经网络逆补偿前馈控制系统，如图 2-30 所示。由图 2-30 可知，目标信号 y_d 与系统输出 y 之间的传递函数为 1，即 $y=y_d$，实现了对机器人的运动控制目标。

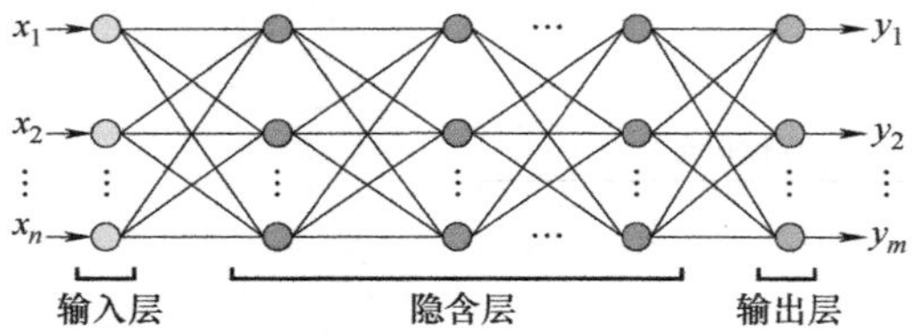

图 2-28　典型的神经网络结构图

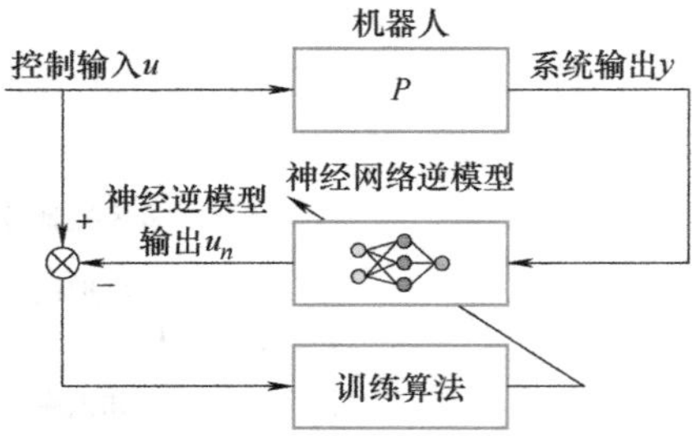

图 2-29　机器人系统神经网络逆模型训练结构框图

图 2-30　机器人神经网络逆补偿前馈控制系统框图

神经网络监督控制是一种通过对传统控制器进行学习，并用神经网络控制器逐渐取代传统控制器的方法。机器人神经网络监督控制系统框图如图 2-31 所示。图 2-31 中的神经网络控制器实际上是一个前馈控制器，它建立的是被控对象的逆模型。神经网络控制器通过对反馈控制器的输出进行学习，在线调整网络的权值，使反馈控制器的输出 u_f 趋近于零，从而使神经网络控制器逐渐在控制作用中占据主导地位，最终取消反馈控制器的作用。一旦系统出现干扰，反馈控制器重新起作用。这种前馈加反馈的监督控制方法不仅可以确保控制系统的稳定性和鲁棒性，而且可有效地提高系统的精度和自适应能力。

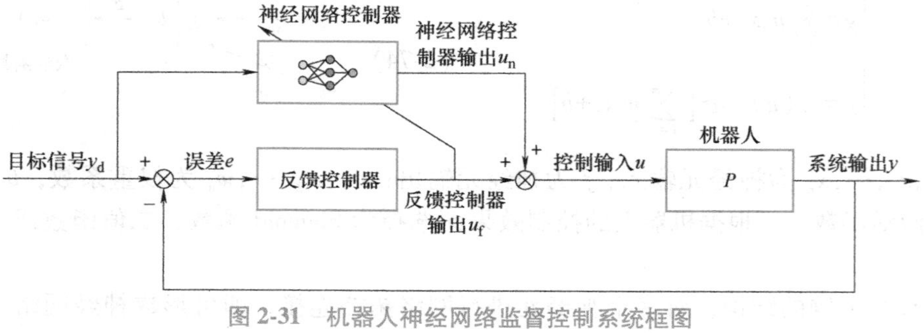

图 2-31　机器人神经网络监督控制系统框图

神经网络反馈控制利用神经网络优化反馈控制器的参数，或者利用神经网络作为观测器或者估计器，设计神经网络反馈控制器实现机器人系统的运动控制目标。机器人神经网络反馈控制系统框图如图 2-32 所示。

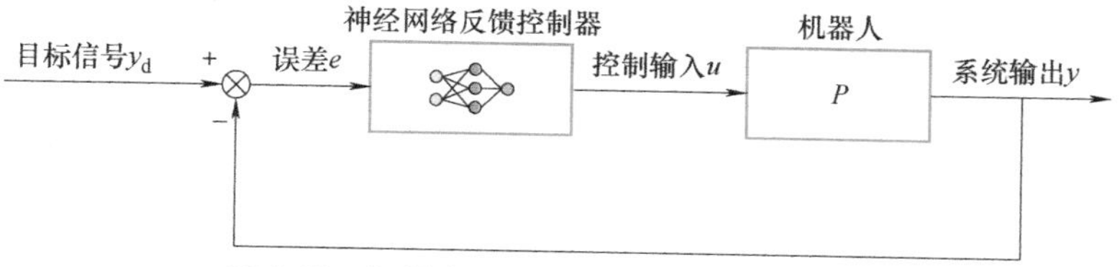

图 2-32　机器人神经网络反馈控制系统框图

本章小结

本章主要介绍机器人建模与控制的基本理论。其中，机器人的建模基础包括基于 D-H 建模法的机器人运动学模型，以及基于欧拉-拉格朗日法的机器人动力学模型；在柔性机器人基础理论中，介绍了柔性机器人的弯曲形变、挠度的定义，以及欧拉-伯努利梁理论基础；此外，介绍了软材料的迟滞现象，并讨论了针对软材料迟滞的机理建模法和唯象建模法；最后，介绍了前馈控制、PID 控制以及智能控制三类较为基础的机器人控制方法。

习　题

2-1　试述假设模态法的基本原理与优点。

2-2　欧拉-伯努利梁理论与铁摩辛柯梁理论有什么区别？

2-3　什么是迟滞非线性？通常对于软材料，其迟滞非线性有哪些特点？表现在哪些方面？

2-4　如图 2-33 所示，一个半径为 r 的光滑圆柱面置于水平桌面上。在圆柱面的右半表面放置有一质量为 m 的光滑均匀软绳，软绳一端在圆柱面最高点，通过一水平力 F 维持平衡，使得软绳另一端恰好与桌面不接触。试用虚功原理求解需要施加的拉力 F。

2-5　图 2-34 所示为一个单摆系统，质量集中于绳子末端为 m，绳长为 L，最大摆动角为 θ，请分别基于虚功原理和欧拉-拉格朗日方程推导其模型表达式。

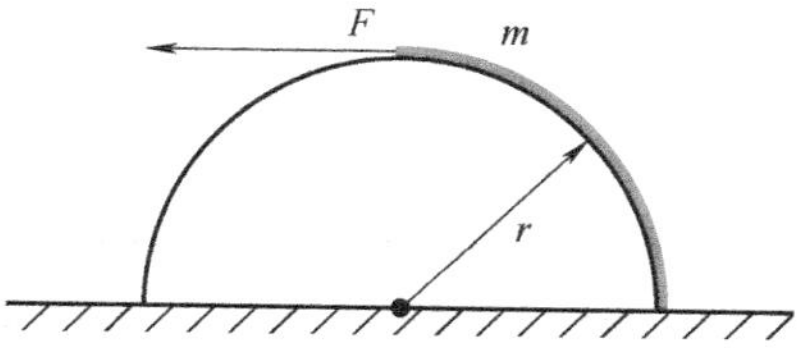

图 2-33　拉绳系统

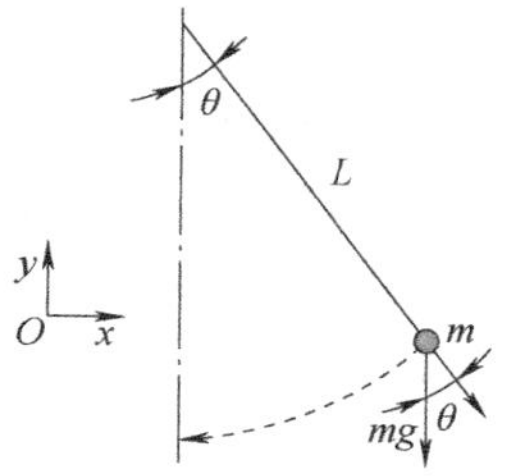

图 2-34　单摆系统

2-6 试述基于模型驱动和基于数据驱动的唯象建模法的区别，以及两者各自的优点和缺点。

2-7 简述前馈控制器的设计方法。

2-8 画出 PID 控制器的结构框图，并简述 PID 控制器的基本组成部分及其作用。

2-9 针对智能控制的应用前景谈谈你的看法。

参考文献

[1] 杜严锋，王聪. 柔性机械臂残余振动控制［J］. 振动与冲击，2019，38（7）：165-171.

[2] ATA A A. Inverse dynamic analysis and trajectory planning for flexible manipulator［J］. Inverse Problems in Science and Engineering，2010，18（4）：549-566.

[3] 蒋勉. 时空耦合系统降维新方法及其在铝合金板带轧制过程建模中的应用［D］. 长沙：中南大学，2012.

[4] 孟庆鑫，赖旭芝，闫泽，等. 双连杆刚柔机械臂无残余振动位置控制［J］. 控制理论与应用，2020，37（3）：620-628.

[5] MENG Q X，LAI X Z，WANG Y W，et al. A fast stable control strategy based on system energy for a planar single-link flexible manipulator［J］. Nonlinear Dynamics，2018，94（1）：615-626.

[6] KIM J，KIM J W，KIM H C，et al. Review of soft actuator materials［J］. International Journal of Precision Engineering and Manufacturing，2019，20（12）：2221-2241.

[7] BROKATE M，SPREKELS J. Hysteresis and phase transitions［M］. Berlin：Springer Science and Business Media，1996.

[8] 毛剑琴，李琳，张臻，等. 智能结构动力学与控制［M］. 北京：科学出版社，2013.

[9] 李冬伟，白鸿柏，杨建春，等. 非线性迟滞系统建模方法［J］. 机械工程学报，2005，41（10）：205-209；214.

[10] 李春涛，谭永红. 迟滞非线性系统的建模与控制［J］. 控制理论与应用，2005，22（2）：281-287.

[11] SHENG J J，CHEN H L，LIU L，et al. Dynamic electromechanical performance of viscoelastic dielectric elastomers［J］. Journal of Applied Physics，2013，114（13）：134101. 1-8.

[12] 赵新龙，李智，苏春翌，等. 基于 Bouc-Wen 模型的迟滞非线性系统自适应控制［J］. 系统科学与数学，2014，34（12）：1496-1507.

[13] 胡寿松. 自动控制原理［M］. 5 版. 北京：科学出版社，2007.

[14] LIU L，TIAN S Y，XUE D Y，et al. Industrial feedforward control technology：A review［J］.Journal of Intelligent Manufacturing，2019，30（8）：2819-2833.

[15] 刘金琨. 先进 PID 控制 MATLAB 仿真［M］. 4 版. 北京：电子工业出版社，2016.

[16] 蔡自兴. 中国智能控制 40 年［J］. 科技导报，2018，36（17）：23-39.

[17] 王立新. 模糊系统与模糊控制教程［M］. 王迎军，译. 北京：清华大学出版社，2003.

[18] 张煜东，吴乐南，王水花. 专家系统发展综述［J］. 计算机工程与应用，2010，46（19）：43-47.

[19] LINDSAY R K，BUCHANAN B G，FEIGENBAUM E A，et al. DENDRAL：A case study of the first expert system for scientific hypothesis formation［J］. Artificial Intelligence，1993，61（2）：209-261.

第 3 章 全驱动机器人

导 读

在设计机器人及各种机电系统时，一个普遍遵循的逻辑是，执行器的数目应与系统的自由度数目相匹配，以实现全驱动方案，确保系统完全可控。当前，许多全驱动型机器人已被广泛应用于结构化的工厂环境中，它们利用成熟的刚性机械臂控制技术，能够精确无误地执行高重复性的高精度运动，如切削、焊接和喷漆等作业。本章将聚焦于全驱动机械臂系统，深入探讨其在关节空间和任务空间下的末端位置控制策略。此外，还将讨论机械臂末端的阻抗控制方法，以提升机器人在与环境交互时的柔顺性和稳定性。最后，通过两连杆全驱动机械臂的实例进行仿真控制，验证所讨论控制策略的有效性。

本章知识点

- 关节空间下机器人末端的位置控制
- 任务空间下机器人末端的位置控制
- 机器人末端的阻抗控制

3.1 引言

自动化与智能化的时代促使了机器人技术的快速发展，而全驱动机器人在这个领域中扮演着重要的角色。全驱动机器人的设计理念是自由度与执行器数目相匹配，以实现系统的完全可控。这种机器人技术不仅在工业制造领域有着广泛的应用，并且在医疗辅助、服务中也有着很大的应用潜力。

全驱动机械臂是全驱动机器人的重要组成部分，通过充分配备的执行器，全驱动机械臂可以实现对各种运动的精确控制，为机器人系统的多样化应用提供了技术支撑。在工业自动化中，全驱动机械臂通过控制技术，能够实现高精度的重复运动，从而提高了生产率和产品质量；而在服务机器人领域，全驱动机械臂的灵活性和高精度则能够完成更加复杂的任务，如物品搬运、协助手术等。

若已知机械臂所有的关节变量，通常可利用正运动学对其末端位置进行确定，反之，若要使机械臂末端执行器处于给定位置并呈现一定的姿态，通常可以使用逆运动学对其关节变量进行求解，书中第 2 章已经给出了机械臂关节角度与位置的 D-H 建模方法，并推导出了机械臂的运动学方程，本章节在此基础上具体讨论其关节空间、任务空间下的末端位置控制，以及机械臂末端的阻抗控制。

事实上，机器人的末端执行器并不固定，可以根据具体任务进行更改，但显然执行器的大小、长度都对其末端位置有着直接的影响。在这一章里，假设机器人末端为一个平板面，在实际应用时可以根据需要对执行器进行修改，必要时需要把执行器本身的长度也添加至机器人末端，以确定执行器的末端位置和姿态。对于实际中尚未确定执行器长度的机械臂，只能根据末端面的姿态来计算关节值。

3.2 全驱动机器人末端的位置控制

在机械臂的控制中，首先需要机械臂移动至某处拿起物体，再把该物体拿至另一处并平稳放下。该任务涉及机械臂末端的位置控制，是一个机械臂的高级操作任务，如完成喷漆和点焊等任务。

机械臂的任务通常是由其末端执行器的预期位置来定义的，而对任务的控制则是在关节空间中进行的，即通过关节控制实现机械臂末端的预期位置目标。因此产生了两种控制方法，即关节空间控制和任务空间控制。

任务空间控制和关节空间控制是机械臂控制中常见的两种策略。关节空间控制注重控制机械臂各关节的运动，以控制关节角度达到末端执行器的目标位置和姿态。这种方法需要对机械臂的运动学模型有深入理解，并应对关节间的耦合问题。任务空间控制中，机械臂的目标是直接控制末端执行器在任务空间中的位置和姿态。这意味着控制器直接计算并调整末端执行器的位置和姿态，无须考虑各关节的运动。因此，相比于关节空间控制，任务空间控制更直观、简单，适用于许多实际场景；而关节空间控制更灵活、精确，适用于对机械臂运动有严格要求的场合，如精密加工和装配。

3.2.1 关节空间下的末端位置控制

在机械臂的末端位置控制中，理解逆运动学是至关重要的一环。机械臂的末端位置控制目标是让末端执行器达到预定的位置和姿态，这就需要通过逆运动学求解，即通过给定机械臂末端执行器的目标位置和姿态，反过来计算出各个关节需要达到的位置和角度。简言之，逆运动学就是在已知“手”的目标位置和方向的情况下，确定“胳膊”每个关节应该如何运动的问题。

1. 逆运动学计算

机器人的逆运动学问题通常是指把任务空间中关节末端节点直角坐标$(x_1 \quad x_2 \quad \cdots \quad x_n)$转为关节角坐标$(q_1 \quad q_2 \quad \cdots \quad q_n)$的问题。

逆运动学问题通常比正运动学更复杂。正运动学是通过已知的关节变量计算末端执行器的位置和姿态，这一过程涉及的是明确的数学关系和直接计算，通常能轻松得出解析解。然而，逆运动学要对多变量非线性方程组进行求解，这些方程组可能没有封闭形式的解，往往需要通过数值方法或迭代算法来求解。此外，在求解的过程中，必须考虑机械臂的各个关节的物理限制，确保不会因为超出关节范围而导致机械故障，还要防止碰撞和避免奇异位形的问题，这使得求解过程更具挑战性。

机械臂末端位置控制逆运动学求解的主要方法有：解析法、数值法、基于优化的方法以及神经网络和机器学习算法。

解析法旨在通过显式数学表达式来求解逆运动学问题，其主要适用于结构简单、链节不多且具有特定对称性的机械臂。例如，平面关节型机器人（SCARA）和六自由度的工业机器人（PUMA560）在对称性和有限的关节数目下，可以使用解析法。这种方法的特点在于它是一种直接解法，从几何关系和运动学公式中能够直接求得关节变量，计算速度快且精度高，不需要迭代计算。但是，解析法的适用范围有限，只适用于结构简单的机械臂，对于具有更多自由度和复杂机构的机械臂，解析法往往无法施展。此外，每当机械臂结构发生改变时，都需要重新推导新的解析表达式。

数值法通过迭代算法逼近逆运动学解，采用的常用数值方法包括梯度下降法、牛顿-拉弗森法和伪逆法等。梯度下降法通过计算目标函数的梯度，沿梯度方向找到最小误差的关节配置。这种方法的优点在于实现简单，适用广泛，特别适合任何冗余系统。但是梯度下降法的收敛速度较慢，依赖于初始值的选择，可能只是局部最优解。牛顿-拉弗森法利用泰勒级数展开和雅可比矩阵来逼近位置误差，并通过迭代更新来达到更高精度。这种方法收敛速度快、精度高，但计算雅可比矩阵和其逆矩阵的过程较为复杂，对初始值敏感，还有奇异点问题需要解决。伪逆法则通过使用伪逆雅可比矩阵将最小二乘误差传递到关节空间，适用于冗余系统，解决线性方程组问题，操作简单易行，但计算复杂度高，要求大量矩阵运算。

基于优化的方法通过构建并优化目标函数来求解逆运动学问题，目标函数可以是位置误差最小化、能量消耗最小化等。这种方法的灵活性高，可以处理多种不同的优化目标和约束条件，如关节角度限制、碰撞回避等，适用于冗余机械臂和复杂工作环境。通过全局优化算法（如遗传算法和粒子群优化算法）可以找到全局最优解，从而避免局部最优问题。基于优化的方法适应性强，但其计算资源消耗大，优化过程通常需要大量计算资源，求解速度相对较慢，实现过程也较为复杂，构建合适的目标函数和约束条件较难，容易受参数选择的影响。

神经网络和机器学习算法通过大量训练数据来训练模型，近似求解逆运动学问题。这种方法具有处理高自由度、复杂结构机械臂的能力，通过大量样本数据训练，可以学习复杂的非线性映射关系，其实时性好，在线求解速度快，适合实时控制。然而，神经网络和机器学习算法依赖于大量高质量的训练数据，数据的多样性和代表性直接影响模型表现。训练过程可能非常耗时，且需要大量计算资源，此外，神经网络内部的黑箱操作不易解释，有时难以理解其物理意义。

每种方法都有其自身的优缺点和适用范围。在实际应用中，常常需要综合考虑机械臂的结构、目标任务以及计算资源等因素，选择最合适的求解方法，有时甚至需要结合多种方法，以达到最佳的末端位置控制效果。从解析法的简单直接，到数值法的广泛适用，再到基于优化方法的灵活准确以及神经网络和机器学习算法的非线性处理能力，各种方法在不同的应用场景中展示出各自的优势。

下面以 PUMA560 全驱动机械臂为例，对解析法（变量分离法）进行展开介绍。假设已知机械臂的各连杆变换矩阵为

$$A_1={}_1^0T=\begin{bmatrix}\cos q_1 & -\sin q_1 & 0 & 0\\ \sin q_1 & \cos q_1 & 0 & 0\\ 0 & 0 & 1 & 0\\ 0 & 0 & 0 & 1\end{bmatrix},\ A_2={}_2^1T=\begin{bmatrix}\cos q_2 & -\sin q_2 & 0 & 0\\ 0 & 0 & 1 & d_2\\ -\sin q_2 & -\cos q_2 & 0 & 0\\ 0 & 0 & 0 & 1\end{bmatrix}$$

$$A_3={}_3^2T=\begin{bmatrix}\cos q_3 & -\sin q_3 & 0 & a_2\\ \sin q_3 & \cos q_3 & 0 & 0\\ 0 & 0 & 1 & 0\\ 0 & 0 & 0 & 1\end{bmatrix},\ A_4={}_4^3T=\begin{bmatrix}\cos q_4 & -\sin q_4 & 0 & a_3\\ 0 & 0 & 1 & d_4\\ -\sin q_4 & -\cos q_4 & 0 & 0\\ 0 & 0 & 0 & 1\end{bmatrix} \tag{3-1}$$

$$A_5={}_5^4T=\begin{bmatrix}\cos q_5 & -\sin q_5 & 0 & 0\\ 0 & 0 & -1 & 0\\ \sin q_5 & \cos q_5 & 0 & 0\\ 0 & 0 & 0 & 1\end{bmatrix},\ A_6={}_6^5T=\begin{bmatrix}\cos q_6 & -\sin q_6 & 0 & 0\\ 0 & 0 & 1 & 0\\ -\sin q_6 & -\cos q_6 & 0 & 0\\ 0 & 0 & 0 & 1\end{bmatrix}$$

式中，a_{i-1}为连杆长度；q_i 为连杆夹角；d_i 为连杆距离。

将各连杆变换矩阵相乘，可得机械臂变换的 T 矩阵

$${}_6^0T={}_1^0T(q_1){}_2^1T(q_2){}_3^2T(q_3){}_4^3T(q_4){}_5^4T(q_5){}_6^5T(q_6) \tag{3-2}$$

即变量 $q_1,q_2,\cdots,q_6$ 的函数，它描述了末端连杆的坐标系相对于基坐标系的位姿。结合式（3-1）可计算得到

$${}_6^0T=\begin{bmatrix}n_x & o_x & a_x & p_x\\ n_y & o_y & a_y & p_y\\ n_z & o_z & a_z & p_z\\ 0 & 0 & 0 & 1\end{bmatrix} \tag{3-3}$$

式中，

$$\begin{cases}n_x=\cos q_1[\cos(q_2+q_3)(\cos q_4\cos q_5\cos q_6-\sin q_4\sin q_6)-\sin(q_2+q_3)\sin q_5\cos q_6]+\\ \quad \sin q_1(\sin q_4\cos q_5\cos q_6+\cos q_4\sin q_6)\\ n_y=\sin q_1[\cos(q_2+q_3)(\cos q_4\cos q_5\cos q_6-\sin q_4\sin q_6)-\sin(q_2+q_3)\sin q_5\cos q_6]-\\ \quad \cos q_1(\sin q_4\cos q_5\cos q_6+\cos q_4\sin q_6)\\ n_z=-\sin(q_2+q_3)(\cos q_4\cos q_5\cos q_6-\sin q_4\sin q_6)-\cos(q_2+q_3)\sin q_5\cos q_6\\ o_x=\cos q_1[\cos(q_2+q_3)(-\cos q_4\cos q_5\cos q_6-\sin q_4\sin q_6)+\sin(q_2+q_3)\sin q_5\sin q_6]+\\ \quad \sin q_1(\cos q_4\cos q_6-\sin q_4\cos q_5\sin q_6)\\ o_y=\sin q_1[\cos(q_2+q_3)(-\cos q_4\cos q_5\cos q_6-\sin q_4\sin q_6)+\sin(q_2+q_3)\sin q_5\cos q_6]-\\ \quad \cos q_1(\cos q_4\cos q_6-\sin q_4\cos q_5\sin q_6)\\ o_z=-\sin(q_2+q_3)(-\cos q_4\cos q_5\cos q_6-\sin q_4\cos q_6)+\cos(q_2+q_3)\sin q_5\cos q_6\\ a_x=-\cos q_1[\cos(q_2+q_3)\cos q_4\cos q_5+\sin(q_2+q_3)\cos q_5)-\sin q_1\sin q_4\sin q_5]\\ a_y=-\sin q_1[\cos(q_2+q_3)\cos q_4\cos q_5+\sin(q_2+q_3)\cos q_5)+\cos q_1\sin q_4\sin q_5]\\ a_z=\sin(q_2+q_3)\cos q_4\cos q_5-\cos(q_2+q_3)\cos q_5\\ p_x=\cos q_1[a_2\cos q_2+a_3\cos(q_2+q_3)-d_4\sin(q_2+q_3)]-d_2\sin q_1\\ p_y=\sin q_1[a_2\cos q_2+a_3\cos(q_2+q_3)-d_4\sin(q_2+q_3)]-d_2\cos q_1\\ p_z=-a_2\sin(q_2+q_3)-a_2\sin q_2-d_4\cos(q_2+q_3)\end{cases} \tag{3-4}$$

若末端连杆的位姿已经给定，即 n、O、a 和 p 为已知，则求关节变量 $q_1,q_2,\cdots,q_6$ 解析值的过程称为运动学反解过程。这里采用变量分离法进行求解，即用未知的连杆逆变换左乘方程两边，把关节变量分离出来，从而求得 $q_1,q_2,\cdots,q_6$ 的解。

求解运动学方程时，可以先从${}_6^0\boldsymbol{T}$ 开始。根据${}_6^0\boldsymbol{T}=\boldsymbol{A}_1\boldsymbol{A}_2\boldsymbol{A}_3\boldsymbol{A}_4\boldsymbol{A}_5\boldsymbol{A}_6$，两边同时左乘 $\boldsymbol{A}_1^{-1}$，求解 q_1，再两边同时左乘 $\boldsymbol{A}_2^{-1}$，求解 q_2，以此类推，从而求解各个关节角。

$$\begin{cases}\boldsymbol{A}_1^{-1}{}_6^0\boldsymbol{T}={}_6^1\boldsymbol{T}\\ \boldsymbol{A}_2^{-1}\boldsymbol{A}_1^{-1}{}_6^0\boldsymbol{T}={}_6^2\boldsymbol{T}\\ \boldsymbol{A}_3^{-1}\boldsymbol{A}_2^{-1}\boldsymbol{A}_1^{-1}{}_6^0\boldsymbol{T}={}_6^3\boldsymbol{T}\\ \boldsymbol{A}_4^{-1}\boldsymbol{A}_3^{-1}\boldsymbol{A}_2^{-1}\boldsymbol{A}_1^{-1}{}_6^0\boldsymbol{T}={}_6^4\boldsymbol{T}\\ \boldsymbol{A}_5^{-1}\boldsymbol{A}_4^{-1}\boldsymbol{A}_3^{-1}\boldsymbol{A}_2^{-1}\boldsymbol{A}_1^{-1}{}_6^0\boldsymbol{T}={}_6^5\boldsymbol{T}\end{cases}\tag{3-5}$$

逆运动方程的解不是唯一的，应该根据机器人手臂的组合形态和各关节的运动范围，经过多次反复计算，从中选择一种组合逆解。由此可见，求解机器人的逆运动方程是一个比较复杂的过程。

例 3-1：图 3-1 所示为全驱动两连杆机械臂示意图。已知两连杆机械臂各连杆的变换矩阵分别为

$$\begin{aligned}{}_1^0\boldsymbol{T}&=\begin{bmatrix}\cos q_1 & -\sin q_1 & 0 & 0\\ \sin q_1 & \cos q_1 & 0 & 0\\ 0 & 0 & 1 & 0\\ 0 & 0 & 0 & 1\end{bmatrix},\\ {}_2^1\boldsymbol{T}&=\begin{bmatrix}\cos q_2 & -\sin q_2 & 0 & l_1\\ \sin q_2 & \cos q_2 & 0 & 0\\ 0 & 0 & 1 & 0\\ 0 & 0 & 0 & 1\end{bmatrix}\end{aligned}\tag{3-6}$$

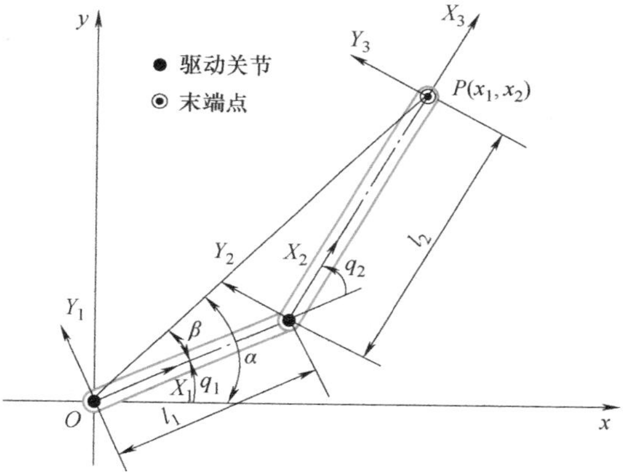

图 3-1　全驱动两连杆机械臂示意图

末端执行器与第二连杆坐标系之间的变换矩阵为

$${}_3^2\boldsymbol{T}=\begin{bmatrix}1 & 0 & 0 & l_2\\ 0 & 1 & 0 & 0\\ 0 & 0 & 1 & 0\\ 0 & 0 & 0 & 1\end{bmatrix}\tag{3-7}$$

已知末端执行器在基坐标系中的期望坐标为(x_1,x_2)，试求关节角度 q_1 和 q_2。

解：根据末端执行器的期望坐标(x_1,x_2)，可知末端执行器相对于基坐标系的变换矩阵为

$${}_3^0\boldsymbol{T}=\begin{bmatrix}\cos(q_1+q_2) & -\sin(q_1+q_2) & 0 & \sqrt{(x_1^2+x_2^2)}\\ \sin(q_1+q_2) & \cos(q_1+q_2) & 0 & 0\\ 0 & 0 & 1 & 0\\ 0 & 0 & 0 & 1\end{bmatrix}\tag{3-8}$$

由式（3-5）所示方法进行计算，${}_3^0\boldsymbol{T}={}_1^0\boldsymbol{T}{}_2^1\boldsymbol{T}{}_3^2\boldsymbol{T}$ 两边同时乘以$({}_1^0\boldsymbol{T})^{-1}$可得

$$({}^0_1T)^{-1}{}^0_3T={}^1_2T{}^2_3T \tag{3-9}$$

将式（3-6）~式（3-8）代入式（3-9），可得

$$\begin{bmatrix} \cos q_2 & -\sin q_2 & 0 & \cos q_1\sqrt{(x_1^2+x_2^2)} \\ \sin q_2 & \cos q_2 & 0 & -\sin q_1\sqrt{(x_1^2+x_2^2)} \\ 0 & 0 & 1 & 0 \\ 0 & 0 & 0 & 1 \end{bmatrix} = \begin{bmatrix} \cos q_2 & -\sin q_2 & 0 & l_1+l_2\cos q_2 \\ \sin q_2 & \cos q_2 & 0 & l_2\sin q_2 \\ 0 & 0 & 1 & 0 \\ 0 & 0 & 0 & 1 \end{bmatrix} \tag{3-10}$$

等式（3-10）两边元素对应相等，可得

$$\begin{gathered} \cos q_1\sqrt{(x_1^2+x_2^2)}=l_1+l_2\cos q_2 \\ -\sin q_1\sqrt{(x_1^2+x_2^2)}=l_2\sin q_2 \end{gathered} \tag{3-11}$$

等式（3-11）两边求平方和后消除 q_1，得到

$$x_1^2+x_2^2=l_1^2+l_2^2+2l_1l_2\cos q_2 \tag{3-12}$$

从而可得

$$q_2=\arccos\left(\frac{x_1^2+x_2^2-l_1^2-l_2^2}{2l_1l_2}\right) \tag{3-13}$$

可得机械臂末端点与起点连线与 x 轴的夹角 α 为

$$\alpha=\arctan\frac{x_2}{x_1},x_1\geqslant 0 \tag{3-14}$$

$$\alpha=\pi+\arctan\frac{x_2}{x_1},x_1<0 \tag{3-15}$$

根据余弦定理，由图 3-1 可得

$$l_2^2=l_1^2+(x_1^2+x_2^2)-2l_1\sqrt{x_1^2+x_2^2}\cos\beta \tag{3-16}$$

则

$$\beta=\arccos\frac{x_1^2+x_2^2+l_1^2-l_2^2}{2l_1\sqrt{x_1^2+x_2^2}} \tag{3-17}$$

从而

$$q_1=\begin{cases}\alpha-\beta,q_2>0\\ \alpha+\beta,q_2\leqslant 0\end{cases} \tag{3-18}$$

2. 控制器设计

在完成了上述逆运动学的详尽计算之后，已成功地将期望的机械臂末端执行器位置坐标转化为对应的期望关节角度值。这一转化过程标志着机械臂末端位置控制的问题已经巧妙地转化为对各个关节角度的精确控制问题。鉴于此，下一步的核心任务便是直接针对这些关节角度设计高效、稳定的控制器。

对于 n 自由度机械臂，其动力学方程为

$$\boldsymbol{D}(\boldsymbol{q})\ddot{\boldsymbol{q}}+\boldsymbol{C}(\boldsymbol{q},\dot{\boldsymbol{q}})\dot{\boldsymbol{q}}+\boldsymbol{G}(\boldsymbol{q})=\boldsymbol{\tau} \tag{3-19}$$

式中，$\dot{\boldsymbol{q}}$ 与 $\ddot{\boldsymbol{q}}$ 分别为机械臂关节的位置矢量与速度矢量；$\boldsymbol{\tau}$ 为关节扭矩，$\boldsymbol{\tau}=[\tau_1,\tau_2,\cdots,\tau_n]^{\mathrm{T}}$；$\boldsymbol{D}(\boldsymbol{q})$ 为对称的正定惯性矩阵；$\boldsymbol{C}(\boldsymbol{q},\dot{\boldsymbol{q}})$ 为哥氏力和离心力的向量；$\boldsymbol{G}(\boldsymbol{q})$ 为重力相关的向量。

需特别注意的是，$\dot{\boldsymbol{D}}-2\boldsymbol{C}$ 为斜对称矩阵。

在关节空间控制中，需要设计一个反馈控制器，使关节坐标 $\boldsymbol{q}(t)$ 能准确跟踪预期设定的轨迹 $\boldsymbol{q}_{\mathrm{d}}(t)$。此时，系统的输入为力矩，从而使对机械臂的控制能够自然地在机械臂关节空间中进行。其中，$\boldsymbol{q}_{\mathrm{d}}$ 是期望关节位置矢量，$\boldsymbol{q}_{\mathrm{d}}=[q_{\mathrm{d1}},q_{\mathrm{d2}},\cdots,q_{\mathrm{d}n}]^{\mathrm{T}}$。

接下来设计控制律。机械臂在执行任务时需要达到很高的精度，而重力会对机械臂的关节产生影响，使得其末端执行器的位置和姿态与预期目标产生偏差。重力对机械臂的影响不仅仅在静态情况下产生，还会在动态运动中产生影响。机械臂可能会因为重力而产生摆动或者抖动，从而降低其稳定性。使用重力补偿控制可以提高机械臂的运动精度、稳定性和能效性，使其在各种应用场景下都能够更加可靠地执行任务。

基于重力补偿的 PD 控制律为

$$\boldsymbol{\tau}=\boldsymbol{K}_{\mathrm{D}}\dot{\boldsymbol{e}}+\boldsymbol{K}_{\mathrm{P}}\boldsymbol{e}+\hat{\boldsymbol{G}}(\boldsymbol{q}) \tag{3-20}$$

式中，$\hat{\boldsymbol{G}}(\boldsymbol{q})$ 为重力补偿项，取跟踪误差为 $\boldsymbol{e}=\boldsymbol{q}_{\mathrm{d}}-\boldsymbol{q}$，机械臂方程可化为

$$\boldsymbol{D}(\boldsymbol{q})\ddot{\boldsymbol{e}}+\boldsymbol{C}(\boldsymbol{q},\dot{\boldsymbol{q}})\dot{\boldsymbol{e}}+\boldsymbol{G}(\boldsymbol{q})-\hat{\boldsymbol{G}}(\boldsymbol{q})+\boldsymbol{K}_{\mathrm{D}}\dot{\boldsymbol{e}}+\boldsymbol{K}_{\mathrm{P}}\boldsymbol{e}=0 \tag{3-21}$$

当重力矩估计准确，即 $\hat{\boldsymbol{G}}(\boldsymbol{q})=\boldsymbol{G}(\boldsymbol{q})$ 时，机械臂的方程可化为

$$\boldsymbol{D}(\boldsymbol{q})\ddot{\boldsymbol{e}}+\boldsymbol{C}(\boldsymbol{q},\dot{\boldsymbol{q}})\dot{\boldsymbol{e}}+\boldsymbol{K}_{\mathrm{D}}\dot{\boldsymbol{e}}+\boldsymbol{K}_{\mathrm{P}}\boldsymbol{e}=0 \tag{3-22}$$

对控制器进行稳定性分析，设李雅普诺夫函数为

$$V=\frac{1}{2}\dot{\boldsymbol{e}}^{\mathrm{T}}\boldsymbol{D}(\boldsymbol{q})\dot{\boldsymbol{e}}+\frac{1}{2}\boldsymbol{e}^{\mathrm{T}}\boldsymbol{K}_{\mathrm{P}}\boldsymbol{e} \tag{3-23}$$

由 $\boldsymbol{D}(\boldsymbol{q})$ 及 $\boldsymbol{K}_{\mathrm{P}}$ 的正定型可知，V 是全局正定的，因此求得

$$\dot{V}=\dot{\boldsymbol{e}}^{\mathrm{T}}\boldsymbol{D}(\boldsymbol{q})\ddot{\boldsymbol{e}}+\frac{1}{2}\dot{\boldsymbol{e}}^{\mathrm{T}}\dot{\boldsymbol{D}}(\boldsymbol{q})\dot{\boldsymbol{e}}+\dot{\boldsymbol{e}}^{\mathrm{T}}\boldsymbol{K}_{\mathrm{P}}\boldsymbol{e} \tag{3-24}$$

利用 $\dot{\boldsymbol{D}}-2\boldsymbol{C}$ 的斜对称性知

$$\dot{\boldsymbol{e}}^{\mathrm{T}}\dot{\boldsymbol{D}}(\boldsymbol{q})\dot{\boldsymbol{e}}=2\dot{\boldsymbol{e}}^{\mathrm{T}}\boldsymbol{C}(\boldsymbol{q})\dot{\boldsymbol{e}} \tag{3-25}$$

因此

$$\dot{V}=\dot{\boldsymbol{e}}^{\mathrm{T}}\boldsymbol{D}\ddot{\boldsymbol{e}}+\dot{\boldsymbol{e}}^{\mathrm{T}}\boldsymbol{C}\dot{\boldsymbol{e}}+\dot{\boldsymbol{e}}^{\mathrm{T}}\boldsymbol{K}_{\mathrm{P}}\boldsymbol{e}=\dot{\boldsymbol{e}}^{\mathrm{T}}(\boldsymbol{D}\ddot{\boldsymbol{e}}+\boldsymbol{C}\dot{\boldsymbol{e}}+\boldsymbol{K}_{\mathrm{P}}\boldsymbol{e})=-\dot{\boldsymbol{e}}^{\mathrm{T}}\boldsymbol{K}_{\mathrm{D}}\dot{\boldsymbol{e}}\leqslant 0 \tag{3-26}$$

为得到机械臂系统最终的运动性态，需要借助拉塞尔（LaSalle）不变集原理进行进一步分析。在介绍拉塞尔不变集原理前，需要引入几个定义。

定义 3.1（紧集合）：对于集合 $D\subset\mathbb{R}^n$，如果满足：①对 D 中所有向量 $\boldsymbol{x}$，均存在 $r>0$ 使得 $\|\boldsymbol{x}\|<r$；②由集合 D 中的元素所构成的每个收敛序列 $\{x_k\}$ 都收敛到 D 中的一点，那么便称 D 为一个紧集合。换句话说，D 为闭的有界集合。

定义 3.2（正不变集）：设 $x(t)$ 为系统的解，如果存在一个集合 $M\subset\mathbb{R}^n$，使得当 $x(0)\in M$ 时有 $x(t)\in M$，$\forall t\in\mathbb{R}$，那么便称集合 M 为系统的一个正不变集。如果 $x(t)\in M$，$\forall t\geqslant 0$，那么称 M 为系统的一个正不变集。

定义 3.3（拉塞尔不变集原理）：设 $D\subset\mathbb{R}^n$ 为包含原点的 n 维子集，$\Omega\subset D$ 为系统的一个正不变紧集。对于一个连续可微函数 $V:D\to\mathbb{R}^n$，如果在 Ω 内满足 $\dot{V}(x)\leqslant 0$，那么系统始于 Ω 的每个解在 $t\to\infty$ 时均趋近于集合 M，其中 M 为系统在集合 ε 内最大不变集，且 ε 为 Ω 内所有满足 $\dot{V}(x)=\boldsymbol{0}$ 的点的集合。

由于 $\dot{\boldsymbol{V}}$ 为半负定矩阵，而 $\boldsymbol{K}_{\mathrm{D}}$ 为正定矩阵，固当 $\dot{\boldsymbol{V}}\equiv\boldsymbol{0}$ 时，有 $\dot{\boldsymbol{e}}\equiv\boldsymbol{0}$，则 $\ddot{\boldsymbol{e}}\equiv\boldsymbol{0}$，代入式（3-21）中，可以得出 $\boldsymbol{K}_{\mathrm{P}}\boldsymbol{e}=\boldsymbol{0}$，并且通过 $\boldsymbol{K}_{\mathrm{P}}$ 可逆可得 $\boldsymbol{e}=\boldsymbol{0}$，由拉塞尔不变集原理可

知，$(\boldsymbol{e},\dot{\boldsymbol{e}})=(\boldsymbol{0},\boldsymbol{0})$为机械臂全局渐近稳定的平衡点。

3.2.2 任务空间下的末端位置控制

工作环境的日益复杂化、不可预测化，对机械臂的灵活性与应变能力提出了更高要求。在这样的背景下，末端执行器的实时运动调整能力显得尤为重要，它能够确保机械臂在面对突发情况时能够迅速做出反应，确保任务的连续性与成功率。因此，当深入探讨机械臂的控制时，不可避免地会探讨任务空间。任务空间提供了一种更直观、自然的方式来操控机械臂，使得控制器能够更灵活地应对各种任务需求，尤其在需要对机械臂末端执行器进行精确控制的场合表现尤为出色。在现代工业中，任务空间控制的广泛应用使得机械臂在各种工业、制造领域展现出巨大潜力。通过深入研究全驱动机器人在任务空间下的末端位置控制问题，不仅能够提高机械臂的灵活性和精确度，还能拓展机器人技术的实际应用领域，从而推动工业自动化和智能制造的发展。

在深入探讨机械臂的任务空间控制策略时，不再拘泥于对机械臂内部关节的直接操控，而是将焦点转移至其末端执行器（如精准的夹爪、多样化的工具等）的位置与姿态上，以此作为完成任务的核心手段。

在任务空间中，需要设计一个反馈控制器，使末端位置 $\boldsymbol{x}(t)\in\mathbb{R}^n$ 能准确跟踪预期设定的轨迹 $\boldsymbol{x}_{\mathrm{d}}(t)$。针对一个刚性 n 关节机械臂，它的角度动力学方程见式（3-19）。为实现在任务空间下对机械臂末端位置的控制，需要把基于机械臂关节角度的动力学方程转化为基于机械臂末端位置的动力学方程。

通过建立精准的任务空间模型（即位置动力学方程），能更准确地描绘机械臂的运动特性，深入理解其在工作空间内的可操作范围，以及可能涉及的障碍和限制。这种分析和建模有助于工作人员有效规划机械臂的路径，提高运动的准确度和效率。结合任务空间建模和机械臂控制技术，能实现更高水平的机械臂操作，优化工作流程并提升整体生产率。这种综合应用能够推动机械臂技术的发展，使其更好地适应不断变化的生产需求和工作环境。

为了将机械臂的角度动力学方程［式(3-19)］转化为相应的位置动力学方程，需要先解决角度与位置之间的映射关系。第 2 章已经建立了角度与位置之间的运动学方程，实现了从关节空间到任务空间的“静态”描述，但是为了进行任务空间的动力学分析，还需要关注从关节空间到任务空间的“动态”描述。动态描述涉及从关节空间到任务空间的速度映射，即关节运动对应的末端速度。

速度描述关注的是瞬时变化，即位置关于时间的导数。因此，自然需要考虑如何求解以下函数来描述机械臂在运动过程中的速度和变化。

$$\frac{\mathrm{d}\boldsymbol{x}}{\mathrm{d}t}=g\left(\frac{\mathrm{d}\boldsymbol{q}}{\mathrm{d}t}\right) \tag{3-27}$$

式（3-27）写为 $\dot{\boldsymbol{x}}=g(\dot{\boldsymbol{q}})$。这种动态的描述能够更全面地揭示机械臂的运动特性，帮助理解机械臂在执行任务时的实际表现。

定义机械臂末端点位置坐标 $\boldsymbol{x}=[x_1\quad x_2\quad\cdots\quad x_n]^{\mathrm{T}}$，机械臂关节角度 $\boldsymbol{q}=[q_1\quad q_2\quad\cdots\quad q_n]^{\mathrm{T}}$，则

$$\mathrm{d}\boldsymbol{x}=\frac{\partial\boldsymbol{x}}{\partial\boldsymbol{q}}\cdot\mathrm{d}\boldsymbol{q} \tag{3-28}$$

此时，定义 $\boldsymbol{J}=\frac{\partial \boldsymbol{x}}{\partial \boldsymbol{q}}$，则 $\mathrm{d}\boldsymbol{x}=\boldsymbol{J}\cdot\mathrm{d}\boldsymbol{q}$，其中，

$$\boldsymbol{J}=\begin{bmatrix}\frac{\mathrm{d}x_1}{\mathrm{d}q_1} & \cdots & \frac{\mathrm{d}x_1}{\mathrm{d}q_n}\\ \vdots & & \vdots \\ \frac{\mathrm{d}x_n}{\mathrm{d}q_1} & \cdots & \frac{\mathrm{d}x_n}{\mathrm{d}q_n}\end{bmatrix} \tag{3-29}$$

式（3-29）为可以有效描述机械臂末端点速度与其关节角速度之间关系的雅克比矩阵。

在机器人学中，雅可比矩阵是一个重要的工具，它建立了机械臂关节速度与末端执行器速度之间的线性关系。虽然雅可比矩阵通常用于描述动态关系，但在静态平衡状态下，它也可以用来描述力和力矩之间的线性映射。具体来说，雅可比矩阵的转置（或称为力雅可比矩阵）可以用来将作用在机械臂末端的力映射到关节力矩上。

因此，在静态平衡状态时，传递到机械臂末端的力 $\boldsymbol{F}_x$ 与关节力矩 $\boldsymbol{\tau}$ 之间是一种线性的映射关系，即

$$\boldsymbol{F}_x=\boldsymbol{J}^{-\mathrm{T}}(\boldsymbol{q})\boldsymbol{\tau} \tag{3-30}$$

由于 $\dot{\boldsymbol{x}}=\boldsymbol{J}\cdot\dot{\boldsymbol{q}}$，则 $\dot{\boldsymbol{q}}=\boldsymbol{J}^{-1}\dot{\boldsymbol{x}}$，$\ddot{\boldsymbol{x}}=\dot{\boldsymbol{J}}\dot{\boldsymbol{q}}+\boldsymbol{J}\ddot{\boldsymbol{q}}=\dot{\boldsymbol{J}}\boldsymbol{J}^{-1}\dot{\boldsymbol{x}}+\boldsymbol{J}\ddot{\boldsymbol{q}}$，从而

$$\ddot{\boldsymbol{q}}=\boldsymbol{J}^{-1}(\ddot{\boldsymbol{x}}-\dot{\boldsymbol{J}}\boldsymbol{J}^{-1}\dot{\boldsymbol{x}}) \tag{3-31}$$

将式（3-31）代入式（3-19），可得

$$\boldsymbol{D}(\boldsymbol{q})\boldsymbol{J}^{-1}(\ddot{\boldsymbol{x}}-\dot{\boldsymbol{J}}\boldsymbol{J}^{-1}\dot{\boldsymbol{x}})+\boldsymbol{C}(\boldsymbol{q},\dot{\boldsymbol{q}})\boldsymbol{J}^{-1}\dot{\boldsymbol{x}}+\boldsymbol{G}(\boldsymbol{q})=\boldsymbol{\tau} \tag{3-32}$$

即

$$\boldsymbol{D}(\boldsymbol{q})\boldsymbol{J}^{-1}\ddot{\boldsymbol{x}}-\boldsymbol{D}(\boldsymbol{q})\boldsymbol{J}^{-1}\dot{\boldsymbol{J}}\boldsymbol{J}^{-1}\dot{\boldsymbol{x}}+\boldsymbol{C}(\boldsymbol{q},\dot{\boldsymbol{q}})\boldsymbol{J}^{-1}\dot{\boldsymbol{x}}+\boldsymbol{G}(\boldsymbol{q})=\boldsymbol{\tau} \tag{3-33}$$

整理得

$$\boldsymbol{D}(\boldsymbol{q})\boldsymbol{J}^{-1}\ddot{\boldsymbol{x}}+(\boldsymbol{C}_x(\boldsymbol{q},\dot{\boldsymbol{q}})-\boldsymbol{D}(\boldsymbol{q})\boldsymbol{J}^{-1}\dot{\boldsymbol{J}})\boldsymbol{J}^{-1}\dot{\boldsymbol{x}}+\boldsymbol{G}(\boldsymbol{q})=\boldsymbol{\tau} \tag{3-34}$$

则

$$\boldsymbol{J}^{-\mathrm{T}}(\boldsymbol{q})(\boldsymbol{D}(\boldsymbol{q})\boldsymbol{J}^{-1}\ddot{\boldsymbol{x}}+(\boldsymbol{C}(\boldsymbol{q},\dot{\boldsymbol{q}})-\boldsymbol{D}(\boldsymbol{q})\boldsymbol{J}^{-1}\dot{\boldsymbol{J}})\boldsymbol{J}^{-1}\dot{\boldsymbol{x}}+\boldsymbol{G}(\boldsymbol{q}))=\boldsymbol{J}^{-\mathrm{T}}(\boldsymbol{q})\boldsymbol{\tau} \tag{3-35}$$

从而得到位置动力学方程

$$\boldsymbol{D}_x(\boldsymbol{q})\ddot{\boldsymbol{x}}+\boldsymbol{C}_x(\boldsymbol{q},\dot{\boldsymbol{q}})\dot{\boldsymbol{x}}+\boldsymbol{G}_x(\boldsymbol{q})=\boldsymbol{F}_x \tag{3-36}$$

式中，

$$\begin{cases}\boldsymbol{D}_x(\boldsymbol{q})=\boldsymbol{J}^{-\mathrm{T}}(\boldsymbol{q})\boldsymbol{D}(\boldsymbol{q})\boldsymbol{J}^{-1}(\boldsymbol{q})\\ \boldsymbol{G}_x(\boldsymbol{q})=\boldsymbol{J}^{-\mathrm{T}}(\boldsymbol{q})\boldsymbol{G}(\boldsymbol{q})\\ \boldsymbol{C}_x(\boldsymbol{q},\dot{\boldsymbol{q}})\dot{\boldsymbol{x}}=\boldsymbol{J}^{-\mathrm{T}}(\boldsymbol{q})(\boldsymbol{C}(\boldsymbol{q},\dot{\boldsymbol{q}})-\boldsymbol{D}(\boldsymbol{q})\boldsymbol{J}^{-1}(\boldsymbol{q})\dot{\boldsymbol{J}}(\boldsymbol{q}))\boldsymbol{J}^{-1}(\boldsymbol{q})\end{cases} \tag{3-37}$$

机械臂的位置动力学方程［式(3-36)］的特性：①惯性矩阵 $\boldsymbol{D}_x(\boldsymbol{q})$ 对称正定；②矩阵 $\dot{\boldsymbol{D}}_x(\boldsymbol{q})-2\boldsymbol{C}_x(\boldsymbol{q},\dot{\boldsymbol{q}})$ 是斜对称的。

定义 $\boldsymbol{x}_{\mathrm{d}}$ 为机械臂末端点的理想轨迹，取跟踪误差为 $\boldsymbol{e}=\boldsymbol{x}_{\mathrm{d}}-\boldsymbol{x}$。基于重力补偿的 PD 控制律为

$$\boldsymbol{F}_x=\boldsymbol{K}_{\mathrm{D}}\dot{\boldsymbol{e}}+\boldsymbol{K}_{\mathrm{P}}\boldsymbol{e}+\hat{\boldsymbol{G}}_x(\boldsymbol{q}) \tag{3-38}$$

式中，$\hat{\boldsymbol{G}}_x(\boldsymbol{q})$ 为重力补偿项。

若重力补偿项估算准确，则此时机械臂的位置动力学方程可化为

$$\boldsymbol{D}_x(\boldsymbol{q})\ddot{\boldsymbol{e}}+\boldsymbol{C}_x(\boldsymbol{q},\dot{\boldsymbol{q}})\dot{\boldsymbol{e}}+\boldsymbol{K}_{\mathrm{D}}\dot{\boldsymbol{e}}+\boldsymbol{K}_{\mathrm{P}}\boldsymbol{e}=0 \tag{3-39}$$

对控制器稳定性进行分析，取李雅普诺夫函数为

$$V=\frac{1}{2}\dot{\boldsymbol{e}}^{\mathrm{T}}\boldsymbol{D}_x(\boldsymbol{q})\dot{\boldsymbol{e}}+\frac{1}{2}\boldsymbol{e}^{\mathrm{T}}\boldsymbol{K}_{\mathrm{P}}\boldsymbol{e} \tag{3-40}$$

由 $\boldsymbol{D}_x(\boldsymbol{q})$ 及 $\boldsymbol{K}_{\mathrm{P}}$ 的正定型可知，V 是全局正定的，因此 $\dot{V}$ 为

$$\dot{V}=\dot{\boldsymbol{e}}^{\mathrm{T}}\boldsymbol{D}_x(\boldsymbol{q})\ddot{\boldsymbol{e}}+\frac{1}{2}\dot{\boldsymbol{e}}^{\mathrm{T}}\dot{\boldsymbol{D}}_x(\boldsymbol{q})\dot{\boldsymbol{e}}+\dot{\boldsymbol{e}}^{\mathrm{T}}\boldsymbol{K}_{\mathrm{P}}\boldsymbol{e} \tag{3-41}$$

利用 $\dot{\boldsymbol{D}}_x-2\boldsymbol{C}_x$ 的斜对称性可知 $\dot{\boldsymbol{e}}^{\mathrm{T}}\dot{\boldsymbol{D}}_x(\boldsymbol{q})\dot{\boldsymbol{e}}=2\dot{\boldsymbol{e}}^{\mathrm{T}}\boldsymbol{C}_x(\boldsymbol{q})\dot{\boldsymbol{e}}$，因此

$$\dot{V}=\dot{\boldsymbol{e}}^{\mathrm{T}}\boldsymbol{D}_x\ddot{\boldsymbol{e}}+\dot{\boldsymbol{e}}^{\mathrm{T}}\boldsymbol{C}_x\dot{\boldsymbol{e}}+\dot{\boldsymbol{e}}^{\mathrm{T}}\boldsymbol{K}_{\mathrm{P}}\boldsymbol{e}=\dot{\boldsymbol{e}}^{\mathrm{T}}(\boldsymbol{D}_x\ddot{\boldsymbol{e}}+\boldsymbol{C}_x\dot{\boldsymbol{e}}+\boldsymbol{K}_{\mathrm{P}}\boldsymbol{e})=-\dot{\boldsymbol{e}}^{\mathrm{T}}\boldsymbol{K}_{\mathrm{D}}\dot{\boldsymbol{e}}\leqslant 0 \tag{3-42}$$

因为 $\dot{V}$ 为半负定矩阵，$\boldsymbol{K}_{\mathrm{D}}$ 正定，故当 $\dot{V}\equiv\boldsymbol{0}$ 时，有 $\dot{\boldsymbol{e}}\equiv\boldsymbol{0}$，则 $\ddot{\boldsymbol{e}}\equiv\boldsymbol{0}$，代入式（3-38）中，可以得出 $\boldsymbol{K}_{\mathrm{P}}\boldsymbol{e}=\boldsymbol{0}$，并且通过 $\boldsymbol{K}_{\mathrm{P}}$ 可逆可得 $\boldsymbol{e}=\boldsymbol{0}$，由拉塞尔不变集原理可知，$(\boldsymbol{e},\dot{\boldsymbol{e}})=(0,0)$ 为机械臂全局渐近稳定的平衡点。

3.2.3 机器人末端的位置控制案例

本小节将以两连杆机械臂为切入点，深入探讨其在全驱动机器人控制仿真中的应用。两连杆机械臂，作为一种经典的机械结构，以其简洁而复杂的动力学耦合特性，构成了一个典型的非线性动力系统。此系统不仅蕴含丰富的动力学行为，更成为研究机械运动与控制不可或缺的基础模型，对于理解复杂机械系统的运作原理具有重要意义。

在机器人学领域，两连杆机械臂因其能够模拟人体上肢或下肢的灵活运动，而备受青睐，在一定程度上促进了生物力学与仿生机器人学的发展。对两连杆机械臂系统的运动学与动力学特性展开研究，不仅是在理论上构筑了重要的知识框架，更为实践应用开辟了广阔的前景，为机器人系统设计的优化与性能提升提供了坚实的科学依据。

1. 关节空间仿真案例

两连杆机械臂的动力学模型为

$$\boldsymbol{D}(\boldsymbol{q})\ddot{\boldsymbol{q}}+\boldsymbol{C}(\boldsymbol{q},\dot{\boldsymbol{q}})\dot{\boldsymbol{q}}+\boldsymbol{G}(\boldsymbol{q})=\boldsymbol{\tau} \tag{3-43}$$

式中，

$$\begin{cases}\boldsymbol{D}(\boldsymbol{q})=\begin{bmatrix}p_1+p_2+2p_3\cos q_2 & p_2+2p_3\cos q_2\\ p_2+2p_3\cos q_2 & q_2\end{bmatrix}\\ \boldsymbol{C}(\boldsymbol{q},\dot{\boldsymbol{q}})=\begin{bmatrix}-p_3\dot{q}_2\sin q_2 & -p_3(\dot{q}_1+\dot{q}_2)\sin q_2\\ p_3\dot{q}_1\sin q_2 & 0\end{bmatrix}\\ \boldsymbol{G}(\boldsymbol{q})=\begin{bmatrix}p_4 g\cos q_1+p_5 g\cos(q_1+q_2)\\ p_5 g\cos(q_1+q_2)\end{bmatrix}\end{cases} \tag{3-44}$$

取 $\boldsymbol{p}=[p_1\quad p_2\quad p_3\quad p_4\quad p_5]^{\mathrm{T}}=[2.90\quad 0.76\quad 0.87\quad 3.04\quad 0.87]^{\mathrm{T}}$，初始角度 $\boldsymbol{q}_0=[0.0\quad 0.0]^{\mathrm{T}}$，初始速度 $\dot{\boldsymbol{q}}_0=[0.0\quad 0.0]^{\mathrm{T}}$，期望位置指令为 $\boldsymbol{q}_{\mathrm{d}}=[1.0\quad 1.0]^{\mathrm{T}}\mathrm{rad}$。控制器的增益选为 $\boldsymbol{K}_{\mathrm{P}}=\begin{bmatrix}200 & 0\\ 0 & 200\end{bmatrix}$，$\boldsymbol{K}_{\mathrm{D}}=\begin{bmatrix}70 & 0\\ 0 & 70\end{bmatrix}$，仿真结果如图 3-2 和图 3-3 所示。

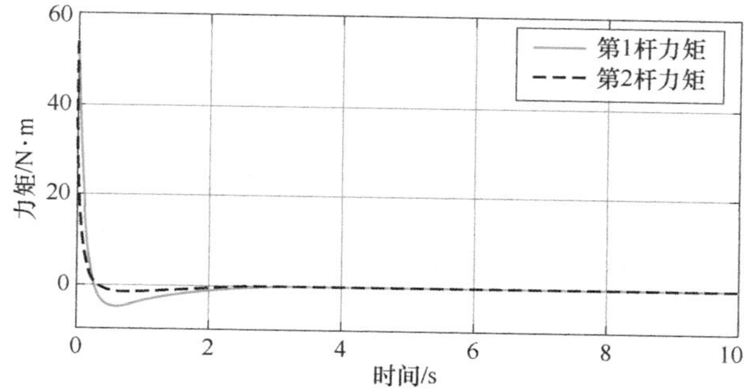

图 3-2　关节力矩输入控制

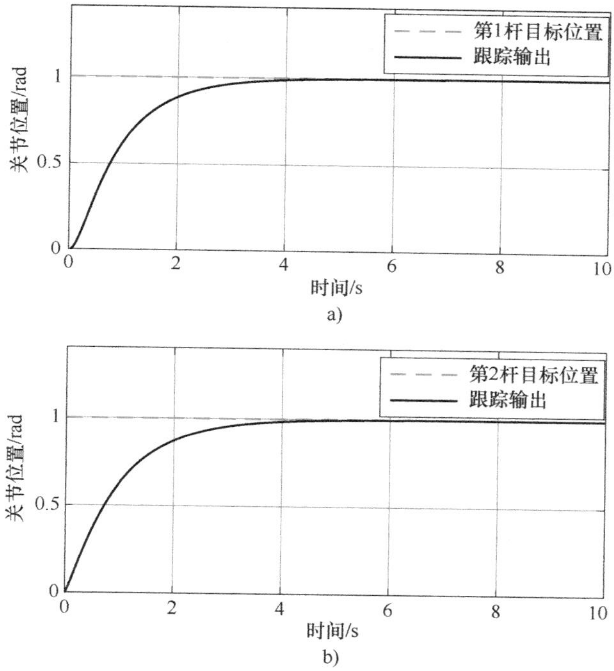

图 3-3　关节角度的位置跟踪

2. 任务空间仿真案例

带负载的两连杆机械臂的动力学方程为

$$\boldsymbol{D}(\boldsymbol{q})\ddot{\boldsymbol{q}}+C(\boldsymbol{q},\dot{\boldsymbol{q}})\dot{\boldsymbol{q}}+\boldsymbol{G}(\boldsymbol{q})=\boldsymbol{\tau} \tag{3-45}$$

式中，

$$\begin{cases}\boldsymbol{D}(\boldsymbol{q})=\begin{bmatrix} m_1+m_2+2m_3\cos q_2 & m_2+m_3\cos q_2 \\ m_2+m_3\cos q_2 & m_2 \end{bmatrix} \\ \boldsymbol{C}(\boldsymbol{q},\dot{\boldsymbol{q}})=\begin{bmatrix} -m_3\dot{q}_2\sin q_2 & -m_3(\dot{q}_1+\dot{q}_2)\sin q_2 \\ m_3\dot{q}_1\sin q_2 & 0 \end{bmatrix} \\ \boldsymbol{G}(\boldsymbol{q})=\begin{bmatrix} m_4 g\cos q_1+m_5 g\cos(q_1+q_2) \\ m_5 g\cos(q_1+q_2) \end{bmatrix} \end{cases} \tag{3-46}$$

式（3-46）中 m_i 值由式 $\boldsymbol{M}=\boldsymbol{P}+p_l\boldsymbol{L}$ 给出，有

$$\begin{cases}\boldsymbol{M}=[m_1 \quad m_2 \quad m_3 \quad m_4 \quad m_5]^{\mathrm{T}}\\ \boldsymbol{P}=[p_1 \quad p_2 \quad p_3 \quad p_4 \quad p_5]^{\mathrm{T}}\\ \boldsymbol{L}=[l_1^2 \quad l_2^2 \quad l_1l_2 \quad l_1 \quad l_2]^{\mathrm{T}}\end{cases} \tag{3-47}$$

式中，p_l 为负载；l_1 与 l_2 分别为机械臂两个连杆的长度；$\boldsymbol{P}$ 为机械臂参数的向量。

计算两连杆机械臂的雅可比矩阵

$$\boldsymbol{J}(\boldsymbol{q})=\begin{bmatrix}\dfrac{\partial x_1}{\partial q_1} & \dfrac{\partial x_1}{\partial q_2}\\ \dfrac{\partial x_2}{\partial q_1} & \dfrac{\partial x_2}{\partial q_2}\end{bmatrix} \tag{3-48}$$

式中，

$$\begin{cases}\dfrac{\partial x_1}{\partial q_1}=-l_1\sin q_1-l_2\sin(q_1+q_2)\\ \dfrac{\partial x_1}{\partial q_2}=-l_2\sin(q_1+q_2)\\ \dfrac{\partial x_2}{\partial q_1}=l_1\cos q_1+l_2\cos(q_1+q_2)\\ \dfrac{\partial x_2}{\partial q_2}=l_2\cos(q_1+q_2)\end{cases} \tag{3-49}$$

则

$$\begin{cases}\boldsymbol{J}(\boldsymbol{q})=\begin{bmatrix}-l_1\sin(q_1)-l_2\sin(q_1+q_2) & -l_2\sin(q_1+q_2)\\ l_1\cos(q_1)+l_2\cos(q_1+q_2) & l_2\cos(q_1+q_2)\end{bmatrix}\\ \dot{\boldsymbol{J}}(\boldsymbol{q})=\begin{bmatrix}-l_1\cos(q_1)-l_2\cos(q_1+q_2) & -l_2\cos(q_1+q_2)\\ l_1\sin(q_1)-l_2\sin(q_1+q_2) & -l_2\sin(q_1+q_2)\end{bmatrix}+\begin{bmatrix}-l_2\cos(q_1+q_2) & -l_2\cos(q_1+q_2)\\ -l_2\sin(q_1+q_2) & -l_2\sin(q_1+q_2)\end{bmatrix}\dot{q}_2\end{cases} \tag{3-50}$$

从式（3-50）中可以看出，$\boldsymbol{J}(\boldsymbol{q})$ 主要由机械臂结构决定。这里假设在有界的任务空间中，$\boldsymbol{J}(\boldsymbol{q})$ 是非奇异矩阵。

机械臂的参数给定为 $p_l=0.50\text{kg}$，$\boldsymbol{P}=[1.66 \quad 0.42 \quad 0.63 \quad 3.75 \quad 1.25]^{\mathrm{T}}$，$l_1=l_2=1\text{m}$。初始条件为 $\boldsymbol{x}(0)=[1.0 \quad 1.0]\text{m}$，$\dot{\boldsymbol{x}}(0)=[0 \quad 0]\text{m/s}$。控制器增益设置为 $\boldsymbol{K}_{\mathrm{P}}=\begin{bmatrix}200 & 0\\ 0 & 200\end{bmatrix}$，$\boldsymbol{K}_{\mathrm{D}}=\begin{bmatrix}70 & 0\\ 0 & 70\end{bmatrix}$。

设置任务空间中机械臂末端执行器的预期轨迹为 $x_{\mathrm{d1}}=\cos t$ 和 $x_{\mathrm{d2}}=\sin t$，该轨迹为一个半径为 1.0m，圆心在 $(x_1,x_2)=(0,0)\text{m}$ 的圆。

仿真结果如图 3-4～图 3-7 所示。

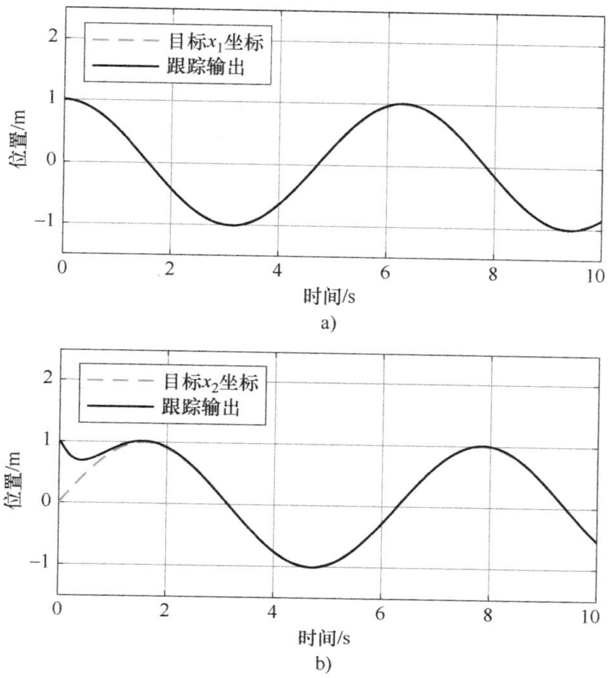

图 3-4　末端执行器的位置坐标跟踪结果

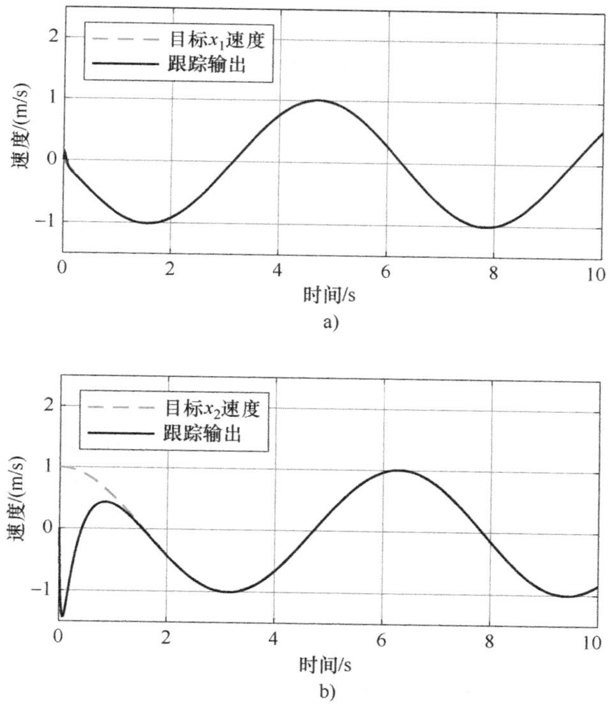

图 3-5　末端执行器的速度跟踪

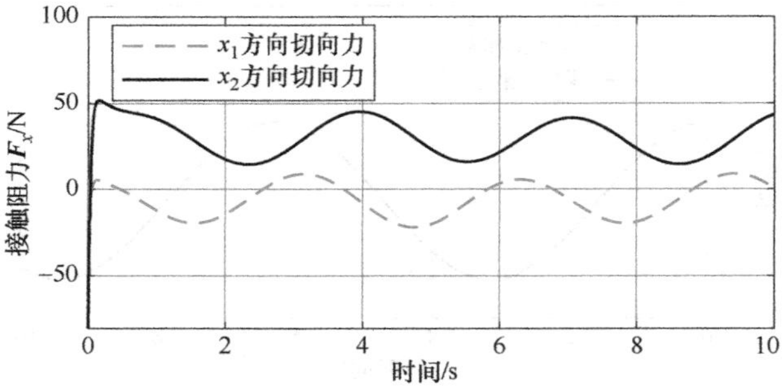

a)

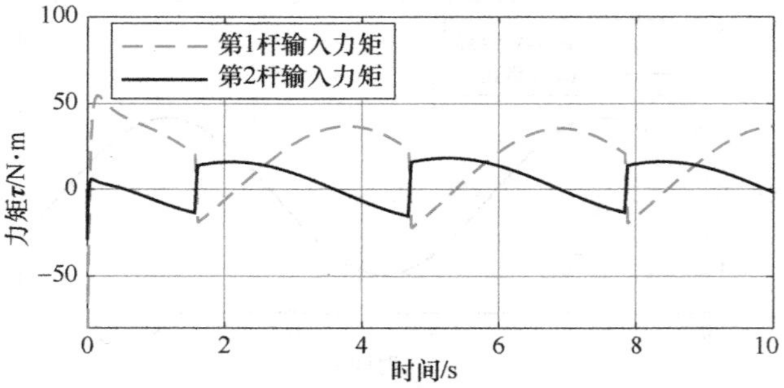

b)

图 3-6　控制输入 F_x 和 τ

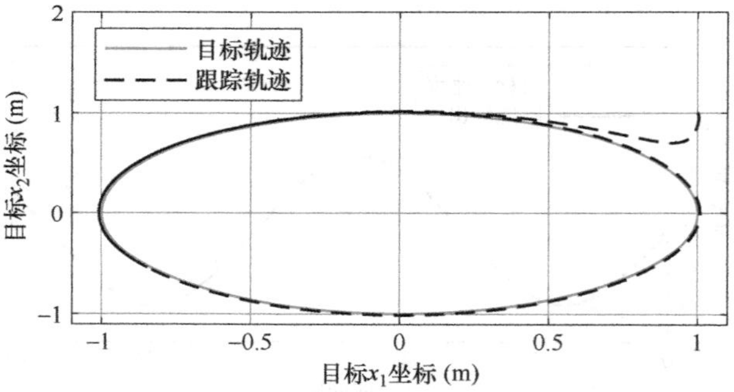

图 3-7　轨迹跟踪效果

扩展阅读

随着机械控制技术的不断发展进步，机械臂在工业生产领域中的应用逐渐广泛，为推动工业生产发挥了重要的作用。机械臂通常可以采用多种不同的控制方式，以下对机械臂几种典型的先进控制方式进行了简单介绍分析。

1. 机械臂的迭代学习控制

迭代学习控制是一种针对做重复动作的轨迹跟踪系统的控制方法，如机器手臂控制、化工反应过程控制、试验钻探等。这些系统都具备多次准确重复同一动作的特性。其动作的目标是在有限的时间区间内，准确追踪给定的参考信号。

相较于 PD 控制，迭代学习能以更高的精度来跟踪机械臂的期望轨迹。定义期望轨迹为

$y_d(t)$，$t\in[0,T]$。系统第 i 次输出为 $y_i(t)$，令 $e_i(t)=y_d(t)-y_i(t)$。系统的初始状态为 $x_0(0)$。学习控制的任务为通过学习控制律设计 $u_{i+1}(t)$，使 $i+1$ 次误差 $e_{i+1}(t)$ 减小。可采用以下三种基于反馈的迭代学习控制律：

1）闭环 D 型：

$$u_{k+1}(t)=u_k(t)+K_D(\dot{q}_d(t)-\dot{q}_{k+1}(t)) \tag{3-51}$$

2）闭环 PD 型：

$$u_{k+1}(t)=u_k(t)+K_P(q_d(t)-q_{k+1}(t))+K_D(\dot{q}_d(t)-\dot{q}_{k+1}(t)) \tag{3-52}$$

3）指数变增益 D 型：

$$u_{k+1}(t)=u_k(t)+K_P(q_d(t)-q_{k+1}(t))+K_De^{\beta}(\dot{q}_d(t)-\dot{q}_{k+1}(t)) \tag{3-53}$$

2. 机械臂的模糊自适应控制

模糊控制是一种基于模糊逻辑的控制方法，它允许根据模糊的输入和规则来进行控制决策，而无须使用精确的数学模型。这使得模糊控制在处理复杂、模糊或不确定的系统时具有一定的优势。自适应控制则是一种能够根据系统的变化自动调整控制参数的控制方法。这种控制方法可以在系统结构不确定或受到外部干扰时保持良好的控制性能。自适应模糊控制通常使用自适应学习算法的模糊逻辑系统，其学习算法是依靠数据信息来调整模糊逻辑系统的参数。一个自适应模糊控制器可以由一个单一的自适应模糊系统构成，也可以由若干个自适应模糊系统构成。与传统的自适应控制相比，自适应模糊控制的优越之处在于它可以利用操作人员提供的语言性模糊信息，而传统的自适应控制则不能。这一点对具有高度不确定因素的系统尤其重要。

机械臂的模糊自适应控制结合了模糊控制和自适应控制的优势，使得机械臂能够更好地应对复杂、不确定的工作环境。在这种控制方法中，模糊逻辑用于处理模糊的输入和规则，而自适应机制则用于根据实时的系统状态和环境变化来调整控制参数，以实现对机械臂的精确控制。下面介绍模糊自适应控制器与自适应律的设计。

模糊自适应控制的表达式为

$$\boldsymbol{u}=\boldsymbol{u}_D(\boldsymbol{x}\mid\boldsymbol{\theta}) \tag{3-54}$$

式中，$\boldsymbol{u}_D$ 为模糊系统；$\boldsymbol{\theta}$ 为可调节的参数集合。

模糊系统 $\boldsymbol{u}_D$ 可由以下两步构造：

步骤 1：对于变量 $x_i(i=1,2,\cdots,n)$，定义 m_i 个模糊集合 $\boldsymbol{A}_i^{l_i}(l_i=1,2,\cdots,m_i)$；

步骤 2：用以下 $\prod_{i=1}^{n}m_i$ 条模糊规则来构造模糊系统 $\boldsymbol{u}_D(\boldsymbol{x}\mid\boldsymbol{\theta})$：

If x_1 is $\boldsymbol{A}_i^{l_i}$ AND…AND x_n is $\boldsymbol{A}_i^{l_i}$, THEN $\boldsymbol{u}_D$ is $\boldsymbol{S}^{l_1\cdots l_n}$

其中，$l_i=1,2,\cdots,m_i$，$i=1,2,\cdots,n$。

使用中心平均解模糊器、单值模糊器与乘积推理机设计模糊控制器，则

$$\boldsymbol{u}_D(\boldsymbol{x}\mid\boldsymbol{\theta})=\frac{\sum_{l_1=1}^{m_1}\cdots\sum_{l_n=1}^{m_n}y_u^{-l_1\cdots l_n}\left(\prod_{i=1}^{n}\mu_{A_i}^{l_i}(x_i)\right)}{\sum_{l_1=1}^{m_1}\cdots\sum_{l_n=1}^{m_n}\left(\prod_{i=1}^{n}\mu_{A_i}^{l_i}(x_i)\right)} \tag{3-55}$$

式中，$\mu_{A_i}^{l_i}(x_i)$ 为模糊集 $A_i(i=1,2,\cdots,m)$ 的隶属度函数。

令 $\boldsymbol{y}_u^{-l_1\cdots l_n}$ 是自由参数，分别放在集合 $\boldsymbol{\theta}\in\mathbb{R}^{\prod_{i=1}^{n} m_i}$ 中，则模糊控制器为

$$\boldsymbol{u}=\boldsymbol{u}_{\mathrm{D}}(\boldsymbol{x}\mid\boldsymbol{\theta})=\boldsymbol{\theta}^{\mathrm{T}}\boldsymbol{\zeta}(\boldsymbol{x}) \tag{3-56}$$

式中，$\boldsymbol{\zeta}(\boldsymbol{x})$ 为 $\prod_{i=1}^{n} m_i$ 维向量，其第 $l_1,\cdots,l_n$ 个元素为

$$\zeta_{l_1,\cdots,l_n}(\boldsymbol{x})=\frac{\prod_{i=1}^{n}\mu_{A_i}^{l_i}(x_i)}{\sum_{l_1=1}^{m_1}\cdots\sum_{l_n=1}^{m_n}\left(\prod_{i=1}^{n}\mu_{A_i}^{l_i}(x_i)\right)} \tag{3-57}$$

采用模糊系统实现对 $\boldsymbol{u}^*$ 的逼近，控制律为

$$\boldsymbol{u}_{\mathrm{D}}=\boldsymbol{u}^*+\boldsymbol{\omega} \tag{3-58}$$

式中，$\boldsymbol{\omega}$ 为逼近误差。

则

$$\boldsymbol{u}=\boldsymbol{u}_{\mathrm{D}}=\boldsymbol{u}^*+(\boldsymbol{u}_{\mathrm{D}}-\boldsymbol{u}^*) \tag{3-59}$$

自适应律为

$$\dot{\boldsymbol{\theta}}=\gamma\boldsymbol{e}^{\mathrm{T}}p_n\boldsymbol{\zeta}(\boldsymbol{x}) \tag{3-60}$$

式中，p_n 为 $\boldsymbol{P}$ 的最后一列。

自适应模糊控制系统框图如图 3-8 所示。

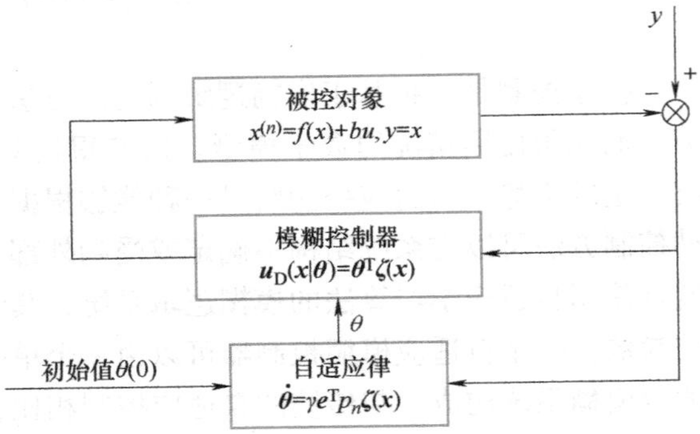

图 3-8　自适应模糊控制系统框图

3. 机械臂的滑模控制

在机械臂的控制中，滑模控制也是一种备受关注的控制方法。它通过引入一个滑动面来强制系统状态沿着该面快速收敛到期望状态，从而实现对系统的稳定控制。在滑模控制中，控制器的设计旨在使系统状态在滑动面上快速运动，以确保系统的鲁棒性和稳定性。

相比于其他控制方法，滑膜控制方法能够赋予机械臂控制较强的鲁棒性，能够有效地抵抗外部扰动和参数不确定性的影响，从而保证系统在不确定环境下的稳定性；同时，滑模控制还具有快速的响应速度和良好的跟踪性能，能够实现对复杂轨迹的精确控制。接下来对其控制律设计进行简要介绍。

具有外界扰动和参数不确定性的机械臂动力学系统的动力学方程为

$$\boldsymbol{M}(\boldsymbol{q})\ddot{\boldsymbol{q}}+\boldsymbol{C}(\boldsymbol{q},\dot{\boldsymbol{q}})\dot{\boldsymbol{q}}+\boldsymbol{G}(\boldsymbol{q})=\boldsymbol{\tau}+\boldsymbol{d} \tag{3-61}$$

式中，$\boldsymbol{\tau}$ 为控制力矩；$\boldsymbol{d}$ 为不确定项，是外界扰动和参数不确定性的总和。

给定机械臂的期望轨迹 $\boldsymbol{q}_{\mathrm{d}}(t)$，定义跟踪误差为

$$\boldsymbol{e}=\boldsymbol{q}-\boldsymbol{q}_{\mathrm{d}} \tag{3-62}$$

滑模面设计为

$$\boldsymbol{s}=\dot{\boldsymbol{e}}+\boldsymbol{\Lambda}\boldsymbol{e} \tag{3-63}$$

式中，$\boldsymbol{\Lambda}$ 为正对角矩阵。

令李雅普诺夫函数为

$$V(t)=\frac{1}{2}\boldsymbol{s}^{\mathrm{T}}\boldsymbol{M}(\boldsymbol{q})\boldsymbol{s} \tag{3-64}$$

则

$$\dot{V}(t)=\boldsymbol{s}^{\mathrm{T}}\boldsymbol{M}(\boldsymbol{q})\dot{\boldsymbol{s}}+\frac{1}{2}\boldsymbol{s}^{\mathrm{T}}\dot{\boldsymbol{M}}(\boldsymbol{q})\boldsymbol{s}$$

$$=\boldsymbol{s}^{\mathrm{T}}[\boldsymbol{M}(\ddot{\boldsymbol{q}}-\ddot{\boldsymbol{q}}_{\mathrm{d}})+\boldsymbol{M}\boldsymbol{\Lambda}\dot{\boldsymbol{e}}]+\frac{1}{2}\boldsymbol{s}^{\mathrm{T}}(\dot{\boldsymbol{M}}-2\boldsymbol{C})\boldsymbol{s}+\boldsymbol{s}^{\mathrm{T}}\boldsymbol{C}\boldsymbol{s}$$
$$=\boldsymbol{s}^{\mathrm{T}}[\boldsymbol{M}\ddot{\boldsymbol{q}}-\boldsymbol{M}\ddot{\boldsymbol{q}}_{\mathrm{d}}+\boldsymbol{M}\boldsymbol{\Lambda}\dot{\boldsymbol{e}}+\boldsymbol{C}\boldsymbol{s}]$$
$$=\boldsymbol{s}^{\mathrm{T}}[\boldsymbol{\tau}+\boldsymbol{d}-\boldsymbol{C}\dot{\boldsymbol{q}}-\boldsymbol{G}-\boldsymbol{M}\ddot{\boldsymbol{q}}_{\mathrm{d}}+\boldsymbol{M}\boldsymbol{\Lambda}\dot{\boldsymbol{e}}+\boldsymbol{C}\boldsymbol{s}] \tag{3-65}$$

取趋近律为

$$\dot{\boldsymbol{s}}=-\boldsymbol{\varepsilon}\mathrm{sgn}\boldsymbol{s}-\boldsymbol{k}\boldsymbol{s} \tag{3-66}$$

则控制器设计为

$$\boldsymbol{\tau}=\boldsymbol{C}\dot{\boldsymbol{q}}+\boldsymbol{G}+\boldsymbol{M}\ddot{\boldsymbol{q}}_{\mathrm{d}}-\boldsymbol{M}\boldsymbol{\Lambda}\dot{\boldsymbol{e}}-\boldsymbol{C}\boldsymbol{s}-\tilde{\boldsymbol{d}}-\varepsilon\mathrm{sgn}\boldsymbol{s}-\boldsymbol{k}\boldsymbol{s} \tag{3-67}$$

式中，$\tilde{\boldsymbol{d}}$ 为 $\boldsymbol{d}$ 的估计值。

不确定项的估计方法有状态观测器法以及神经网络方法等，这里不再展开详细介绍。

基于估计模型的滑模控制是一种在滑模控制框架下，结合了系统状态估计器（通常是观测器）和控制器的方法。在这种控制方法中，系统的动态模型通常是未知的或者不完全可靠的，因此需要通过状态估计器对系统的状态进行估计或者观测，然后将得到的系统状态作为反馈输入到滑模控制器中。

基于估计模型的滑模控制器的设计通常包括以下几个步骤：

1）状态估计器设计：首先，设计一个状态估计器，用于估计系统的状态变量，如机械臂的关节角度、速度和加速度等。常见的状态估计器包括扩展卡尔曼滤波器或者无迹卡尔曼滤波器等。

2）不确定性估计器：设计观测器或神经网络、模糊逼近器，用于估计系统的不确定性。

3）滑模控制器设计：在状态估计器和不确定性估计器的基础上，设计滑模控制器。滑模控制器通常由滑动面和趋近律组成，其目标是使系统状态沿着滑动面快速收敛到期望状态。通过选择合适的控制增益、滑动面和趋近律设计，可以实现对机械臂的稳定控制和轨迹跟踪。

4）系统状态和不确定性估计：利用设计好的状态估计器对系统状态进行估计或者观测，利用不确定性估计器对系统的不确定性进行在线建模。状态估计器根据系统的测量输出和已知的系统动态模型，通过数学方法计算出系统状态的估计值，并将其作为反馈输入到滑模控制器中。同样地，利用不确定性估计器对系统的不确定性进行计算，并反馈到控制器中，对系统不确定性进行补偿。

5）控制器输出：滑模控制器根据估计得到的系统状态和期望状态之间的误差，计算出相应的控制输入，然后将其作用于机械臂系统，实现对机械臂的稳定控制和运动跟踪。

基于估计模型的滑模控制，通过结合状态估计器和滑模控制器能够在系统动态模型未知或者不完全可靠的情况下，实现对机械臂系统的稳定控制和精确跟踪。这种方法具有较强的鲁棒性和适应性，适用于各种实际工程应用中。

3.3　全驱动机器人末端的阻抗控制

工业机器人在完成任务时通常可以分为两种情况：一种是在无须与目标物体接触的自由空间中作业，这时只需要通过位置控制即可完成任务；另一种情况涉及与目标物体接触，如抛光和打磨等任务，这时就需要考虑所施加的接触力大小，即需要通过阻抗控制完成任务。

在进行接触性作业时，即便很小的位置误差也可能导致接触力的剧烈变化，进而可能对机器人和目标物体造成损坏。为了控制接触力，阻抗控制方法被广泛采用。

在机器人控制领域，通过模拟机器人终端操作力与位置之间的关系，可以实现类似于弹簧-质量-阻尼模型的动态联系。这种动态联系有助于控制机器人末端作用力与位置的变化。这种方式通过控制机器人的位移来调整末端操作力，确保机器人在需要的方向上保持适当的接触力。

阻抗控制方法有多种具体应用方式，这些方法对提高机器人处理接触性任务的效率和稳定性至关重要。鉴于工业机器人普遍配备高性能的位置控制器，基于位置的阻抗控制策略得到了广泛应用，为提升机器人在执行接触性任务时的性能和安全性提供了有效途径。

1984 年，Hogan 首次将阻抗概念从电磁学引入到机械臂控制理论中，建立了一个新的控制框架。这个框架将机械臂末端的操作力与位置、速度及加速度联系起来，形成了机械臂的阻抗/导纳关系。这一概念满足了机械臂与环境交互时动态接触力控制的要求。Seul 在 Hogan 研究的基础上将位置控制法融合到阻抗控制法中，使用上一个采样点的力矩补偿信息来抵消动力学模型的不确定影响。Caccavale 将阻抗控制用于六自由度的机械臂柔顺控制中，采用集中阻抗控制策略和分散阻抗控制策略分别代表标准行为和末端执行器行为。Platt 等人对同时满足笛卡儿空间阻抗和关节空间阻抗的多优先级阻抗控制算法进行了相关研究。

3.3.1 阻抗模型

图 3-9 所示为带有阻力约束的两连杆机械臂模型。当机械臂的末端碰到障碍物时，会沿垂直方向滑动，之后继续按照预定的指令轨迹移动。通常，如果可以获得机器人当前的关节位置、关节速度和关节加速度，那么代入阻抗模型就可以计算出力，然后把这个力纳入到关节驱动力矩中，这就是阻抗控制。阻抗控制这一方法正是应用在具有阻力约束条件下对机械臂末端位置进行控制。因此，第一步要先建立机械臂的阻抗模型。

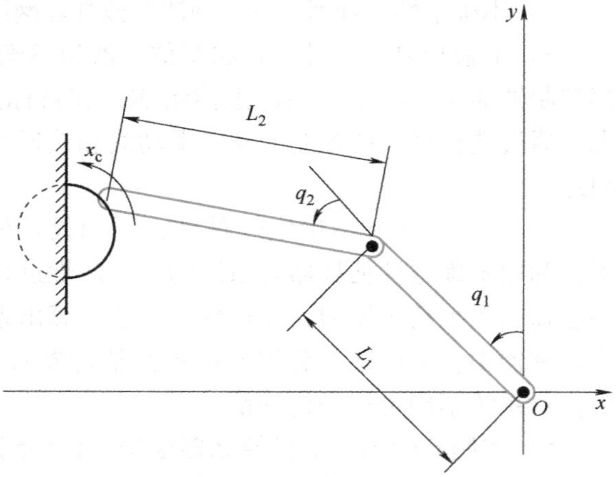

图 3-9 带有阻力约束的两连杆机械臂模型

设 $\boldsymbol{x}$ 为机械臂末端位置向量，关节角度 $\boldsymbol{q}$ 与机械臂末端位置向量 $\boldsymbol{x}$ 关系为

$$\boldsymbol{x}=\boldsymbol{h}(\boldsymbol{q}) \tag{3-68}$$

且

$$\dot{\boldsymbol{x}}=\boldsymbol{J}(\boldsymbol{q})\dot{\boldsymbol{q}} \tag{3-69}$$

式中，$\boldsymbol{J}(\boldsymbol{q})$ 为机械臂末端的雅可比信息。

机械臂末端的接触阻力为 $\boldsymbol{F}_e$，$\boldsymbol{F}_e$ 与位置误差 $\boldsymbol{x}_c-\boldsymbol{x}$ 有关。机械臂末端的阻抗模型可以表示为一种二阶线性系统，类似于“弹簧-质量-阻尼”系统，即

$$\boldsymbol{M}_m(\ddot{\boldsymbol{x}}_c-\ddot{\boldsymbol{x}})+\boldsymbol{B}_m(\dot{\boldsymbol{x}}_c-\dot{\boldsymbol{x}})+\boldsymbol{K}_m(\boldsymbol{x}_c-\boldsymbol{x})=\boldsymbol{F}_e \tag{3-70}$$

式中，$\boldsymbol{x}_c$ 为接触位置的指令轨迹，$\boldsymbol{x}(0)=\boldsymbol{x}_c(0)$；$\boldsymbol{M}_m$、$\boldsymbol{B}_m$ 和 $\boldsymbol{K}_m$ 分别为质量、阻尼和刚度系数矩阵。

在进行阻抗控制时，需要在任务空间下实现末端执行器接触位置的轨迹跟踪。结合任务

空间下建立的位置动力学方程［式(3-36)］和阻抗模型（3-70），可以得到动力学方程

$$\boldsymbol{D}_x(\boldsymbol{q})\ddot{\boldsymbol{x}}+\boldsymbol{C}_x(\boldsymbol{q},\dot{\boldsymbol{q}})\dot{\boldsymbol{x}}+\boldsymbol{G}_x(\boldsymbol{q})+\boldsymbol{F}_{\mathrm{e}}=\boldsymbol{F}_x \tag{3-71}$$

式中，

$$\begin{cases}\boldsymbol{D}_x(\boldsymbol{q})=\boldsymbol{J}^{-\mathrm{T}}(\boldsymbol{q})\boldsymbol{D}(\boldsymbol{q})\boldsymbol{J}^{-1}(\boldsymbol{q})\\ \boldsymbol{G}_x(\boldsymbol{q})=\boldsymbol{J}^{-\mathrm{T}}(\boldsymbol{q})\boldsymbol{G}(\boldsymbol{q})\\ \boldsymbol{C}_x(\boldsymbol{q},\dot{\boldsymbol{q}})\dot{\boldsymbol{x}}=\boldsymbol{J}^{-\mathrm{T}}(\boldsymbol{q})(\boldsymbol{C}(\boldsymbol{q},\dot{\boldsymbol{q}})-\boldsymbol{D}(\boldsymbol{q})\boldsymbol{J}^{-1}(\boldsymbol{q})\dot{\boldsymbol{J}}(\boldsymbol{q}))\boldsymbol{J}^{-1}(\boldsymbol{q})\\ \boldsymbol{F}_x=\boldsymbol{J}^{-\mathrm{T}}(\boldsymbol{q})\boldsymbol{\tau}\end{cases} \tag{3-72}$$

3.3.2　阻抗控制器设计

在阻抗模型中，阻抗控制目标为 $\boldsymbol{x}$ 跟踪理想的阻抗轨迹 $\boldsymbol{x}_{\mathrm{d}}$。结合式（3-70），可以由式（3-73）的模型计算得到 $\boldsymbol{x}_{\mathrm{d}}$，即

$$\boldsymbol{M}_{\mathrm{m}}\ddot{\boldsymbol{x}}_{\mathrm{d}}+\boldsymbol{B}_{\mathrm{m}}\dot{\boldsymbol{x}}_{\mathrm{d}}+\boldsymbol{K}_{\mathrm{m}}\boldsymbol{x}_{\mathrm{d}}=-\boldsymbol{F}_{\mathrm{e}}+\boldsymbol{M}_{\mathrm{m}}\ddot{\boldsymbol{x}}_{\mathrm{c}}+\boldsymbol{B}_{\mathrm{m}}\dot{\boldsymbol{x}}_{\mathrm{c}}+\boldsymbol{K}_{\mathrm{m}}\boldsymbol{x}_{\mathrm{c}} \tag{3-73}$$

式中，$\boldsymbol{x}_{\mathrm{d}}(0)=\boldsymbol{x}_{\mathrm{c}}(0)$；$\dot{\boldsymbol{x}}_{\mathrm{d}}(0)=\dot{\boldsymbol{x}}_{\mathrm{c}}(0)$。

基于阻抗模型（3-70），可以设计施加在关节末端节点的控制律 $\boldsymbol{F}_x$，通过控制律与笛卡儿坐标系下关节角位置之间的映射关系 $\boldsymbol{F}_x=\boldsymbol{J}^{-\mathrm{T}}(\boldsymbol{q})\boldsymbol{\tau}$，计算出实际所需的关节扭矩 $\boldsymbol{\tau}$。

定义跟踪误差为

$$\boldsymbol{e}_x=\boldsymbol{x}_{\mathrm{d}}-\boldsymbol{x} \tag{3-74}$$

则设计基于重力补偿的 PD 控制律为

$$\boldsymbol{F}_x=\boldsymbol{K}_{\mathrm{D}}\dot{\boldsymbol{e}}+\boldsymbol{K}_{\mathrm{P}}\boldsymbol{e}+\boldsymbol{F}_{\mathrm{e}}+\hat{\boldsymbol{G}}_x(\boldsymbol{q}) \tag{3-75}$$

式中，$\hat{\boldsymbol{G}}(\boldsymbol{q})$ 为重力项 $\boldsymbol{G}(\boldsymbol{q})$ 的估计值，作为重力补偿项。

假设 $\boldsymbol{G}(\boldsymbol{q})$ 的估计值足够准确，则此时机械臂的阻抗模型为

$$\boldsymbol{D}_x(\boldsymbol{q})\ddot{\boldsymbol{e}}+\boldsymbol{C}_x(\boldsymbol{q},\dot{\boldsymbol{q}})\dot{\boldsymbol{e}}+\boldsymbol{K}_{\mathrm{D}}\dot{\boldsymbol{e}}+\boldsymbol{K}_{\mathrm{P}}\boldsymbol{e}=0 \tag{3-76}$$

接下来，对控制器稳定性进行分析。取李雅普诺夫函数为

$$V=\frac{1}{2}\dot{\boldsymbol{e}}^{\mathrm{T}}\boldsymbol{D}_x(\boldsymbol{q})\dot{\boldsymbol{e}}+\frac{1}{2}\boldsymbol{e}^{\mathrm{T}}\boldsymbol{K}_{\mathrm{P}}\boldsymbol{e} \tag{3-77}$$

由 $\boldsymbol{D}(\boldsymbol{q})$ 及 $\boldsymbol{K}_{\mathrm{P}}$ 的正定型可知，V 是全局正定的，因此 $\dot{V}$ 为

$$\dot{V}=\dot{\boldsymbol{e}}^{\mathrm{T}}\boldsymbol{D}_x(\boldsymbol{q})\ddot{\boldsymbol{e}}+\frac{1}{2}\dot{\boldsymbol{e}}^{\mathrm{T}}\dot{\boldsymbol{D}}_x(\boldsymbol{q})\dot{\boldsymbol{e}}+\dot{\boldsymbol{e}}^{\mathrm{T}}\boldsymbol{K}_{\mathrm{P}}\boldsymbol{e} \tag{3-78}$$

利用 $\dot{\boldsymbol{D}}_x-2\boldsymbol{C}_x$ 的斜对称性可知 $\dot{\boldsymbol{e}}^{\mathrm{T}}\dot{\boldsymbol{D}}_x(\boldsymbol{q})\dot{\boldsymbol{e}}=2\dot{\boldsymbol{e}}^{\mathrm{T}}\boldsymbol{C}_x(\boldsymbol{q})\dot{\boldsymbol{e}}$，因此

$$\dot{V}=\dot{\boldsymbol{e}}^{\mathrm{T}}\boldsymbol{D}_x\ddot{\boldsymbol{e}}+\dot{\boldsymbol{e}}^{\mathrm{T}}\boldsymbol{C}_x\dot{\boldsymbol{e}}+\dot{\boldsymbol{e}}^{\mathrm{T}}\boldsymbol{K}_{\mathrm{P}}\boldsymbol{e}=\dot{\boldsymbol{e}}^{\mathrm{T}}(\boldsymbol{D}_x\ddot{\boldsymbol{e}}+\boldsymbol{C}_x\dot{\boldsymbol{e}}+\boldsymbol{K}_{\mathrm{P}}\boldsymbol{e})=-\dot{\boldsymbol{e}}^{\mathrm{T}}\boldsymbol{K}_{\mathrm{D}}\dot{\boldsymbol{e}}\leqslant 0 \tag{3-79}$$

由于 $\dot{V}$ 是半负定的，$\boldsymbol{K}_{\mathrm{P}}$ 正定，故当 $\dot{V}\equiv\boldsymbol{0}$ 时，有 $\dot{\boldsymbol{e}}\equiv\boldsymbol{0}$，则 $\ddot{\boldsymbol{e}}\equiv\boldsymbol{0}$，代入式（3-76）中，有 $\boldsymbol{K}_{\mathrm{P}}\boldsymbol{e}=0$，再由 $\boldsymbol{K}_{\mathrm{P}}$ 可逆可知 $\boldsymbol{e}=\boldsymbol{0}$，由拉塞尔不变集原理可知，$(\boldsymbol{e},\dot{\boldsymbol{e}})=(\boldsymbol{0},\boldsymbol{0})$ 为机械臂全局渐近稳定的平衡点。

3.3.3　机器人末端的阻抗控制案例

带有负载的两连杆全驱动机械臂的动力学方程为

$$\boldsymbol{D}(\boldsymbol{q})\ddot{\boldsymbol{q}}+\boldsymbol{C}(\boldsymbol{q},\dot{\boldsymbol{q}})\dot{\boldsymbol{q}}+\boldsymbol{G}(\boldsymbol{q})=\boldsymbol{\tau} \tag{3-80}$$

式中，

$$
\begin{cases}
\boldsymbol{D}(\boldsymbol{q})=\begin{bmatrix} m_1+m_2+2m_3\cos q_2 & m_2+m_3\cos q_2 \\ m_2+m_3\cos q_2 & m_2 \end{bmatrix} \\
\boldsymbol{C}(\boldsymbol{q},\dot{\boldsymbol{q}})=\begin{bmatrix} -m_3\dot{q}_2\sin q_2 & -m_3(\dot{q}_1+\dot{q}_2)\sin q_2 \\ m_3\dot{q}_1\sin q_2 & 0.0 \end{bmatrix} \\
\boldsymbol{G}(\boldsymbol{q})=\begin{bmatrix} m_4 g\cos q_1+m_5 g\cos(q_1+q_2) \\ m_5 g\cos(q_1+q_2) \end{bmatrix}
\end{cases}
\tag{3-81}
$$

其中，m_i 值由式 $\boldsymbol{M}=\boldsymbol{P}+p_l\boldsymbol{L}$ 给出，有

$$
\begin{cases}
\boldsymbol{M}=[m_1 \quad m_2 \quad m_3 \quad m_4 \quad m_5]^{\mathrm{T}} \\
\boldsymbol{P}=[p_1 \quad p_2 \quad p_3 \quad p_4 \quad p_5]^{\mathrm{T}} \\
\boldsymbol{L}=[l_1^2 \quad l_2^2 \quad l_1 l_2 \quad l_1 \quad l_2]^{\mathrm{T}}
\end{cases}
\tag{3-82}
$$

式中，p_l 为负载；l_1 和 l_2 分别为关节 1 和关节 2 的长度；$\boldsymbol{P}$ 为机器人自身的参数向量。

机械力臂实际参数为 $p_l=0.50\text{kg}$，$\boldsymbol{P}=[1.66 \quad 0.42 \quad 0.63 \quad 3.75 \quad 1.25]^{\mathrm{T}}$，$l_1=l_2=1\text{m}$。

结合角度动力学方程［式(3-80)］，采用式（3-71）描述被控对象，机械臂末端执行器的初始位置设置为$[0.8 \quad 1.0]$m 及初始速度为零。在任务空间中，机械臂末端执行器的理想跟踪轨迹设置为 $\boldsymbol{x}_{\mathrm{c}}=[x_{\mathrm{c1}} \quad x_{\mathrm{c2}}]=[1.0-0.2\cos\pi t \quad 1.0+0.2\sin\pi t]$m，因此，该轨迹为一个半径为 0.2m，圆心在$(x_1,x_2)=(1.0,1.0)$m 的圆。

阻抗模型采用式（3-73）描述，初始状态需要满足 $\boldsymbol{x}_{\mathrm{d}}(0)=\boldsymbol{x}_{\mathrm{c}}(0)$ 和 $\dot{\boldsymbol{x}}_{\mathrm{d}}(0)=\dot{\boldsymbol{x}}_{\mathrm{c}}(0)$；初始条件为 $\boldsymbol{x}_{\mathrm{d}}(0)=[0.8 \quad 1.0]$m，$\dot{\boldsymbol{x}}_{\mathrm{d}}(0)=[0.0 \quad 0.2\pi]$m/s。

仿真中，首先通过式（3-70）求 $\boldsymbol{F}_{\mathrm{e}}$，然后由式（3-73）求 $\boldsymbol{x}_{\mathrm{d}}$。接触面在 $x_1=1.0$ 处，存在以下两种情况：

① 当 $x_1 \leqslant 1.0$ 时，机械臂末端没有接触障碍物，$\boldsymbol{F}_{\mathrm{e}}=[0 \quad 0]^{\mathrm{T}}$；

② 当 $x_1>1.0$ 时，机械臂末端点停留在触障碍物上，此时 $x_1=1.0$，$\dot{x}_1=1.0$，$\ddot{x}_1=1.0$，控制器的增益选为 $\boldsymbol{K}_{\mathrm{P}}=\begin{bmatrix} 450 & 0 \\ 0 & 450 \end{bmatrix}$，$\boldsymbol{K}_{\mathrm{D}}=\begin{bmatrix} 90 & 0 \\ 0 & 90 \end{bmatrix}$。仿真结果如图 3-10～图 3-14 所示。

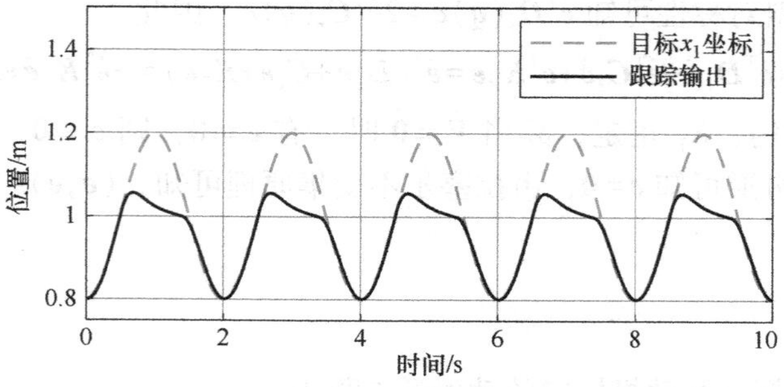

a)

图 3-10　末端执行器的位置跟踪

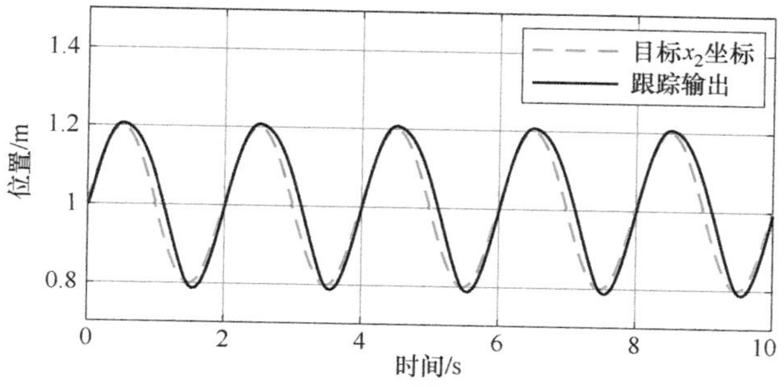

b)

图 3-10　末端执行器的位置跟踪（续）

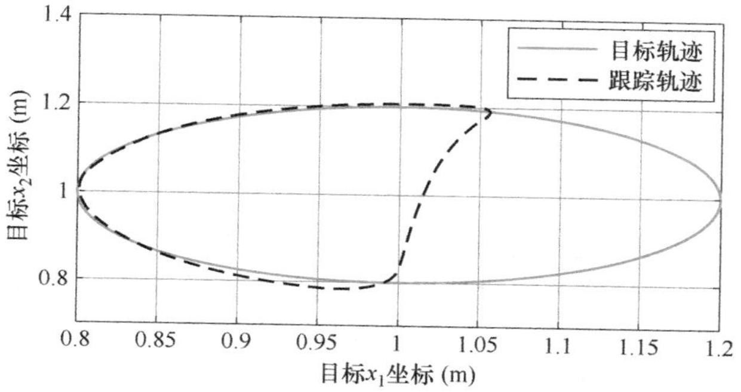

图 3-11　对 x_c 的轨迹跟踪效果

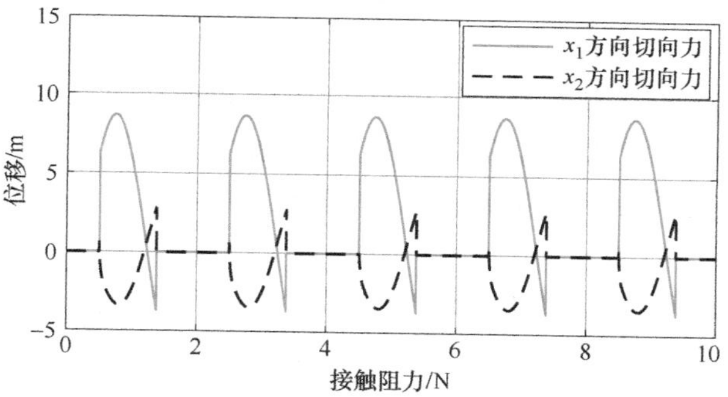

图 3-12　末端执行器的接触阻力

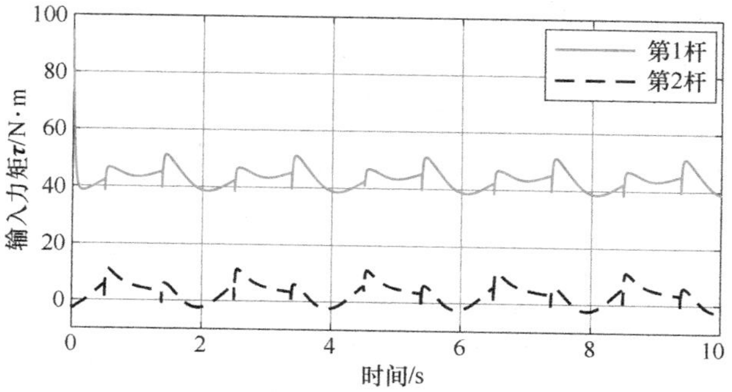

图 3-13　关节实际控制输入力矩 τ

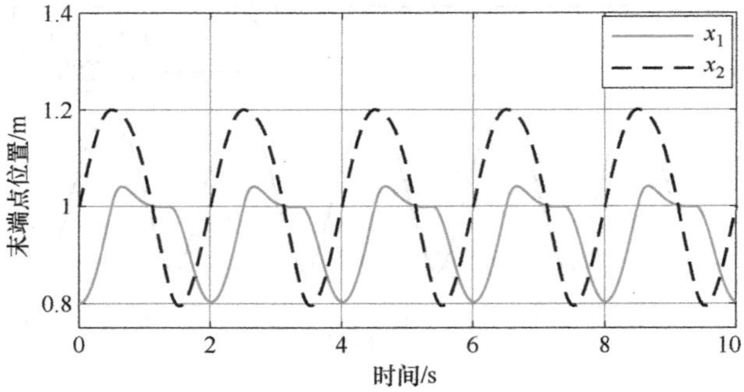

图 3-14 x_d 的轨迹跟踪效果

扩展阅读

常用的空间机械臂柔顺控制方法主要有阻抗控制法、力/位混合控制法、自适应控制法和智能控制法。

阻抗控制作为一种间接力控制方法，通过将机械臂末端与环境的相互作用等同于弹簧-质量-阻尼模型来实现。此模型建立了末端位置与接触力之间的关系，并通过调整控制器中的阻尼和刚度参数来控制机械臂的位置与接触力的关系，从而实现机械臂与操作对象的柔顺接触。阻抗控制能够高效适应机械臂与环境接触状态的切换，但是并不能实现外界环境不确定或扰动情况下的自适应，同时动力学模型的误差会影响阻抗模型的精度。对空间机械臂进行力控制，就是使空间机械臂具备与环境相适应的能力，即柔顺控制能力。控制系统由内部的力闭环控制和外部的阻抗计算（位置控制）环节组成。根据系统的期望运动状态、实际运动状态以及期望阻抗模型参数，外环计算出为实现期望阻抗模型需要作用在机器人末端的参考力，通过内环的力控制器使机器人与环境之间的实际作用力跟踪该期望接触力，从而实现机器人与环境作用的等效模型为期望阻抗模型。根据机器人产生的位置偏差和阻抗关系来确定要产生的阻抗力，根据阻抗力生成关节力矩发送给机器人，此时要求机器人处于力矩控制模式下。

力/位混合控制法的核心原理是将任务空间划分为两个正交的子空间，即位控空间和力控空间，分别对其进行位姿控制和力/力矩控制。然后，将这些控制信号转换到关节空间，合成为统一的关节控制力矩，从而驱动机械臂实现柔顺控制。1979 年，Mason 首次提出了同时控制力和位置的理念。他的方法是根据具体任务要求，独立地对机械臂的不同关节进行力控制和位置控制，但这种方法缺乏普适性。随后，Raibert 和 Craig 在 Mason 理念的基础上提出了力/位混合控制法，通过使用雅可比矩阵将任务空间中的力控制和位置控制分配给各个关节控制器。尽管这一方法计算复杂，但许多加工过程的实现仍需要应用力/位混合控制，以便执行所需的机器人轨迹，该轨迹是由加工后的表面几何形状和所需的刀具下压力产生的。机器人机械手的应用可实现加工过程，从而替代人工操作，以确保更高的产品准确性和可重复性。

自适应控制是一种通过对比任务要求性能指标与实际性能指标获得信息来修正控制器，使得机械臂保持最优或次优的工作状态的控制方法。自适应控制方法可以在不完全确定和局部变化的环境中，实现对环境的自动适应，减少因模型参数与实际参数不匹配造成的伺服误差，提高机械臂系统的响应速度和阻尼。在各类自适应控制方案中，模型参考自适应控制应用最为广泛，也最容易实现。自适应控制是处理具有不可预测参数偏差和不确定性的复杂系统，它的基本目标是在存在不确定性和系统参数变化的情况下保持系统的一致性。图 3-15 所示为模型参考的自适应控制。

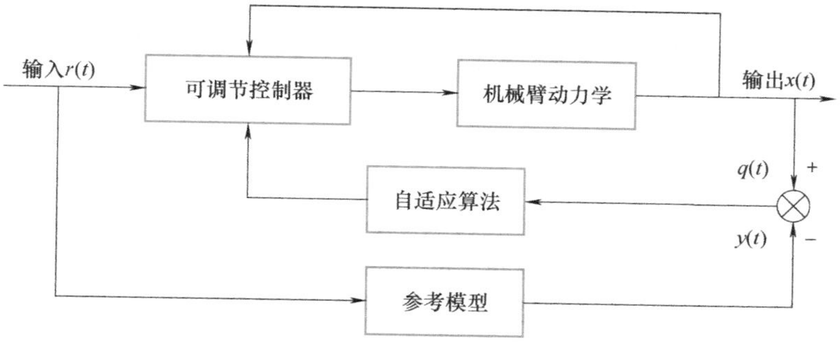

图 3-15　模型参考的自适应控制

众多学者对自适应控制展开了大量研究。Chung 和 Leininger 在任务空间中，通过分析实验数据，不断修正控制器中的补偿项，实现对重力、动摩擦力和柔顺反作用力的补偿。Kuc 等人采用基于自适应学习的混合控制法，实现了对机械臂与环境间约束运动的控制，在逆动力学求解、收敛性和抗干扰能力等多方面，该方法都取得了良好的效果。Nicoletti 利用李雅普诺夫稳定性理论，研究了机械臂与环境之间的约束运动条件，确定了模型参考自适应 PID 控制的稳定性条件。此外，许多研究人员还对机械臂的自适应变结构柔顺控制进行了探索。从已有的研究成果来看，自适应控制和变结构控制主要集中在理论研究和仿真测试阶段，实际应用方面仍需进一步推进和发展。

机械臂柔顺控制方法特点总结见表 3-1。

表 3-1　机械臂柔顺控制方法特点总结

方法	特点	优点	缺点
阻抗控制	不对位置和力进行直接控制，而是控制力与位置之间的关系	对机械臂与环境接触状态的切换具有很强的适应性	1）不能实现对外界环境的不确定和扰动的自适应 2）控制精度受机械臂动力学模型的影响
力/位混合控制	将操作空间正交分解为位控子空间及力控子空间，分别进行位置控制和力控制	可以直接实现对接触力的控制	1）对于复杂操作任务难以实现位控方向和力控方向的实时解耦，难以付诸实践 2）接触状态变化时，需要切换控制器，系统鲁棒性差
自适应控制	通过修正控制器保证系统最优或次优的工作状态	不需要精确的动力学模型，具有自动适应动力学及环境特征变化的能力	1）计算量大，实现过程复杂 2）目前尚缺乏系统性设计流程

随着科学技术的不断进步，机械臂的研究已经步入智能化阶段，发展出了智能控制方法。智能控制是利用智能算法的高度非线性逼近能力，来解决复杂、非线性和不确定性系统控制问题的一种方法。Connolly 等人将多层前馈神经网络应用于力/位混合控制，通过传感

器获取力和位置信息，再由神经网络计算得出选择矩阵和人为约束。Tokita 等人使用四层前馈神经网络设计了神经伺服控制器，该控制器能够在极小范围内精确控制力，比如控制力使其不穿破纸张，但它的适用范围较窄，缺乏广泛应用性。Xu 等人提出了将主动柔顺与被动柔顺相结合的理念，开发了相应的机械臂腕，实现了主动柔顺控制，同时采用模糊控制方法达成了被动柔顺控制。近年来，智能控制理论迅猛发展，取得了许多具有潜在应用前景的成果，这些成果包括智能控制结构理论、模糊控制理论以及免疫控制等。

本章小结

面向全驱动刚性机器人，本章聚焦于机械臂系统的关节空间控制、任务空间控制和阻抗控制等关键问题，分析了系统在不同空间中的运动特性。在关节空间中，重点探讨了如何利用关节角度控制机械臂的运动轨迹和姿态，以实现精确的定位和路径跟随。在任务空间中，进一步探讨了如何以机械臂末端的位姿和速度作为控制输入，实现对任务空间中目标位置和姿态的直接控制，从而提高机械臂的灵活性和适应性。此外，还深入讲解了机械臂末端的阻抗控制技术，以及与环境的安全交互。

习　题

3-1　什么是全驱动机械臂的末端位置控制?

3-2　列举并解释全驱动机械臂控制中常用的几种控制策略。

3-3　平面三连杆机械臂的结构与坐标变换如图 3-16 所示，机械臂的参数已在图中标出。为机械臂每一连杆和末端执行器均建立一个二维坐标系，分别定义为坐标系 $O_1x_1y_1$、$O_2x_2y_2$、$O_3x_3y_3$ 和 $O_4x_4y_4$，各坐标系之间只存在沿 x 轴和 y 轴方向的平移变换以及绕 z 轴的旋转变换。$O_0x_0y_0$ 为机械臂所在的基坐标系，与坐标系 $O_1x_1y_1$ 重合；(p_x,p_y) 为系统末端执行器在基坐标系中的位置坐标，φ 为末端执行器相对于基坐标系的姿态角。

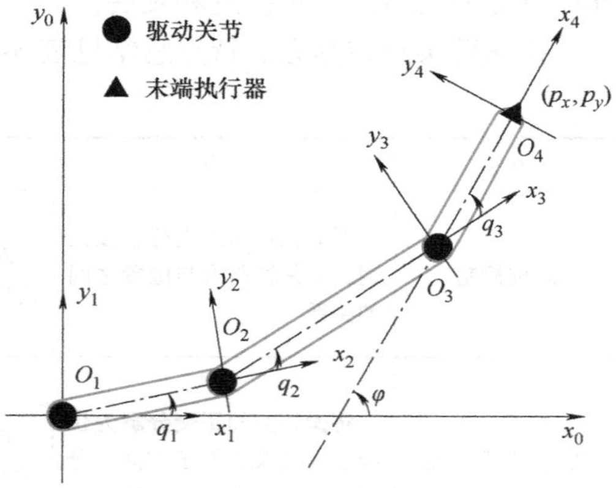

图 3-16　平面三连杆机械臂的结构与坐标变换图

坐标系 $O_2x_2y_2$ 相对于基坐标系 $O_1x_1y_1$ 的齐次坐标变换矩阵 ${}_2^1\boldsymbol{T}$ 可表示为

$$
{}_2^1\boldsymbol{T}=\begin{bmatrix}\cos q_1 & -\sin q_1 & -L_1\sin q_1\\ \sin q_1 & \cos q_1 & L_1\cos q_1\\ 0 & 0 & 1\end{bmatrix} \tag{3-83}
$$

同样地，坐标系 $O_3x_3y_3$ 相对于坐标系 $O_2x_2y_2$ 的齐次坐标变换矩阵 ${}_3^2\boldsymbol{T}$ 为

$$
{}_3^2\boldsymbol{T}=\begin{bmatrix}\cos q_2 & -\sin q_2 & -L_2\sin q_2\\ \sin q_2 & \cos q_2 & L_2\cos q_2\\ 0 & 0 & 1\end{bmatrix} \tag{3-84}
$$

末端执行器所在坐标系 $O_4x_4y_4$ 相对于坐标系 $O_3x_3y_3$ 的齐次坐标变换矩阵 ${}^3_4\boldsymbol{T}$ 为

$$
{}^3_4\boldsymbol{T}=\begin{bmatrix}\cos q_3 & -\sin q_3 & -L_3\sin q_3\\ \sin q_3 & \cos q_3 & L_3\cos q_3\\ 0 & 0 & 1\end{bmatrix} \tag{3-85}
$$

已知机械臂参数为：$L_1=0.8\text{m}$，$L_2=1.2\text{m}$，$L_3=1\text{m}$；机械臂末端执行器的目标位置坐标为 $(p_{xd},p_{yd})=(1.7,-1.2)$，末连杆的目标姿态角为 $\varphi_d=4.75\text{rad}$。利用逆运动学，根据已给参数计算机械臂连杆的目标角度 q_{1d}、q_{2d} 和 q_{3d}。

3-4 什么是雅可比矩阵？它在全驱动机械臂控制中的作用是什么？

3-5 关节空间控制与任务空间控制的区别与联系是什么？

3-6 如何实现机械臂末端点坐标在关节空间与任务空间中的转换？

3-7 什么是机器人末端的阻抗控制？它是如何应用于全驱动机械臂操作中的？

3-8 描述机器人末端阻抗控制的原理及其在工业自动化中的应用。

3-9 解释机器人末端阻抗控制中的阻抗模型和阻抗参数。

参考文献

[1] TOMEI P. A simple PD controller for robots with elastic joints [J]. IEEE Transactions on Automatic Control, 1991, 36 (10): 1208-1213.

[2] 申铁龙. 机器人鲁棒控制基础 [M]. 北京：清华大学出版社，2000.

[3] 大熊繁，机器人控制 [M]. 卢伯英，译. 北京：科学出版社，2002.

[4] 刘金琨. 机器人控制系统的设计与 MATLAB 仿真：基本设计方法 [M]. 北京：清华大学出版社，2016.

[5] 刘金琨. 机器人控制系统的设计与 MATLAB 仿真：先进设计方法 [M]. 北京：清华大学出版社，2017.

[6] SHUZHI S G, HANG C C. Adaptive neural network control of robot manipulators in task space [J]. IEEE Transactions on Industrial Electronics, 1997, 44 (6): 746-752.

[7] 林辉，戴冠中. 迭代学习控制理论进展与挑战 [J]. 控制理论与应用，1994，11 (2)：250-255.

[8] 孙明轩，严求真. 迭代学习控制系统的误差跟踪设计方法 [J]. 自动化学报，2013，39 (3)：251-262.

[9] 谢胜利，田森平，谢振东. 迭代学习控制的理论与应用 [M]. 北京：科学出版社，2005.

[10] 张丽萍，杨富文. 迭代学习控制理论的发展动态 [J]. 信息与控制，2002，31 (5)：425-429；436.

[11] 方忠，韩正之，陈彭年. 迭代学习控制新进展 [J]. 控制理论与应用，2002，19 (2)：161-166.

[12] 石成英，林辉. 迭代学习控制的研究与应用进展 [J]. 测控技术，2004，23 (2)：1-3；7.

[13] 许建新，侯忠生. 学习控制的现状与展望 [J]. 自动化学报，2005，31 (6)：943-955.

[14] 李仁俊，韩正之. 迭代学习控制综述 [J]. 控制与决策，2005，20 (9)：961-966.

[15] SEUL J, HSIA T C. Neural network impedance force control of robot manipulator [J]. IEEE Transactions on Industrial Electronics, 1998, 45 (3): 451-461.

[16] MASON M T. Compliance and force control for computer-controlled manipulators [J]. IEEE Transactions on Systems, Man and Cybernetics, 1981, 11 (6): 418-432.

[17] RAIBERT M H, CRAIG J J. Hybrid position/force control of manipulators [J]. Journal of Dynamic Systems, Measurement, and Control, 1981, 103 (2): 126-133.

[18] CHUNG J C H, LEININGER G G. Task-level adaptive hybrid manipulator control [J]. The International Journal of Robotics Research, 1990, 9 (3): 63-73.

[19] XU Y, PAUL R P. Robotic instrumented complaint wrist [J]. Journal of Engineering for Industry, 1992, 114 (1): 120-123.

[20] JUANG C, BUI T B. Reinforcement neural fuzzy surrogate-assisted multi-objective evolutionary fuzzy systems with robot learning control application [J]. IEEE Transactions on Fuzzy Systems, 2020, 28 (3): 434-446.

第 4 章 欠驱动机器人

导 读

本章从欠驱动机械系统出发，介绍了欠驱动机器人的运动机理及其实际应用现状，然后以垂直两连杆 Pendubot 系统和平面两连杆 Acrobot 系统为例，介绍垂直欠驱动机器人与平面欠驱动机器人的控制方式。垂直 Pendubot 使用分区控制，将运动空间划分为摇起区和平衡区，通过在相应的运动空间内设计控制器，实现系统在垂直向上平衡点处的稳定。平面 Acrobot 利用驱动杆角度与欠驱动杆角度之间的约束关系，通过连带控制将其末端点稳定在目标位置。本章最后介绍了目前前沿的控制方法。

本章知识点

- 垂直 Pendubot 的分区控制
- 平面 Acrobot 的稳定控制

4.1 引言

在机械系统中，一般每个自由度都有一个对应的驱动机构，以确保系统的控制输入与自由度数量相同，这种系统称为全驱动机械系统。然而，在实际生产和应用中，由于外部环境变化或人为因素，系统的驱动状态可能发生变化，导致一些自由度无法通过内部控制单独驱动，这种系统称为欠驱动机械系统，即欠驱动机械系统（underactuated mechanical systems）是指控制输入数量少于系统自由度数量的非线性系统。在这类系统中，由于控制输入不足，部分自由度无法通过内部驱动实现独立控制。正是这种特性使得欠驱动系统的控制在运动学和动力学上具有挑战性，需要采用合理控制策略才能完成所需的运动任务，以此弥补驱动不足的缺陷，从而保证系统的稳定性和有效性。一般情况下，机械系统变成欠驱动系统有以下几种情形：

1）机械系统可能因存在特定的运动约束或运动特性而成为欠驱动系统，如移动机器人、宇航飞行器和直升机等。这些系统在设计中考虑了特定的动态约束，导致控制输入少于系统自由度，从而需要特定的控制策略来实现有效的运动控制。

2）在特殊环境条件下，如微重力环境，人们为了优化能源消耗、降低控制系统成本以及增加系统的紧凑性和灵活性，可能会故意设计欠驱动系统，如柔性连杆机器人和太空机器人等。这些系统的设计考虑到了在极端环境下执行任务的特殊要求。

3）全驱动机械系统中的驱动装置损坏或存在长时间的反应时滞，也可能使系统临时转变为欠驱动状态。这种情况要求系统能够适应变化的控制需求，并采取相应的应对措施。

4）现实生活中许多物理系统本身就是欠驱动系统，也是实际工程应用中的常见情况。

所以，面对上述情形，怎样高效地运用有限的执行设备去操控整个系统，变成了一个关键的研究课题。而为模仿上述场景并进行探讨，通常会在实验室内人工创建简单的欠驱动系统，如倒立摆、轮摆及旋转摆等，用以测试与改进控制策略。

欠驱动机械系统与全驱动机械系统相比，欠驱动机械系统的成本和能源消耗更低，同时具有质量轻、结构紧凑、运动灵活等优点。欠驱动系统通过减少不必要的驱动元件和复杂的传动机构，大幅降低了材料成本、制造成本以及后续的维护费用。凭借其高效的能量转换和利用机制，欠驱动系统实现了对能源的更佳管理，在执行相同任务时，它往往能够消耗更少的能源，这对于当前全球范围内节能减排、绿色发展具有重要意义。此外，欠驱动系统所展现出的质量轻等特点使系统更加便于安装、运输和移动，能够适应更多样化的应用场景，而且使系统能够在有限的空间内灵活地实现复杂的功能，能够应对各种复杂的运动需求。这些优势使得欠驱动系统备受瞩目，在各个社会领域得到广泛应用，主要归纳为以下四种主要类型：

1）航空航天设备：如垂直升降飞机、直升机、宇宙飞船以及太空飞行器等。这些设备在太空探索、医疗救助以及军事应用中扮演着重要角色。

2）海洋军舰：主要涵盖水面船只和水下潜艇等，广泛运用在航行、海洋科学探索以及资源开发等领域。

3）欠驱动机器人：涵盖非完整移动机器人、仿生机器人和各类手臂机器人等。这些机器人在医疗卫生、生产制造、抢险救灾以及环境探测等任务中发挥重要作用。

4）交通运输工具：如龙门吊车、桥式吊车和机车系统，广泛应用于工业生产、港口运输和城市建设等场所，提升了运输和物流效率。

以上展示了欠驱动机械系统在航空航天、海洋探索、机器人技术以及交通运输等领域中重要的应用价值和广阔的发展潜力。驱动器的减少使欠驱动机械系统具有众多优点，如成本与能源消耗的降低等。但也由于控制输入（即驱动器）的减少，使得欠驱动机械系统的某些自由度无法通过控制器直接驱动，导致欠驱动机械系统通常涉及非完整的运动约束，系统状态变量位于不确定的位形空间中，从而给欠驱动机械系统的控制设计带来了诸多新的挑战。此外，欠驱动机械系统往往无法通过光滑的静态或动态反馈控制律实现全状态的严密反馈线性化，有时甚至不满足 Brockett 必要条件。由此可见，要让这样的欠驱动系统保持稳定的运行状况就需要采取特殊的控制策略。

综上所述，虽然欠驱动机械系统在应用中具有诸多优势，但这类系统由于其存在非完整约束和控制挑战，要求研究者深入研究欠驱动机械系统的特性和行为，开发更高效、更可靠的工程系统，以克服其控制挑战，从而实现系统的稳定性和性能优化。故研究欠驱动机械系统不仅有助于推动相关技术的发展，还具有广泛的应用前景和深远的影响。无论是在理论研究还是实际应用中，这一领域都值得投入大量的时间和精力，以期实现更多的创新和突破。

由于欠驱动领域的研究难度较高，本章旨在通过对两类经典的单控制输入两自由度欠驱动系统的分析和控制器设计，促进读者理解欠驱动系统的基本特性和控制难点，为更复杂的欠驱动系统的研究奠定基础。本章将详细地介绍两连杆欠驱动系统，分别从垂直和水平面两个方面分析系统的稳定控制，揭示其在控制设计中的挑战。

4.2 垂直欠驱动机器人控制

1. 相关定义

定义 4-1（仿射非线性系统）：对于一个自然系统，如果其中包含非线性元件，那么就将其称为非线性系统。其状态方程可表示为

$$\begin{cases}\dot{x}=\boldsymbol{F}(t,x,u)\\ y=\boldsymbol{h}(t,x)\end{cases} \tag{4-1}$$

式中，$\boldsymbol{x}\in\mathbb{R}^n$ 为系统的状态变量；$\boldsymbol{u}\in\mathbb{R}^m$ 为系统的控制输入向量；$\boldsymbol{y}\in\mathbb{R}^p$ 为系统的输出向量；$\boldsymbol{F}:\mathbb{R}_+\times\mathbb{R}^n\times\mathbb{R}^m\to\mathbb{R}^n$ 与 $\boldsymbol{h}:\mathbb{R}_+\times\mathbb{R}^n\to\mathbb{R}^p$ 均为非线性函数向量。通常称这种系统［式(4-1)］为一个非线性非自治系统。

当函数向量 $\boldsymbol{F}(t,x,u)$ 和 $\boldsymbol{h}(t,x)$ 不依赖于时间 t，系统变为非线性自治系统，即

$$\begin{cases}\dot{\boldsymbol{x}}=\boldsymbol{F}(x,u)\\ \boldsymbol{y}=\boldsymbol{h}(x)\end{cases} \tag{4-2}$$

如果 $\boldsymbol{F}(x,u)=\boldsymbol{f}(x)+\boldsymbol{g}(x)\boldsymbol{u}$，其中 $\boldsymbol{f}:\mathbb{R}^n\to\mathbb{R}^n$，$\boldsymbol{g}:\mathbb{R}^n\to\mathbb{R}^{n\times m}$，那么系统可变为

$$\begin{cases}\dot{\boldsymbol{x}}=\boldsymbol{f}(x)+\boldsymbol{g}(x)\boldsymbol{u}\\ \boldsymbol{y}=\boldsymbol{h}(x)\end{cases} \tag{4-3}$$

这种系统被称为仿射非线性系统。

定义 4-2（全驱动系统与欠驱动系统）：一般的刚性机器人的动力学方程为

$$\boldsymbol{M}(q)\ddot{\boldsymbol{q}}+\boldsymbol{C}(q,\dot{q})\dot{\boldsymbol{q}}+\boldsymbol{G}(q)=\boldsymbol{B}\boldsymbol{\tau} \tag{4-4}$$

式中，$\boldsymbol{B}$ 为控制矩阵。

式（4-4）可写为仿射非线性系统的形式，即

$$\ddot{\boldsymbol{q}}=\boldsymbol{h}(q,\dot{q},t)+\boldsymbol{g}(q,\dot{q},t)\boldsymbol{\tau} \tag{4-5}$$

式中，$\boldsymbol{h}(q,\dot{q},t)=\boldsymbol{M}^{-1}(\boldsymbol{C}\dot{q}-\boldsymbol{G})$；$\boldsymbol{g}(q,\dot{q},t)=\boldsymbol{M}^{-1}\boldsymbol{B}$。

如果 $\mathrm{rank}[\boldsymbol{g}(q,\dot{q},t)]=\dim[\boldsymbol{q}]$，则该刚性机器人为全驱动系统；如果 $\mathrm{rank}[\boldsymbol{g}(q,\dot{q},t)]<\dim[\boldsymbol{q}]$，则该刚性机器人为欠驱动系统。

定义 4-3（垂直欠驱动系统与平面欠驱动系统）：针对一般的刚性欠驱动机器人动力学方程［式(4-4)］，如果 $\boldsymbol{G}(q)\neq0$，且机器人在垂直平面内运动，则称该欠驱动机器人为垂直欠驱动系统；如果 $\boldsymbol{G}(q)=0$，且机器人在水平面内运动，则称该欠驱动机器人为平面欠驱动系统。

2. 垂直 Pendubot 系统

接下来以垂直欠驱动两连杆 Pendubot 机械臂系统（以下简称垂直 Pendubot）为例介绍垂直欠驱动机器人的非线性特性和典型的控制方法设计。

垂直 Pendubot 的结构如图 4-1 所示，其中，第一关节为驱动关节，第二关节为非驱动关节，即欠驱动关节。它的动力学方程可表示为

$$M(q_2)\ddot{q}+C(q,\dot{q})\dot{q}+G(q)=\begin{bmatrix}1 & 0\\0 & 0\end{bmatrix}\begin{bmatrix}\tau_1\\\tau_2\end{bmatrix} \tag{4-6}$$

因此，垂直 Pendubot 的动力学方程为

$$M(q_2)\ddot{q}+C(q,\dot{q})\dot{q}+G(q)=\begin{bmatrix}\tau_1\\0\end{bmatrix} \tag{4-7}$$

式中，$M(q_2)\in\mathbb{R}^{2\times2}$、$C(q,\dot{q})\in\mathbb{R}^{2\times2}$和 $G(q)\in\mathbb{R}^2$ 的表达式为

$$\begin{cases}M(q_2)=\begin{bmatrix}m_{11}(q_2) & m_{12}(q_2)\\m_{12}(q_2) & m_{22}\end{bmatrix}\\C(q)=\begin{bmatrix}-a_3\dot{q}_2\sin q_2 & -a_3(\dot{q}_1+\dot{q}_2)\sin q_2\\a_3\dot{q}_1\sin q_2 & 0\end{bmatrix}\\G(q)=\begin{bmatrix}-a_4\sin q_1-a_5\sin(q_1+q_2)\\-a_5\sin(q_1+q_2)\end{bmatrix}\end{cases} \tag{4-8}$$

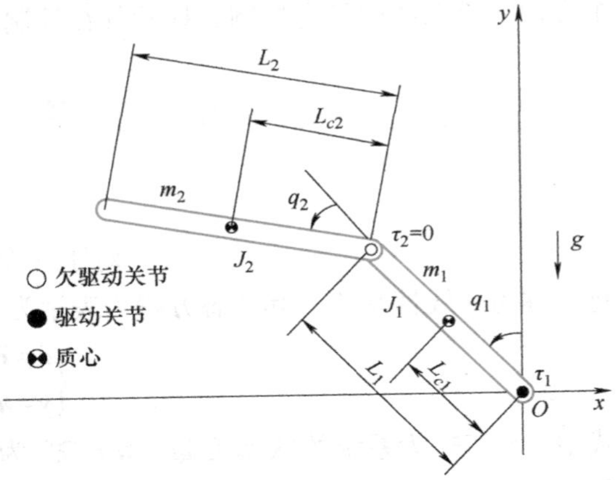

图 4-1 垂直 Pendubot 的结构

其中，

$$\begin{cases}a_1=m_1L_{c1}^2+m_2L_1^2+J_1\\a_2=m_2L_{c2}^2+J_2\\a_3=m_2L_1L_{c2}\\a_4=(m_1L_{c1}+m_2L_1)g\\a_5=m_2L_{c2}g\\m_{11}(q_2)=a_1+a_2+2a_3\cos q_2\\m_{12}(q_2)=a_2+a_3\cos q_2\\m_{22}=a_2\end{cases} \tag{4-9}$$

定义 $x=[x_1,x_2,x_3,x_4]^{\mathrm{T}}=[q_1,q_2,\dot{q}_1,\dot{q}_2]^{\mathrm{T}}$，则系统动力学方程（4-7）可转变为状态空间表达式

$$\begin{cases}\dot{x}_1=x_3\\\dot{x}_2=x_4\\\dot{x}_3=f_1(x)+b_1(x)\tau_1\\\dot{x}_4=f_2(x)+b_2(x)\tau_1\end{cases} \tag{4-10}$$

其中，

$$\begin{cases}\begin{bmatrix}f_1(x)\\f_2(x)\end{bmatrix}=-M^{-1}(q_2)[C(q,\dot{q})+G(q)]\\\begin{bmatrix}b_1(x)\\b_2(x)\end{bmatrix}=-M^{-1}(q_2)\begin{bmatrix}1\\0\end{bmatrix}\end{cases} \tag{4-11}$$

$$f(x)=\begin{bmatrix}x_3\\x_4\\f_1(x)\\f_2(x)\end{bmatrix},\ g(x)=\begin{bmatrix}0\\0\\b_1(x)\\b_2(x)\end{bmatrix} \tag{4-12}$$

则式（4-10）可改写为

$$\dot{\boldsymbol{x}}=\boldsymbol{f}(x)+\boldsymbol{g}(x)\tau_1 \tag{4-13}$$

3. 垂直 Pendubot 系统特性分析

根据式（4-11）得知，垂直 Pendubot 是一个仿射非线性系统，同时其状态变量之间有较强的耦合关系。接下来，判断系统是否可被反馈线性化。为了阐述反馈线性化实用判据，在此引入李括号与分布概念。

定义 4-4（李括号与分布）：定义域 $D\subset\mathbb{R}^n$ 上的光滑向量场 $\boldsymbol{f}(x)$ 和 $\boldsymbol{g}(x)$，称向量场

$$[\boldsymbol{f},\boldsymbol{g}](x)=\frac{\partial \boldsymbol{g}(x)}{\partial x}\boldsymbol{f}(x)-\frac{\partial \boldsymbol{f}(x)}{\partial x}\boldsymbol{g}(x) \tag{4-14}$$

为向量场 $\boldsymbol{g}(x)$ 对向量场 $\boldsymbol{f}(x)$ 的李括号。且

$$\begin{cases} ad_f^0\boldsymbol{g}(x)=\boldsymbol{g}(x) \\ ad_f\boldsymbol{g}(x)=[\boldsymbol{f},\boldsymbol{g}](x) \\ ad_f^k\boldsymbol{g}(x)=[\boldsymbol{f},ad_f^{k-1}\boldsymbol{g}](x),k\geqslant 1 \end{cases} \tag{4-15}$$

定义域 $D\subset\mathbb{R}^n$ 上的光滑向量场 $\boldsymbol{f}_1(x),\boldsymbol{f}_2(x),\cdots,\boldsymbol{f}_k(x)$，称它们张成的向量场

$$\Delta(x)=\mathrm{span}\{\boldsymbol{f}_1(x),\boldsymbol{f}_2(x),\cdots,\boldsymbol{f}_k(x)\} \tag{4-16}$$

为 D 上的一个分布。

若对于任意的 $\boldsymbol{g}_1(x)$，$\boldsymbol{g}_2(x)\in\Delta(x)$，有 $[\boldsymbol{g}_1,\boldsymbol{g}_2](x)\in\Delta(x)$，则称分布 $\Delta(x)$ 对合。

在上述理论的基础上，提出仿射非线性系统的反馈线性化实用判据：在定义域 $D\subset\mathbb{R}^n$ 上的光滑向量场 $\boldsymbol{f}(x)$ 和 $\boldsymbol{g}(x)$，矩阵

$$\boldsymbol{\Psi}(x)=[\boldsymbol{g}\quad ad_f\boldsymbol{g}\quad \cdots\quad ad_f^{n-1}\boldsymbol{g}] \tag{4-17}$$

秩为 n 且分布 $\Delta(x)=\mathrm{span}\{\boldsymbol{g},ad_f\boldsymbol{g},\cdots,ad_f^{n-2}\boldsymbol{g}\}$ 在 $D\subset\mathbb{R}^n$ 上是对合的，则仿射非线性系统可实现反馈线性化。

对于这个系统［式(4-13)］，可以计算它的 $\boldsymbol{\Psi}(x)$ 为

$$\begin{cases} ad_f\boldsymbol{g}=[\boldsymbol{f},\boldsymbol{g}](x)=\dfrac{\partial \boldsymbol{g}(x)}{\partial \boldsymbol{x}}\boldsymbol{f}(x)-\dfrac{\partial \boldsymbol{f}(x)}{\partial \boldsymbol{x}}\boldsymbol{g}(x)=\begin{bmatrix}0\\0\\b_{31}\\b_{41}\end{bmatrix} \\ ad_f^2\boldsymbol{g}=[\boldsymbol{f},ad_f\boldsymbol{g}](x)=\dfrac{\partial ad_f\boldsymbol{g}(x)}{\partial \boldsymbol{x}}\boldsymbol{f}(x)-\dfrac{\partial \boldsymbol{f}(x)}{\partial \boldsymbol{x}}ad_f\boldsymbol{g}(x)=\begin{bmatrix}0\\0\\b_{32}\\b_{42}\end{bmatrix} \\ ad_f^3\boldsymbol{g}=[\boldsymbol{f},ad_f^2\boldsymbol{g}](x)=\dfrac{\partial ad_f^2\boldsymbol{g}(x)}{\partial \boldsymbol{x}}\boldsymbol{f}(x)-\dfrac{\partial \boldsymbol{f}(x)}{\partial \boldsymbol{x}}ad_f^2\boldsymbol{g}(x)=\begin{bmatrix}0\\0\\b_{33}\\b_{43}\end{bmatrix} \end{cases} \tag{4-18}$$

式中，b_{31}，b_{41}，b_{32}，b_{42}，b_{33}，b_{43} 为不为 0 的元素。

结合式（4-18）可得 $\boldsymbol{\Psi}(x)$

$$\boldsymbol{\Psi}(x)=[\boldsymbol{g}\quad ad_f\boldsymbol{g}\quad ad_f^2\boldsymbol{g}\quad ad_f^3\boldsymbol{g}]=\begin{bmatrix}0&0&0&0\\0&0&0&0\\b_1&b_{31}&b_{32}&b_{33}\\b_2&b_{41}&b_{42}&b_{43}\end{bmatrix} \tag{4-19}$$

从式（4-19）可以看出 $\boldsymbol{\Psi}(x)$的秩为 2，而 $n=4$，那么系统［式(4-13)］不满足反馈线性化条件。

因此，设计一个控制器来实现垂直 Pendubot 的稳定控制变得极为困难。换句话说，在垂直 Pendubot 的运动空间内，难以采取一种控制方法将其从垂直向下的稳定点转移到垂直向上的不稳定点，并且保持在这个不稳定点上。这一现象揭示了欠驱动系统在控制设计中的复杂性，尤其是在实现全局稳定性和控制目标时所面临的巨大挑战。

因此，在此提出了一种分区切换控制策略，即先将垂直 Pendubot 的运动空间划分为两个子空间，分别设计控制器进行控制。

4.2.1 运动空间划分

为了执行区域切换控制策略，首先需要对垂直 Pendubot 的运动空间进行划分（见图 4-2)，以便设计针对特定区域的控制器。在此将 Σ 视作垂直 Pendubot 的整个运动空间，并将 Σ 分为吸引区 Σ_1 和摇起区 Σ_2，具体定义如下：

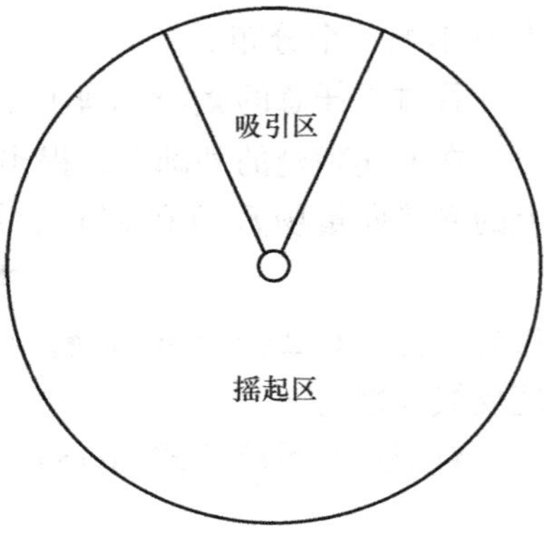

图 4-2 运动空间划分

$$\Sigma_1:\begin{cases}\min\left\{\operatorname{mod}\left(\dfrac{x_1}{2\pi}\right),2\pi-\operatorname{mod}\left(\dfrac{x_1}{2\pi}\right)\right\}\leqslant\lambda_1\\ \min\left\{\operatorname{mod}\left(\dfrac{x_1+x_2}{2\pi}\right),2\pi-\operatorname{mod}\left(\dfrac{x_1+x_2}{2\pi}\right)\right\}\leqslant\lambda_2\\ \left\|\begin{bmatrix}x_3\\x_4\end{bmatrix}\right\|_2\leqslant\lambda_3\\ |E(x)-E_0|\leqslant\lambda_4\end{cases} \tag{4-20}$$

$$\Sigma_2=\Sigma-\Sigma_1 \tag{4-21}$$

式中，$E(x)$为垂直 Pendubot 的总能量；E_0 为它在竖直向上位置所具有的能量，即 $E_0=E(x_u^*)$；$\lambda_i(i=1,\cdots,4)$为小的正实数。根据上述定义不难看出，吸引区 Σ_1 为垂直向上位置 x_u^* 周围的一个小邻域，而 Σ_2 为除了这一部分外其他运动领域。

4.2.2 近似线性化与平衡控制器设计

由于吸引区 Σ_1 是一个位于垂直向上方向的小区域，在这个区域内，系统角度 q 与角速度 $\dot{q}$ 都非常接近零，因此在 Σ_1 内可做近似化处理。

零点处的近似线性化，即

$$\boldsymbol{F}(x)=[F_1(x),F_2(x),\cdots,F_n(x)]^{\mathrm{T}} \tag{4-22}$$

其中，$F_i(x)$为连续可微的函数且 $F_i(0)=0$，$i=1,2,\cdots,n$。

将函数在 $x=0$ 处傅里叶展开得

$$F_i(x)=F_i(0)+\frac{\partial F_i(x)}{\partial \boldsymbol{x}}(0)\boldsymbol{x}+o_i(x) \tag{4-23}$$

式中，$o_i(x)$为非线性高阶项，那么称以下模型为非线性系统在零点处的近似化模型。

$$\dot{\boldsymbol{x}}=\boldsymbol{A}\boldsymbol{x},\quad \boldsymbol{A}=\frac{\partial \boldsymbol{F}(x)}{\partial \boldsymbol{x}}(0)=\left[\frac{\partial F_1(x)}{\partial \boldsymbol{x}}(0),\frac{\partial F_2(x)}{\partial \boldsymbol{x}}(0),\cdots,\frac{\partial F_n(x)}{\partial \boldsymbol{x}}(0)\right]^{\mathrm{T}} \tag{4-24}$$

因此，在吸引区可做如下近似化处理

$$\cos q_2\approx 1,\sin q_i\approx q_i,\sin(q_1+q_2)\approx q_1+q_2,\dot{q}_i\approx 0,i=1,2 \tag{4-25}$$

对 $\boldsymbol{M}(q_2)$、$\boldsymbol{C}(q,\dot{q})$和 $\boldsymbol{G}(q)$经过近似化处理后，能够得到系统［式(4-13)］在吸引区 Σ_1 内的近似线性模型为

$$\dot{\boldsymbol{x}}=\boldsymbol{A}x+\boldsymbol{B}\tau_1 \tag{4-26}$$

式中，

$$\boldsymbol{A}=\begin{bmatrix}0&0&1&0\\0&0&0&1\\A_{31}&A_{32}&0&0\\A_{41}&A_{42}&0&0\end{bmatrix},\ \boldsymbol{B}=\begin{bmatrix}0\\0\\b_3\\b_4\end{bmatrix} \tag{4-27}$$

其中，

$$\begin{cases}A_{31}=\dfrac{a_2a_4-a_3a_5}{a_1a_2-a_3^2},A_{32}=\dfrac{-a_3a_5}{a_1a_2-a_3^2}\\ A_{41}=\dfrac{a_1a_5-a_3a_4+a_3a_5-a_2a_4}{a_1a_2-a_3^2},A_{42}=\dfrac{(a_1+a_3)a_5}{a_1a_2-a_3^2}\\ b_3=\dfrac{-a_2-a_3}{a_1a_2-a_3^2},b_4=\dfrac{a_1+a_2+2a_3}{a_1a_2-a_3^2}\end{cases}$$

且 $a_i(i=1,\cdots,5)$的具体表达式与式（4-9）中相同，经过简单计算可得（4-24）的可控性矩阵为

$$\boldsymbol{\Gamma}=[\boldsymbol{B}\quad \boldsymbol{AB}\quad \boldsymbol{A}^2\boldsymbol{B}\quad \boldsymbol{A}^3\boldsymbol{B}]=\begin{bmatrix}0&b_3&0&b_3A_{31}+b_4A_{32}\\0&b_4&0&b_3A_{41}+b_4A_{42}\\b_3&0&b_3A_{31}+b_4A_{32}&0\\b_4&0&b_3A_{41}+b_4A_{42}&0\end{bmatrix} \tag{4-28}$$

由于可控矩阵 $\boldsymbol{\Gamma}$ 是满秩的，因此近似模型［式(4-26)］完全能控。

对于非线性的垂直 Pendubot 系统来说，其在特定 Σ_1 区域内可近似为能控的线性模型，因此，只要垂直 Pendubot 进入到 Σ_1 中，就可以利用线性系统的原理来设计一个平衡控制器 τ_1，从而使它在达到平衡点 $x=0$ 处逐渐趋向稳定。接下来，详细描述一种基于 LQR 的优化策略。首先定义性能评估标准：

$$J=\int_0^{\infty}(\boldsymbol{x}^{\mathrm{T}}\boldsymbol{Q}\boldsymbol{x}+\boldsymbol{R}\tau_1^2)\,\mathrm{d}t \tag{4-29}$$

式中，$\boldsymbol{Q}$ 和 $\boldsymbol{R}$ 为权矩阵，且 $\boldsymbol{Q}\geqslant 0$ 与 $\boldsymbol{R}>0$，根据最优控制的理论，使 J 取最小值的最优控制律为

$$\tau_2=-F_x,\quad F_x=\boldsymbol{R}^{-1}\boldsymbol{B}^{\mathrm{T}}\boldsymbol{P} \tag{4-30}$$

式中，$\boldsymbol{P}>0$ 为下述 Riccati 矩阵方程唯一的正定解。

$$\boldsymbol{A}^{\mathrm{T}}\boldsymbol{P}+\boldsymbol{P}\boldsymbol{A}-\boldsymbol{P}\boldsymbol{B}\boldsymbol{R}^{-1}\boldsymbol{B}^{\mathrm{T}}\boldsymbol{P}+\boldsymbol{Q}=0 \tag{4-31}$$

将式（4-30）代入式（4-26）得

$$\dot{\boldsymbol{x}}=(\boldsymbol{A}-\boldsymbol{B}\boldsymbol{R}^{-1}\boldsymbol{B}\boldsymbol{P})\boldsymbol{x} \tag{4-32}$$

为系统［式(4-32)］选择李雅普诺夫函数为

$$V_1(x)=\boldsymbol{x}^{\mathrm{T}}\boldsymbol{P}\boldsymbol{x} \tag{4-33}$$

对 $V_1(x)$沿系统［式(4-32)］求导得

$$\dot{V}_1(x)=-\boldsymbol{x}^{\mathrm{T}}[(\boldsymbol{B}^{\mathrm{T}}\boldsymbol{P})^{\mathrm{T}}\boldsymbol{R}^{-1}(\boldsymbol{B}^{\mathrm{T}}\boldsymbol{P})+\boldsymbol{Q}]\boldsymbol{x}<0 \tag{4-34}$$

根据李雅普诺夫稳定性定理可知 $x=0$ 为系统［式(4-13)］渐近稳定的平衡点，即最优控制律［式(4-30)］可以作为垂直 Pendubot 的平衡控制律，将其渐近稳定在垂直向上位置 x_{d}^{*} 处。

4.2.3 摇起控制器设计

考虑 Σ_1 是一个小范围的工作区域，因此当处于摇起区 Σ_2 内时，线性近似模型失效，从而导致线性平衡反馈控制器也失效。因此，如何在摇起区设计控制器使垂直 Pendubot 能快速进入到吸引区 Σ_1，是能否快速实现垂直 Pendubot 稳定控制目标的关键。在本小节中，将使用垂直 Pendubot 的能量和姿态作为基础，构建出李雅普诺夫函数，然后根据它导数的负值寻找合适的摇起控制律，以便能让垂直 Pendubot 快速平滑地进入吸引区 Σ_1，为其在吸引区 Σ_1 内的平衡稳定控制做好铺垫。

鉴于垂直 Pendubot 的能量和两杆姿态在吸引区的定义中都有所限定，因此想使垂直 Pendubot 更加容易进入吸引区，需要对其能量和姿态进行适当的调整。为了满足上述要求，需要使以下两个条件成立：

1）确保垂直 Pendubot 的两杆呈伸直状态，即第二杆相对于第一杆进行角度和角速度为零的运动。

2）确保垂直 Pendubot 在摇起过程中能量逐渐增加，最终达到其在垂直向上不稳定平衡点时所需要的能量水平 E_0。

由于垂直 Pendubot 在垂直向下的位置 x_{d}^{*} 处，需要不断地增加系统能量，通过对两杆系统总能量［式(2-19)］进行求导可知

$$\dot{E}(q,\dot{q})=\dot{\boldsymbol{q}}^{\mathrm{T}}\widetilde{B}\tau_{\alpha}=\sum_{k=1}^{n-m}\dot{q}_{\eta_k}\tau_{\eta_k} \tag{4-35}$$

定义垂直 Pendubot 总能量的导数为 $\dot{E}(x)$，由式（4-35）可得

$$\dot{E}(x)=x_3\tau_1 \tag{4-36}$$

根据上述两个条件，构造李雅普诺夫函数

$$V(x)=\frac{\alpha_1}{2}E_x^2+\frac{\alpha_2}{2}x_1^2+\frac{\beta}{2}x_3^2 \tag{4-37}$$

式中，$E_x=E(x)-E_0$；α_1，α_2 和 β 均为正的常数。

将 $V(x)$沿垂直 Pendubot 状态方程［式(4-13)］求导并联立系统能量方程［式(4-36)］可得

$$\dot{V}(x)=\{[\alpha_1E_x+\beta b_2(x)]\tau_1+\alpha_2x_1+\beta f_2(x)\}x_3 \tag{4-38}$$

当 $\alpha_1E_x+\beta b_2(x)\neq0$ 时，设计摇起区控制律为

$$\tau_1=\frac{-\alpha_2x_1-\beta f_1(x)-\gamma x_3}{\alpha_1E_x+\beta b_1(x)} \tag{4-39}$$

式中，$\gamma>0$ 为常数。

联立式（4-38）和式（4-39）得

$$\dot{V}(x)=-\gamma x_3^2\leqslant0 \tag{4-40}$$

根据拉塞尔不变集原理，要证明系统的零平衡点是渐近稳定的，即 $x(t)\to0$，$t\to\infty$。只需找到系统的一个正不变紧集 Ω 和一个连续可微函数 $V(x)$，并证明除了 $\boldsymbol{x}(t)=0$ 外不存在其他解能保持在 $\varepsilon=\{\boldsymbol{x}\in\mathbb{R}^n\mid\dot{V}(x)=0\}$ 内。特别的，当 $V(x)$ 是一个正定函数时，取集合 Ω 为

$$\Omega=\{\boldsymbol{x}\in\mathbb{R}^n\mid V(x)\leqslant c\} \tag{4-41}$$

式中，c 为一个很小的正数，由函数 $V(x)$ 的连续性可知集合 Ω 是一个紧集，并且如果在 Ω 内有 $\dot{V}(x)\leqslant0$，则 Ω 还是系统的一个正不变集，故上面构造的集合 Ω 满足拉塞尔不变集原理的要求，进而得到以下推论。

设 $D\subset\mathbb{R}^n$ 为包含原点的 n 维子集，$V:D\to\mathbb{R}^n$ 是 D 上连续可微的正定函数，且在 D 内满足 $\dot{V}(x)\leqslant0$。若记 $\varepsilon=\{\boldsymbol{x}\in\mathbb{R}^n\mid\dot{V}(x)=0\}$，且假设除解 $x(t)=0$ 外没有解能保持在 ε 内，那么系统的零点平衡点是渐近稳定的。

接下来，利用拉塞尔不变集原理来研究系统的稳定性。令 $\dot{V}(x)\equiv0$，得 $x_3=0$，则由式（4-10）和式（4-36）可知，x_1 和 E_x 均为常数，分别记为 $x_1=\bar{x}_1$ 和 $E_x=\overline{E}$，其中，$\bar{x}_1$ 与 $\overline{E}$ 均为常数。以下分 $\overline{E}=0$ 与 $\overline{E}\neq0$ 两种情况进一步讨论。

情况一：当 $\overline{E}=0$ 时，联立式（4-9）和 $x_3=0$，得 $x_1=0$。此时在这种情况下有 $E_x=E_0$，$x_1=x_3=0$，将这些关系带入 $E(x)$ 的表达式中得

$$(a_1+a_2+2a_3)x_4^2=2(a_4+a_5)g(1-\cos x_2) \tag{4-42}$$

式（4-42）是关于 (x_1,x_3) 的一个周期性轨迹。这表明在这种情况下，驱动杆的状态将逐渐趋于零，而欠驱动杆则会做圆周运动，同时系统的总能量逐渐趋于 E_0，从而确保垂直 Pendubot 以非常自然的姿态进入到吸引区中。

情况二：当 $\overline{E}\neq0$ 时，由能量 $E(x)$ 的表达式可得

$$S_1x_4^2+T_1\sin x_2+U_1\cos x_2=W_1 \tag{4-43}$$

式中，S_1、T_1、U_1 和 W_1 均为常数。

此外，联立 $x_4=0$、式（4-39）及式（4-9）可得

$$\tau_1=-\frac{f_2(x)}{b_2(x)}=-\frac{\alpha_2x_1}{\alpha_1E_x}=\text{常数} \tag{4-44}$$

结合 $f_2(x)$ 与 $b_2(x)$ 的表达式可得

$$S_2x_4^2+T_2\sin x_2+U_2\cos x_2=W_2 \tag{4-45}$$

式中，S_2、T_2、U_2 和 W_2 均为常数。

联立式（4-43）和式（4-45）得

$$T_3\sin x_2+U_3\cos x_2=W_3 \tag{4-46}$$

根据式（4-38）可推得变量 x_1 是常数，从而 $x_3=0$。联立 $x_3=0$，$x_4=0$ 和式（4-9）可得

$$f_1(x)+b_1(x)\tau_1=0, f_2(x)+b_2(x)\tau_1=0 \tag{4-47}$$

由 $x_3=0$，$x_4=0$ 和式（4-8）可得

$$\frac{-m_{22}(q)G_1(q)+m_{12}(q)G_2(q)}{m_{21}(q)G_1(q)-m_{11}(q)G_2(q)}=-\frac{m_{12}(q)}{m_{11}(q)} \tag{4-48}$$

由式（4-48）可推得 $\det[\boldsymbol{M}(q)]=0$，这与 $\boldsymbol{M}(q)$ 是一个可逆正定矩阵存在冲突，因此，$\overline{E}\neq 0$ 这种情况并不存在。

综上可知，通过式（4-13）和式（4-21）构成的闭环系统，在其集合 $\varepsilon=\{\boldsymbol{x}\mid \dot{V}(x)\equiv 0\}$ 内存在一个不变的正子集为

$$M=\{\boldsymbol{x}\mid E(x)=E_0, x_1=x_3=0, (a_1+a_2+2a_3)x_4^2=2(a_4+a_5)g(1-\cos x_2)\} \tag{4-49}$$

根据拉塞尔不变集原理，这个闭环系统的状态最后会接近于 M，这使得垂直 Pendubot 能够以自然伸展的状态进入吸引区 Σ_1，从而确保了从摇起区到吸引区切换控制的平滑性。

在介绍完摇起控制器的设计后，为了防止摇起控制律［式(4-39)］产生奇异值，就需要对控制律中的参数进行适当的选择。

先对 β 进行设计。为了避免控制律出现奇异值，需要条件 $\alpha_1E_x+\beta b_2(x)\neq 0$ 成立。由于

$$\begin{cases}\alpha_1>0,\ \beta>0\\ b_2(x)=\dfrac{m_{11}(x)}{m_{11}(x)m_{22}(x)-m_{12}^2(x)}=\dfrac{a_1+a_2+2a_2\cos x_1}{a_1a_2-a_3^2\cos^2 x_1}>0\end{cases} \tag{4-50}$$

因此，当 $E_x\geqslant 0$ 时，有 $\alpha_1E_x+\beta b_2(x)>0$ 满足条件，然而当 $E_x<0$ 时，条件不一定成立，如果要使条件恒成立，就需要选择适当的控制参数 β。通过计算得

$$0<\frac{a_1+a_2-2a_3}{a_1a_2-a_3^2}=b_{2m}\leqslant b_2(x)\leqslant b_{2M}=\frac{a_1+a_2+2a_3}{a_1a_2-a_3^2} \tag{4-51}$$

因此，若令 β 满足

$$\beta>\frac{\alpha_1|E_x|}{b_{2m}}>0 \tag{4-52}$$

则可使 $\alpha_1E_x+\beta b_2(x)>0$，从而防止控制律产生异常情况。虽然参数 β 较大会使 $\alpha_1E_x+\beta b_2(x)>0$ 恒成立，但是由

$$\tau_1(0)=\frac{-f_2(x(0))}{b_{2M}-\dfrac{2\alpha_1E_0}{\beta}} \tag{4-53}$$

可知，参数 β 较大会使初始力矩过大。因此，需要选择合适的参数 β。

其次是控制参数 γ 的选择，通过观察 $V(x)$ 的表达式可以发现其收敛速度与参数 γ 有着直接的关系。当参数 γ 取较小值时，会使垂直 Pendubot 的收敛效率显著提升，但是此时系统能量的超调量会比较大。反之，当参数 γ 取较大值时，虽然能让系统能量有较小的超调，但垂直 Pendubot 的收敛过程缓慢。因此，选择合适的参数 γ 能使控制器得到比较好的动态性能。

4.2.4　垂直两连杆欠驱动机器人控制案例

经过上述的理论研究，可以发现参数 β 和参数 γ 可以提升垂直 Pendubot 的控制效果并让其自然地移动到吸引区，同时利用 LQR 最优控制器在该区域内抓取垂直 Pendubot 以实现最终的稳定。

本小节通过一个数值仿真实例来说明上述理论分析的正确性和有效性。通过仿真，能够直观地观察和验证控制策略在垂直 Pendubot 中的应用效果，确保理论结果在实际操作中的可行性。

仿真参数选择为 $m_1=1\text{kg}$，$m_2=1\text{kg}$；$g=9.8\text{m/s}^2$，$L_1=1\text{m}$，$L_{c1}=0.5\text{m}$，$L_2=2\text{m}$，$L_{c2}=1\text{m}$，$\beta=35$，$\gamma=55$。在以上控制参数的作用下，从初始点开始的垂直欠驱动机械臂 Pendubot 系统仿真结果如图 4-3~图 4-5 所示。

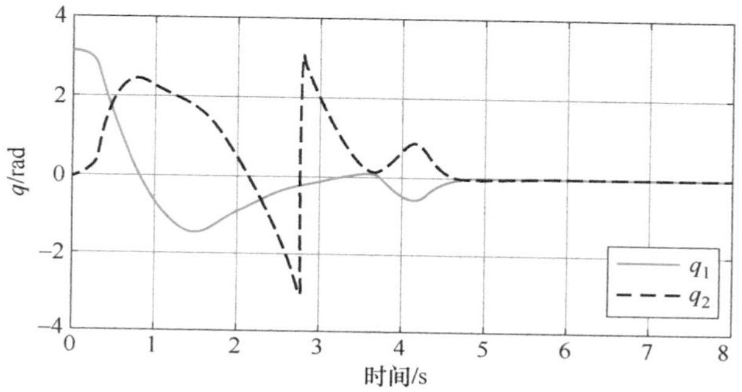

图 4-3　关节角

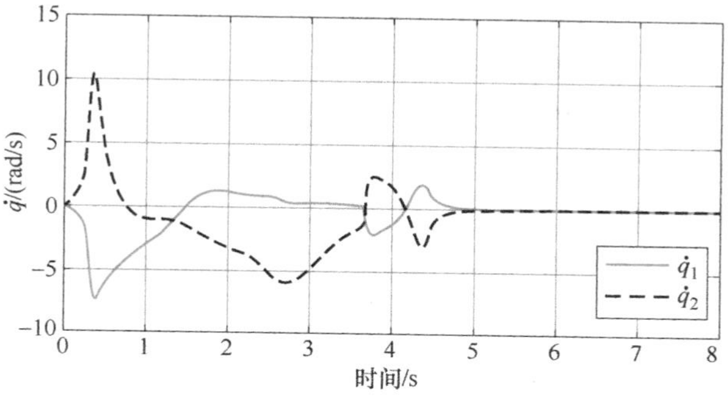

图 4-4　关节角速度

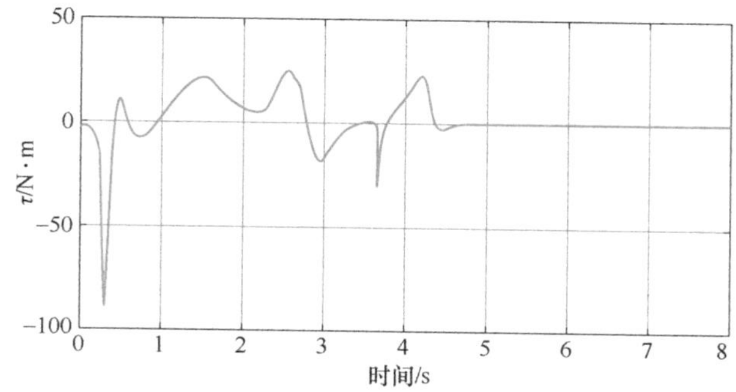

图 4-5　关节力矩

由图可知，当 $0\leqslant t<3.7\mathrm{s}$ 时，垂直 Pendubot 在摇起控制器的作用下在摇起区 Σ_2 内运动，在此过程中，系统的能量逐步累积，并且两杆开始逐渐呈现自然伸直的状态，当 $t=3.7\mathrm{s}$ 时，垂直 Pendubot 进入吸引区 Σ_1，且控制律切换为平衡控制器，在控制器的作用下，系统最终稳定在垂直向上的位置 x_u^* 处，且系统的稳定控制时间小于 4s，这也进一步证实了提出的方案是有效的。

扩展阅读

1. 模糊控制以及调参

对于摇起控制器的设计，为了使垂直 Pendubot 达到一个很好的控制效果，对控制器的参数设计尤为关键。前文对控制参数的选择较为粗略，这里可以运用模糊控制技术对参数进行更加细致地选择，从而达到更好的控制效果。

(1) 控制参数 β 的选择　令模糊控制器的输入为 $e=E_x$ 和 $w_1=b_2(x)$，输出参数为 β。此外，将 $\tau_1(t)\geqslant 1$ 设为模糊控制器的控制目标。这样做不仅可以防止摇动控制律 $\tau_1(t)$ 产生异常值，同时也能满足 $\tau_1(t)$ 在实际应用中不宜过大的需求。现在把模糊输入输出变量分成了以下 9 个模糊子集：

NVB：Negative Very Big(=−4)
NB：Negative Big(=−3)
NM：Negative Medium(=−2)
NS：Negative Small(=−1)
ZO：Zero(=0)
PS：Positive Small(=+1)
PM：Positive Medium(=+2)
PB：Positive Big(=+3)
PVB：Positive Very Big(=+4)

设计模糊控制器的模糊规则表见表 4-1。考虑到共有 9 个模糊子集的输入变量 e_1 和 ω_1，故表 4-1 包含了 81 条模糊规则。以第一行第一列为例，表示的含义是

$$\text{If } e_1=\text{NVB} \quad \text{and} \quad \omega_1=\text{NVB}, \quad \text{then } \beta_1=\text{PVB}$$

表 4-1　调节参数的模糊规则表

ω_1	e_1								
	−4	−3	−2	−1	0	+1	+2	+3	+4
−4	+4	+4	+3	+2	+1	0	−1	−2	−3
−3	+1	0	0	−1	−1	−2	−3	−3	−4
−2	0	−1	−1	−2	−2	−3	−3	−4	−4
−1	−1	−1	−2	−2	−2	−3	−3	−4	−4
0	−2	−2	−2	−3	−3	−3	−4	−4	−4
+1	−3	−3	−3	−3	−4	−4	−4	−4	−4
+2	−3	−3	−3	−4	−4	−4	−4	−4	−4
+3	−3	−4	−4	−4	−4	−4	−4	−4	−4
+4	−4	−4	−4	−4	−4	−4	−4	−4	−4

在确定模糊化规则后，采用 Mamdani 模糊推理方法，并采用如下解模糊法：

$$\beta=\frac{\sum_{i=1}^{81} M(\beta_i)\beta_i}{\sum_{i=1}^{81} \beta_i} \tag{4-54}$$

式中，β_i 为输出变量 β 的模糊值；$M(\beta_i)$ 为 β_i 的隶属函数值。由此可以得到一个确定的参数 β 用于控制。

由于上述模糊控制器得到的参数 β 在一个紧集 $[\beta_{\min},\beta_{\max}]$ 内变动，通过它的调节可使摇起控制力矩 $\tau_1\geqslant 1$，从而避免了控制率中奇异现象的出现。并且可使 τ_1 取值不会太大，满足了实际应用的需要。

（2）控制参数 γ 的选择　虽然针对控制参数 β 的选择可以有效避免摇起控制率出现奇异值，并在一定程度上改进了系统的控制性能，但由于未考虑各个李雅普诺夫函数 $V(x)$ 的收敛速度，使得垂直 Pendubot 收敛时间过长。由于 $V(x)$ 收敛速度与参数 γ 有关，当参数 γ 取较小值时，会使 $V(x)$ 收敛速度大大提高，但此时系统能量的超调量会比较大；而当参数 γ 取较大值时，虽然系统的能量具有较小的超调量，但此时系统的收敛速度会变得很慢。

为了提升系统的控制性能，仅仅依靠一个固定的常数 γ 是不够的，因此以下将采用模糊控制技术来合理选择参数 γ。将 γ 取为

$$\gamma=\gamma_0(1+\tilde{\gamma}) \tag{4-55}$$

式中，$\gamma_0>0$ 为常数；$\tilde{\gamma}$ 为满足 $-1<\tilde{\gamma}<1$ 的调节参数。

这里，通过一个模糊控制器来求 $\tilde{\gamma}$ 以避免系统的控制输入力矩产生突变，并使系统能量在达到 E_0 前是递增的，一旦进入 E_0 的某个小邻域内后便不会离开该区域。这个模糊控制器的设计与 β 参数设计类似。

2. 不分区的垂直欠驱动机器人控制方法

目前针对垂直 Pendubot 有许多不同的控制策略，其中分区控制是最为经典的控制策略。然而，当面临复杂的非线性和强耦合系统时，它的抗干扰性显得相对较弱。因此随着研究的深入，有学者提出了不分区的控制方法。

Zhang 等人利用倒转方法为垂直欠驱动机械臂设计了一条由垂直向下位置到垂直向上位置的运动轨迹，应用最优控制理论设计跟踪控制器，该方法仅用一个控制器就能够实现垂直欠驱动系统的摇起稳定控制，保证了系统的全局稳定性。Wang 等人基于轨迹规划分别对垂直两连杆、三连杆、n 连杆欠驱动机械臂进行了摇起控制策略的设计。针对垂直两连杆欠驱动机械臂，Wang 等人利用时间尺度法为主动杆设计了一条运动轨迹，并利用优化算法对轨迹参数进行了优化，最后利用滑模跟踪控制器控制系统跟踪设定轨迹，实现了系统的摇起控制。针对含单一欠驱动关节的垂直三连杆机械臂，Wang 等人通过设计由垂直向下位置到垂直向上位置的一条振荡衰减轨迹、粒子群优化算法优化轨迹参数、设计滑模跟踪控制器实现了系统的控制目标；对于 n 连杆欠驱动机械臂的摇起控制主要分两个阶段完成，即在第一阶段控制第一个主动连杆和被动连杆运动到中间角度，其余主动连杆运动到目标角度，在第二阶段控制第一个主动连杆和被动连杆运动到目标角度，而其他主动连杆保持静止。基于轨迹规划的方法避免了运动区域难以精准划分的问题，同时也有效地解决了奇异值规避问题。

4.3 平面欠驱动机器人控制

由于欠驱动系统是非线性系统，其受约束的自由度多于其控制输入个数，通常表现出非完整特性，即系统的某些自由度受约束，不可直接由控制输入操作。而其中的平面欠驱动系统，更是一类无重力约束的系统，在平衡点处进行线性化后的模型不可控，这使得其与全驱动机器人系统相比，在运动过程中需要依靠约束力来保持整体的平衡和稳定，因此其控制难度更大。考虑到欠驱动机器人中的多连杆机械臂控制的困难性与复杂性，故本节只针对平面欠驱动两连杆机械臂的控制进行详细的讲解。

对于平面欠驱动两连杆机械臂而言，根据驱动位置的不同，可将其细分为：平面 Acrobot 系统和平面 Pendubot 系统（以下简称平面 Acrobot 和平面 Pendubot）。当第一关节处没有驱动器，即力矩 $\tau_1=0$ 时，则为图 4-6a 所示的平面 Acrobot 系统；当第二关节处没有驱动器，即力矩 $\tau_2=0$ 时，则为图 4-6b 所示的平面 Pendubot 系统。这两个系统是目前最为常见的二自由度平面欠驱动机械臂系统。与垂直两连杆欠驱动系统不同，平面两连杆欠驱动系统的非完整特性完全不同。其中，平面 Acrobot 属于完整系统，而平面 Pendubot 属于二阶非完整系统。相比之下，平面 Pendubot 是一种更加难以操控的欠驱动机器人系统，其设计控制方面较为复杂，感兴趣的同学可以自行学习。

本书选择了相对简单的平面 Acrobot 作为控制对象。在接下来的章节中，关于状态约束、关节规划以及驱动关节控制器设计的内容，均基于平面 Acrobot 的动力学方程展开。

根据第 2 章建立的刚性机械臂的动力学方程，平面 Acrobot 的动力学方程可表示为

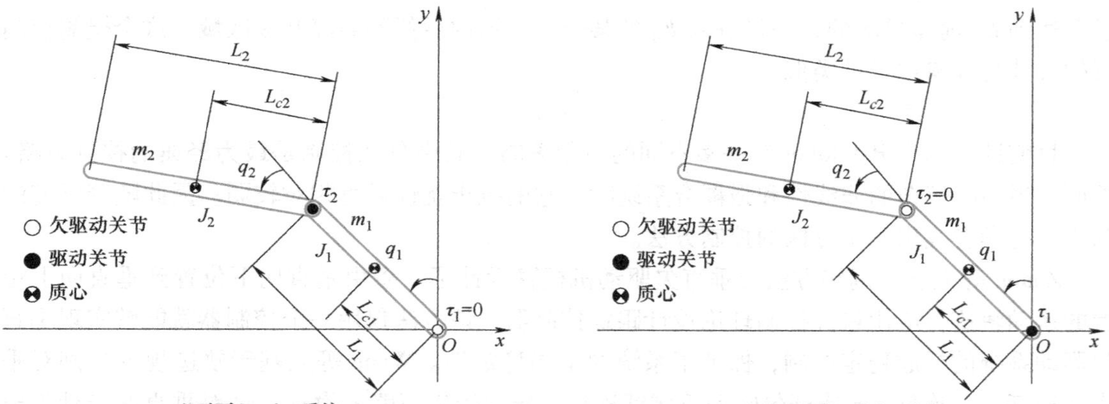

图 4-6　平面欠驱动两连杆机械臂系统

$$\begin{bmatrix} m_{11}(q_2) & m_{12}(q_2) \\ m_{12}(q_2) & m_{22} \end{bmatrix}\begin{bmatrix} \ddot{q}_1 \\ \ddot{q}_2 \end{bmatrix}+\begin{bmatrix} -a_3\dot{q}_2\sin q_2 & -a_3(\dot{q}_1+\dot{q}_2)\sin q_2 \\ a_3\dot{q}_1\sin q_2 & 0 \end{bmatrix}\begin{bmatrix} \dot{q}_1 \\ \dot{q}_2 \end{bmatrix}=\begin{bmatrix} 0 \\ \tau_2 \end{bmatrix} \tag{4-56}$$

式中，

$$\begin{cases} m_{11}(q_2)=a_1+a_2+2a_3\cos q_2 \\ m_{12}(q_2)=a_2+a_3\cos q_2, \quad m_{22}=a_2 \\ a_1=m_1L_{c1}^2+m_2L_1^2+J_1, \quad a_2=m_2L_{c2}^2+J_2, \quad a_3=m_2L_1L_{c2} \end{cases} \tag{4-57}$$

4.3.1　运动状态约束

针对欠驱动系统，一般将系统中涉及非驱动状态量的方程称为系统的约束方程，即动力学方程中力矩为零的等式。因此，依据平面 Acrobot 的动力学方程，可以得知平面 Acrobot 的约束方程为

$$m_{11}(q_2)\ddot{q}_1+m_{12}(q_2)\ddot{q}_2+H_1(q,\dot{q})=0 \tag{4-58}$$

式中，

$$H_1(q,\dot{q})=-a_3\dot{q}_1\dot{q}_2\sin q_2-a_3\dot{q}_2(\dot{q}_1+\dot{q}_2)\sin q_2 \tag{4-59}$$

根据 Oriolo 和 Nakamura 在欠驱动机械臂约束可积性的研究结论可知，式（4-58）包含有第一可积和第二可积，通过以下两个条件来判断平面 Acrobot 是否完全可积。

（1）动力学方程的第一可积条件为

1）重力力矩为常数。

2）欠驱动关节变量不在惯性矩阵中出现。

（2）动力学方程的第二可积条件为

1）第一可积条件成立。

2）惯性矩阵中欠驱动部分的零空间分布是对合的。

基于上述定义，从动力学方程［式(4-58)］可以推导出平面 Acrobot 的重力力矩为零，同时非驱动状态量 q_1 不出现在惯性矩阵中，这意味着该系统符合动力学方程的第一可积条件。接着，可以发现系统惯性矩阵中的欠驱动部分$[m_{11}(q_2)\quad m_{12}(q_2)]$是一个二维矩阵，且零空间分布是对合的，因此满足第二可积条件。综上分析论证，可以确认平面 Acrobot 的约束方程是完全可积的。

接下来将利用这一性质来对式（4-58）进行积分，以此来分别得到系统角速度之间以及角度之间的约束关系。

首先，将式（4-58）左侧展开得

$$\begin{aligned}
&m_{11}(q_2)\ddot{q}_1+m_{12}(q_2)\ddot{q}_2+H_1(q,\dot{q})\\
&=[(a_1+a_2+2a_3\cos q_2)\ddot{q}_1-2a_3\dot{q}_1\dot{q}_2\sin q_2]+[(a_2+a_3\cos q_2)\ddot{q}_2-a_3\dot{q}_2^2\sin q_2]\\
&=\frac{\mathrm{d}}{\mathrm{d}t}[(a_1+a_2+2a_3)+(a_2+a_3\cos q_2)\dot{q}_2]\\
&=\frac{\mathrm{d}}{\mathrm{d}t}[m_{11}(q_2)\dot{q}_1+m_{12}(q_2)\dot{q}_2]
\end{aligned} \tag{4-60}$$

则式（4-60）由 0 到 t 积分得

$$m_{11}(q_2)\dot{q}_1+m_{12}(q_2)\dot{q}_2+\eta_1=0 \tag{4-61}$$

式中，η_1 是一个只与初始状态 $x(0)=[q_1(0),q_2(0),\dot{q}_1(0),\dot{q}_2(0)]^{\mathrm{T}}$ 相关的常数，它表示为

$$\eta_1=-(a_1+a_2+2a_3\cos q_2)\dot{q}_1(0)-(a_2+a_3\cos q_2)\dot{q}_2(0) \tag{4-62}$$

式（4-61）为系统角速度之间的约束关系式。而对于实际控制系统来说，系统通常从静止状态启动，两杆的初始角速度都为零，即 $\dot{q}_1(0)=\dot{q}_2(0)=0$，从而可由式（4-62）推导出从 $\eta_1=0$，所以式（4-61）的角速度约束关系可进行进一步的简化为

$$m_{11}(q_2)\dot{q}_1+m_{12}(q_2)\dot{q}_2=0 \tag{4-63}$$

根据式（4-63）可知，当 $m_{11}(q_2)$和 $m_{12}(q_2)$不为零时，只要控制其中一杆的角速度为

零，那么另一杆的角速度也必定是零，而这种特性也确保了系统稳定性的控制需求得以满足。

其次，根据平面 Acrobot 完全可积对式（4-63）进行积分，从而求得系统角度之间的约束关系式。由于平面 Acrobot 的惯性矩阵是正定矩阵，且其一阶主子式 $m_{11}(q_2)>0$，故其 $a_1+a_2+2a_3\cos q_2>0$，联立式（4-57）、式（4-59）和式（4-63）可计算得到

$$\dot{q}_1=-\frac{a_2+a_3\cos q_2}{a_1+a_2+2a_3\cos q_2}\dot{q}_2 \tag{4-64}$$

进一步对式（4-64）进行积分可得

$$q_1-q_1(0)=-\int_{q_2(0)}^{q_2}\frac{a_2+a_3\cos q_2}{a_1+a_2+2a_3\cos q_2}\mathrm{d}q_2 \tag{4-65}$$

接下来，由于角度变化的周期性问题，故设 $q_1(0)$ 和 $q_2(0)$ 的取值范围为 $[-\pi,\pi]$，q_1 和 q_2 的取值范围为 $[-\pi+2k\pi,\pi+2k\pi]\,(k\in\mathbb{Z})$，以此为条件，对式（4-65）的积分结果进行分析。

当 $k\geqslant 0$ 时，式（4-65）可表达为

$$\begin{aligned}q_1-q_1(0)=&-\int_{q_2(0)}^{\pi}\frac{a_2+a_3\cos q_2}{a_1+a_2+2a_3\cos q_2}\mathrm{d}q_2-\int_{\pi}^{3\pi}\frac{a_2+a_3\cos q_2}{a_1+a_2+2a_3\cos q_2}\mathrm{d}q_2-\cdots\\&-\int_{-\pi+2k\pi}^{q_2}\frac{a_2+a_3\cos q_2}{a_1+a_2+2a_3\cos q_2}\mathrm{d}q_2\end{aligned} \tag{4-66}$$

定义 $y=\tan\left(\frac{q_2}{2}\right)$，通过三角函数关系式可知

$$\begin{cases}\cos q_2=\dfrac{1-y^2}{1+y^2}\\ \mathrm{d}q_2=\dfrac{2\mathrm{d}y}{1+y^2}\end{cases} \tag{4-67}$$

将式（4-67）代入式（4-66），同时对其进行积分换元得

$$\begin{aligned}q_1-q_1(0)=&-\int_{\tan\frac{q_2(0)}{2}}^{+\infty}[f_1(y)+f_2(y)]\mathrm{d}y-\int_{-\infty}^{+\infty}[f_1(y)+f_2(y)]\mathrm{d}y-\cdots\\&-\int_{-\infty}^{\tan\frac{q_2}{2}}[f_1(y)+f_2(y)]\mathrm{d}y\end{aligned} \tag{4-68}$$

式中，

$$\begin{cases}f_1(y)=\dfrac{a_2-a_1}{a_1+a_2+2a_3+(a_1+a_2-2a_3)y^2}\\ f_2(y)=\dfrac{1}{1+y^2}\end{cases} \tag{4-69}$$

令 $f_1(y)$ 和 $f_2(y)$ 的原函数分别为 $F_1(y)$ 和 $F_2(y)$，对式（4-69）进行积分可得

$$\begin{cases}F_1(y)=\gamma g(y)+C_1\\ F_2(y)=\arctan y+C_2\end{cases} \tag{4-70}$$

式中，C_1 和 C_2 均为常数，且

$$\begin{cases}\gamma=\dfrac{a_2-a_1}{\sqrt{(a_1+a_2)^2-4a_3^2}}\\ g(\gamma)=\arctan(\sigma\gamma)\\ \sigma=\sqrt{\dfrac{a_1+a_2-2a_3}{a_1+a_2+2a_3}}\end{cases} \tag{4-71}$$

由于 $a_1+a_2+2a_3\cos q_2>0$，因此式（4-71）中的 $(a_1+a_2)^2-4a_3^2>0$，$\sigma>0$。所以经由式（4-66）~式（4-71）可知，式（4-68）的积分结果为

$$\begin{aligned}q_1-q_1(0)=&-\left(F_1(\gamma)\Big|_{\tan\frac{q_2(0)}{2}}^{+\infty}+F_1(\gamma)\Big|_{-\infty}^{+\infty}+\cdots+F_1(\gamma)\Big|_{-\infty}^{\tan\frac{q_2}{2}}\right)-\\&\left(F_2(\gamma)\Big|_{\tan\frac{q_2(0)}{2}}^{+\infty}+F_2(\gamma)\Big|_{-\infty}^{+\infty}+\cdots+F_2(\gamma)\Big|_{-\infty}^{\tan\frac{q_2}{2}}\right)\\=&-\left\{\gamma\left[\frac{\pi}{2}-g\left(\tan\frac{q_2(0)}{2}\right)\right]+\underbrace{\left(\gamma\frac{\pi}{2}+\gamma\frac{\pi}{2}\right)+\cdots+}_{k-1}\gamma\left[g\left(\tan\frac{q_2}{2}\right)+\frac{\pi}{2}\right]\right\}-\\&\left\{\frac{\pi}{2}-\frac{q_2(0)}{2}+\underbrace{\left(\frac{\pi}{2}+\frac{\pi}{2}\right)+\cdots+}_{k-1}\left(\frac{q_2}{2}-k\pi+\frac{\pi}{2}\right)\right\}\\=&-\frac{q_2}{2}-\gamma\left[g\left(\tan\frac{q_2}{2}\right)-g\left(\tan\frac{q_2(0)}{2}\right)+k\pi\right]+\frac{q_2(0)}{2}\end{aligned} \tag{4-72}$$

在计算中，由于 C_1 和 C_2 为一常数值，因此在上述式子中的定积分计算内会被消除掉，所以为了整个计算过程中式子能表达简洁，对其进行了省略。

当 $k<0$ 时，令

$$\begin{cases}\beta=-q_2\\ \beta_0=-q_2(0)\end{cases} \tag{4-73}$$

那么根据 q_2 和 $q_2(0)$ 的取值范围，有 $\beta_0\in[-\pi,\pi]$，$\beta\in[-\pi-2k\pi,\pi-2k\pi]$，于是将其代入式（4-65）得

$$q_1-q_1(0)=\int_{\beta_0}^{\beta}\frac{a_2+a_3\cos q_2}{a_1+a_2+2a_3\cos q_2}\mathrm{d}\beta \tag{4-74}$$

根据与式（4-68）~式（4-72）相同的计算过程，可以得出式（4-74）的积分结果为

$$\begin{aligned}q_1-q_1(0)&=\frac{\beta}{2}+\gamma\left[g\left(\tan\frac{\beta}{2}\right)-g\left(\tan\frac{\beta}{2}\right)-k\pi\right]-\frac{\beta_0}{2}\\&=-\frac{q_2}{2}-\gamma\left[g\left(\tan\frac{q_2}{2}\right)-g\left(\tan\frac{q_2(0)}{2}\right)+k\pi\right]+\frac{q_2(0)}{2}\end{aligned} \tag{4-75}$$

式（4-75）的积分结果与式（4-72）的积分结果相等。

综合上述对式（4-65）的积分结果可知，对于 $k\in\mathbb{Z}$ 时，平面 Acrobot 两杆角度之间的约束关系式都为

$$q_1-q_1(0)=-\frac{q_2}{2}-\gamma\left[g\left(\tan\frac{q_2}{2}\right)-g\left(\tan\frac{q_2(0)}{2}\right)+k\pi\right]+\frac{q_2(0)}{2} \tag{4-76}$$

因此 q_1 的表达式为

$$q_1=-\frac{q_2}{2}-\gamma\left[g\left(\tan\frac{q_2}{2}\right)-g\left(\tan\frac{q_2(0)}{2}\right)+k\pi\right]+\eta_2 \tag{4-77}$$

式中，$\eta_2=q_1(0)+\dfrac{q_2(0)}{2}$为仅与初始状态有关的常数量。

结合上述的推导过程，在平面 Acrobot 的整个运动过程中，两杆角速度 $\dot{q}_1$ 和 $\dot{q}_2$ 始终满足式（4-63）的约束关系，并且由该公式的积分得到的两杆角度 q_1 和 q_2 也总能满足式（4-77）的要求。这些约束关系展示了可通过只调整平面 Acrobot 的一杆状态来达到对另一杆状态的协同操控。另外，从约束关系［式(4-63)和式(4-77)］的推导过程可看到，它们都跟控制力矩没有直接的关系，这就意味着平面 Acrobot 的角度和角速度满足的约束关系始终保持不变，且不会因为驱动力矩大小的调节而发生改变。

4.3.2 目标角度计算

本节将运用粒子群优化算法（particle swarm optimization，PSO）来对平面 Acrobot 的关节运动进行精确控制，从而实现系统末端点位置能从初始位置移动到目标位置。通过 PSO 算法优化控制输入，可以有效地规划出适合系统动力学特性和约束条件的最佳关节角度，确保系统在运动过程中稳定且能够达到预期的目标位置点。在此先对 PSO 算法进行简要的介绍，以方便对下面关节角度求解的学习和理解。

PSO 是一种智能优化算法，其核心思想是通过群体中个体之间的信息共享和合作来搜索问题的最优解。算法模拟了鸟群在搜索食物过程中的行为，通过个体粒子在解空间内的位置和速度调整，从无序到有序的运动过程，以找到问题的可行解。在这个过程中，每个粒子代表了解空间中的一个潜在解决方案，其位置和速度根据个体最优和群体最优进行调整。个体最优是粒子自身历史上获得的最佳解，而群体最优则是整个粒子群中历史上最优解的集合。通过不断地更新粒子的位置和速度，PSO 算法能够逐步优化解空间中的解，并最终收敛到问题的全局最优解或近似最优解。总结而言，PSO 算法通过模拟群体行为和信息共享，有效地在解空间内搜索问题的最优解。其简单而有效的方式，使得它在许多优化问题中被广泛运用，如机器人控制和轨迹规划等领域。

在此以假设鸟群觅食的整个过程为例来进行说明，假设在某一个 D 维度的搜索空间内存在唯一的食物资源（即最优解），而这个空间中共有 N 只小鸟（即 N 个粒子），每一只小鸟都代表着一个粒子，N 只小鸟便组成了一个鸟群（即粒子群），整个鸟群的主要任务就是找到这个食物，即寻得到整个优化问题中的最优解。其中，群落内的第 i 只小鸟表示一个 D 维的向量为

$$\boldsymbol{X}_i=(x_{i1},x_{i2},x_{i3},\cdots,\boldsymbol{x}_{i(D-1)},\boldsymbol{x}_{iD}),\quad i=1,2,3,\cdots,N \tag{4-78}$$

第 i 只小鸟的“飞行”速度也是一个 D 维的向量，其表达式为

$$\boldsymbol{V}_i=(v_{i1},v_{i2},v_{i3},\cdots,\boldsymbol{v}_{i(D-1)},\boldsymbol{v}_{iD}),\quad i=1,2,3,\cdots,N \tag{4-79}$$

第 i 只小鸟在迄今为止所搜索到的最优位置则代表着单个的个体极值，其表达式为

$$\boldsymbol{P}_{\text{best}}=(p_{i1},p_{i2},p_{i3},\cdots,\boldsymbol{p}_{i(D-1)},\boldsymbol{p}_{iD}),\quad i=1,2,3,\cdots,N \tag{4-80}$$

整个鸟群在迄今为止内所搜索到的最优位置代表着整体的全局极值，其表达式为

$$\boldsymbol{G}_{\text{best}}=(p_{g1},p_{g2},p_{g3},\cdots,p_{g(D-1)},p_{gD}) \tag{4-81}$$

而在得到这两个极值后，整个鸟群将根据式（4-82）来对速度和位置进行迭代更新，从而找到最优解。

$$\begin{cases}v_{id}=wv_{id}+c_1r_1(p_{id}-x_{id})+c_2r_2(p_{gd}-x_{id})\\x_{id}=x_{i(d-1)}+v_{id}\end{cases} \tag{4-82}$$

式中，w 为惯性权重值，其决定了粒子在更新速度时对当前速度的继承程度，通过调整惯性系数，可以在全局搜索和局部搜索之间找到平衡，是 PSO 算法中的重要改进参数之一，若惯性权重值较高，则粒子的运动更倾向于维持其现有的速率，这有助于提升整体搜寻效果，相反，如果惯性权重值较低，那么粒子会更加容易被个体的最佳解决方案或整个种群的最优方案所影响，这样能提高对局部问题的解决效率，因此，需要适当地调节惯性权重来平衡 PSO 算法的搜索效力和寻找最优结果的能力；c_1 为个体学习因子，是调整粒子在更新过程中局部最优值权重的参数；c_2 为全局学习因子，是调整全局最优值权重的参数，当个体学习因子 c_1 取值为零，即 $c_1=0$，粒子只通过“社会经验”进行学习，即只受到群体中历史上的最佳解的影响，在这种情况下，粒子的收敛速度通常比常规方法更快，但也更容易陷入局部极值，相反，当全局学习因子 c_2 取值为零，即 $c_2=0$，粒子则只通过“个体经验”进行学习，忽略了群体中其他粒子的信息交流，使得搜索变为一种随机过程，从而降低了获取全局极值的可能性，调整个体学习因子和全局学习因子的数值，可以在局部搜索和全局搜索之间找到一个平衡；r_1 与 r_2 为[0,1]范围内的随机值。

粒子群优化算法流程如图 4-7 所示。

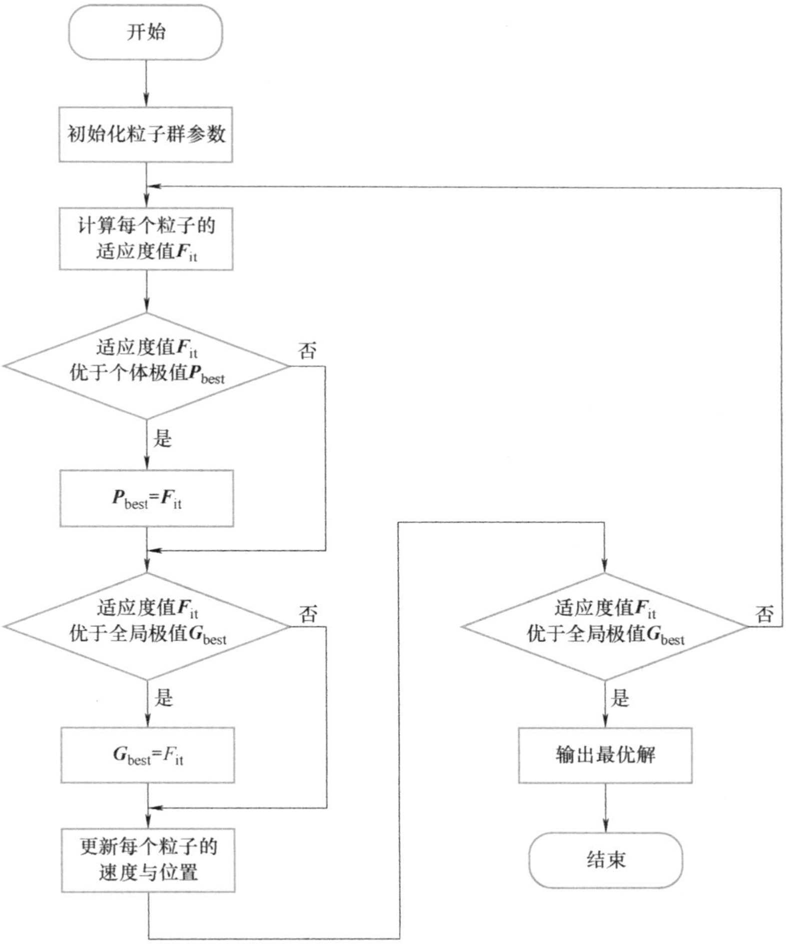

图 4-7　粒子群优化算法流程

基于对上述粒子群优化算法的概念理解，在采用该方法来对平面 Acrobot 的关节规划之前，首先得求解搜索端点目标位置所对应的目标角度，然后构造位置与两个角度之间的几何约束关系。平面 Acrobot 的结构如图 4-8 所示，可以得到端点位置与两个角度之间的几何约束关系式为

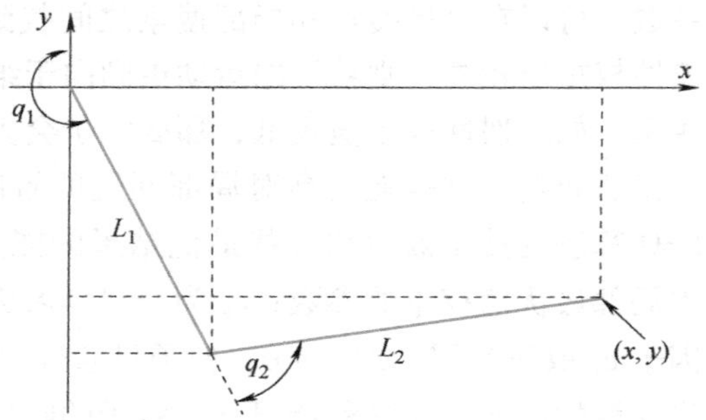

图 4-8　平面 Acrobot 结构示意图

$$\begin{cases}x=-L_1\sin q_1-L_2\sin(q_1+q_2)\\ y=L_1\cos q_1+L_2\cos(q_1+q_2)\end{cases}\tag{4-83}$$

将式（4-77）代入式（4-83）可得

$$\begin{cases}x=-L_1\sin\left(-\dfrac{q_2}{2}-\gamma\left[g\left(\tan\dfrac{q_2}{2}\right)-g\left(\tan\dfrac{q_2(0)}{2}\right)+k\pi\right]+\eta_2\right)-\\ \qquad L_2\sin\left(-\dfrac{q_2}{2}-\gamma\left[g\left(\tan\dfrac{q_2}{2}\right)-g\left(\tan\dfrac{q_2(0)}{2}\right)+k\pi\right]+\eta_2+q_2\right)\\ y=L_1\cos\left(-\dfrac{q_2}{2}-\gamma\left[g\left(\tan\dfrac{q_2}{2}\right)-g\left(\tan\dfrac{q_2(0)}{2}\right)+k\pi\right]+\eta_2\right)+\\ \qquad L_2\cos\left(-\dfrac{q_2}{2}-\gamma\left[g\left(\tan\dfrac{q_2}{2}\right)-g\left(\tan\dfrac{q_2(0)}{2}\right)+k\pi\right]+\eta_2+q_2\right)\end{cases}\tag{4-84}$$

因此，目标函数可定义为

$$h(q_2)=|x-x_{\rm d}|+|y-y_{\rm d}|\tag{4-85}$$

式中，$(x_{\rm d},y_{\rm d})$为端点目标位置。

根据式（4-85）可知，$h(q_2)=0$ 的解为主动连杆的目标角度 $q_{2\rm d}$，将 $q_{2\rm d}$代入式（4-77）可以得到被动连杆的目标角度 $q_{1\rm d}$。

接下来，将利用 PSO 算法来对 $h(q_2)=0$ 求最优解。先将每个粒子的位置定义为 $s_j=q_2$，则第 j 个粒子的速度和位置更新方程为

$$\begin{cases}v_j(K+1)=wv_j(K)+c_1r_1(p_j-s_j(K))+c_2r_2(p_g-s_j(K))\\ s_j(K+1)=s_j(K)+v_j(K+1)\end{cases}\tag{4-86}$$

式中，$s_j(K)$为第 j 个粒子的位置；$v_j(K)$为第 j 个粒子的速度；p_j 为第 j 个粒子在运动历史中经过的最优位置；而 p_g 为全局运动历史中经过的最优位置；K 为整个粒子群的迭代次数；$j=1,2,\cdots,n$，n 代表着粒子群的个数。

粒子群中个体历史最优位置的更新公式为

$$p_j=\begin{cases}p_j, & h(s_j(K))>h(s_j(K-1))\\ s_j(K), & h(s_j(K))\leqslant h(s_j(K-1))\end{cases}\tag{4-87}$$

整个运动历史过程中最优位置的更新公式为

$$p_g=\operatorname{argmin}\{h(p_j)\}\tag{4-88}$$

式中，argmin 代表着选取 $h(p_j)$的最小参数。

速度约束条件为

$$v_i(K+1)\leqslant v_{\max}\tag{4-89}$$

式中，v_{max}为正常数值，代表着速度的最大值。

整个目标角度的求解步骤如下：

步骤 1：对粒子群进行初始化，包括群体的规模数量 n、每个粒子的位置 s_j、粒子的速度 v_j，以及粒子的最优位置 p_j 和全局最优位置 p_g。

步骤 2：通过迭代更新方程式（4-81）来对 n 个粒子的位置以及速度进行更新，其中粒子的最大更新速度受到式（4-89）的限制，因此其更新后的速度值不能超过设置的限制值，否则将结束整个更新过程；但如果在更新过程中，$K=K_{max}$则整个训练过程也将自动结束。

步骤 3：将 n 个粒子的位置分别代入目标函数 $h(p_j)$，从而计算出各粒子的适应度值。

步骤 4：根据所得到的 n 个适应度值，将其分别代入式（4-87）与式（4-88）中进行运算，更新粒子的个体极值以及粒子群中的全局极值。

步骤 5：如果所有适应度值均为零，则将全局迭代过程中的最优位置 p_g 作为活动连杆的目标角度 q_{2d}，否则将重新跳到步骤 2。

步骤 6：将目标角度 q_{2d}代入式（4-77）中，计算得到被动连杆的目标角度 q_{1d}。

4.3.3　驱动关节控制器设计

根据对以上两节的推导分析，主动连杆和被动连杆之间存在角速度约束和角度约束的关系。因此，当主动连杆达到目标角度时，被动连杆也会相应地达到目标角度。因此，本小节将针对主动连杆，基于李雅普诺夫函数的方法设计控制器，控制其由初始位置角度运动至目标角度，从而使平面 Acrobot 的末端点由初始位置运动至目标位置。

首先，在此先给予一个定义。

定义 4-5（最大不变量集）：假设系统存在一个李雅普诺夫函数 $V(x)$ 为

$$\dot{x}=f(x) \tag{4-90}$$

当$\|x\|\to\infty$ 时，$V(x)\to\infty$，且设 $\psi=\{x_p \mid \dot{V}(x)=0\}$。此时如果存在一个 $\Omega\subset\psi$，且当 $t\to\infty$ 时，$x(t)\to\Omega$，那么则将这个集合 Ω 称为系统的最大不变量集。

为方便于接下来的描述，将平面 Acrobot 的动力学方程式用状态向量的形式表示，即令 $\boldsymbol{x}=[x_1\quad x_2\quad x_3\quad x_4]^{\mathrm{T}}=[q_1\quad q_2\quad \dot{q}_1\quad \dot{q}_2]^{\mathrm{T}}$，则式（4-58）可改写为

$$\begin{cases}\dot{x}_1=x_3\\ \dot{x}_2=x_4\\ \dot{x}_3=A_1(x)+B_1(x)\tau_2\\ \dot{x}_4=A_2(x)+B_2(x)\tau_2\end{cases} \tag{4-91}$$

式中，$A_i(x)$和 $B_i(x)(i=1,2)$为非线性函数，表达式为

$$\begin{cases}\begin{bmatrix}A_1(x)\\A_2(x)\end{bmatrix}=m^{-1}(x)\begin{bmatrix}-H_1(x)\\-H_2(x)\end{bmatrix}=\dfrac{1}{\Delta(x)}\begin{bmatrix}m_{12}(x)H_2(x)-m_{22}(x)H_1(x)\\m_{12}(x)H_1(x)-m_{11}(x)H_2(x)\end{bmatrix}\\ \begin{bmatrix}B_1(x)\\B_2(x)\end{bmatrix}=m^{-1}(x)\begin{bmatrix}0\\1\end{bmatrix}=\dfrac{1}{\Delta(x)}\begin{bmatrix}-m_{12}(x)\\m_{11}(x)\end{bmatrix}\end{cases} \tag{4-92}$$

式中，

$$\Delta(x)=m_{11}(x)m_{22}(x)-m_{12}^2(x) \tag{4-93}$$

构建李雅普诺夫函数为

$$V(x)=\frac{1}{2}(x_2-q_{2d})^2+\frac{1}{2}x_4^2 \tag{4-94}$$

对函数 V 求关于时间 t 的导数为

$$\dot{V}(x)=\frac{\mathrm{d}}{\mathrm{d}t}V(x)=\frac{\partial V}{\partial x}\times\frac{\partial x}{\partial t}=x_4[x_2-q_{2\mathrm{d}}+A_2(x)+B_2(x)\tau_2] \tag{4-95}$$

结合式（4-57）和式（4-92）可以得知 $B_2(x)>0$，因此可将第二关节的控制律定义为

$$\tau_2=\frac{-x_2+q_{2\mathrm{d}}-A_2(x)-\lambda x_4}{B_2(x)} \tag{4-96}$$

式中，常数 $\lambda>0$，为调节收敛速度的控制参数。

接下来，根据式（4-92）可以得知控制律（4-96）在其取值范围内并不存在奇异点。因此可将式（4-96）代入式（4-95）得

$$\dot{V}(x)=-\lambda x_4^2\leqslant 0 \tag{4-97}$$

根据式（4-97），当且仅当 $x_4=0$ 时，$\dot{V}(x)=0$。同时利用拉塞尔不变集原理来证明控制律［式(4-96)］和系统［式(4-91)］的最终运动状态。

对于处于控制律［式(4-96)］下的系统［式(4-91)］，其拉塞尔最大不变量集为

$$\Omega:(x_2,x_4)=(q_{2\mathrm{d}},0) \tag{4-98}$$

根据式（4-98）可知，只需讨论当 $\dot{V}(x)=0$ 时，系统的收敛性。

当 $\dot{V}(x)=0$ 时，则 $V(x)$ 为一个常数，且根据式（4-97）可知 $x_4=0$，而这意味 x_2 也为常数。而如果 x_2 为常数则存在着以下两种情况：

情况 1：

$$x_2=q_{2\mathrm{d}} \tag{4-99}$$

在此情况下，若 $\dot{V}(x)=0$，那么根据式（4-91）可得出 $x_4=\dot{x}_2=0$，则以上都处于最大不变量集中。

情况 2：

$$x_2\neq q_{2\mathrm{d}} \tag{4-100}$$

采用反证法来证明在情况 2 中 x_2 为常数。首先假设整个系统在 $x_2=\bar{q}_{2\mathrm{d}}\neq q_{2\mathrm{d}}$ 和 $x_4=0$ 处是稳定的；那么根据角速度的约束条件可知 $x_3=0$，且结合式（4-58）和式（4-92）可知 $A_2(x)=0$；将上述结果代入式（4-96）得

$$\tau_2=\frac{-\bar{q}_{2\mathrm{d}}+q_{2\mathrm{d}}}{B_2(x)} \tag{4-101}$$

由于 $B_2(x)\big|_{x_2=\bar{q}_{2\mathrm{d}}}$ 为一个正常数且 $\bar{q}_{2\mathrm{d}}\neq q_{2\mathrm{d}}$，以此可以很容易证明 $\tau_2\neq 0$，进一步从式（4-91）得到 $\dot{x}_4\neq 0$，而这与最开始的假设条件 $x_4=0$ 相矛盾。因此，在情况 2 中，x_2 不可能为常数，只有在情况 1 中才符合。

通过上述的证明可知，在控制律［式(4-96)］下，系统状态连续收敛于最大不变量集 Ω，达到了控制的目标。同时，通过式（4-63）和式（4-77）也进一步证明了 $x_1=q_{1\mathrm{d}}$ 和 $x_3=0$，从而确保了两杆的角度和角速度都接近目标状态。

4.3.4 平面两连杆欠驱动机器人控制案例

本小节中，将对前述有关平面 Acrobot 的运动状态约束、目标角度求解，以及关节控制器设计的理论阐释进行实证检验，以证明其准确性。在

MATLAB 的环境下利用 Simulink 工具搭建出平面 Acrobot 模型并进行数值仿真实验。在实验过程中，平面 Acrobot 的仿真参数见表 4-2。

表 4-2　平面 Acrobot 的仿真参数

第 i 杆	m_i/kg	L_i/m	L_{ci}/m	J_i/kg · m^2
$i=1$	1.0	1.0	0.5	0.0833
$i=2$	1.0	1.0	0.5	0.0833

根据表 4-2 中的参数，结合式（4-57）和式（4-71）可以计算出 $a_1=1.333\text{kg}\cdot\text{m}^2$，$a_2=0.333\text{kg}\cdot\text{m}^2$，$a_3=0.500\text{kg}\cdot\text{m}^2$，$\gamma=0.750$。两杆的初始角度设为 $q_1(0)=0\text{rad}$ 和 $q_2(0)=0\text{rad}$，端点处的初始位置为$(x_0,y_0)=(0,2)\text{m}$。

粒子群优化算法的相关参数见表 4-3。

表 4-3　粒子群优化算法的相关参数

w	c_1	c_2	n	$K_{\max}$	$v_{\max}$
0.8	1.5	1.5	15	1000	15

当端点目标位置设计为$(x_d,y_d)=(1.5,1.2)\text{m}$，使用粒子群优化算法搜索目标角度为 $q_{1d}=-0.609\text{rad}$，$q_{2d}=5.710\text{rad}$。图 4-9～图 4-12 给出了在这些初始条件下系统的角度 q、角速度 $\dot{q}$、运动位置(x,y)以及力矩 τ 的仿真曲线。

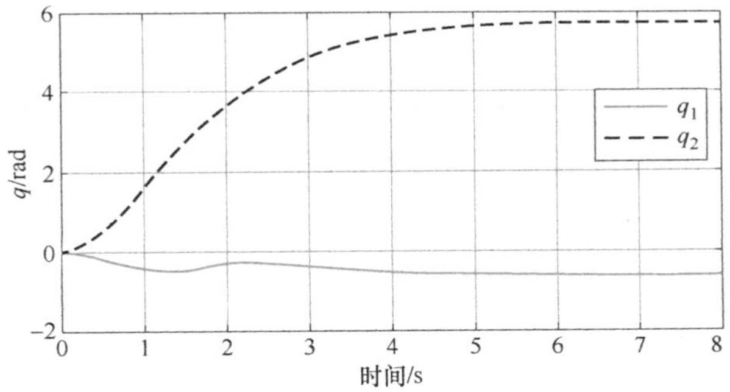

图 4-9　关节角度

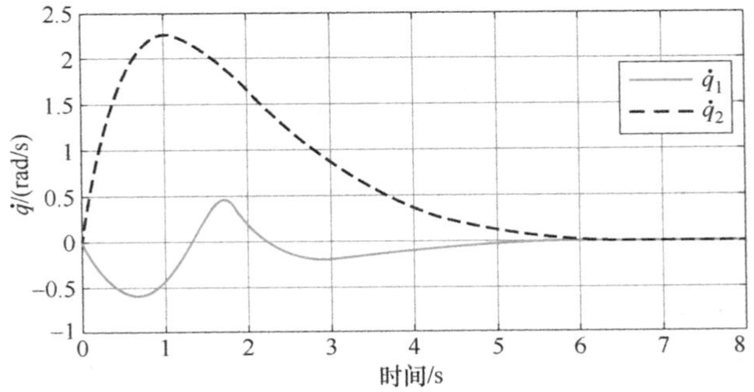

图 4-10　关节角速度

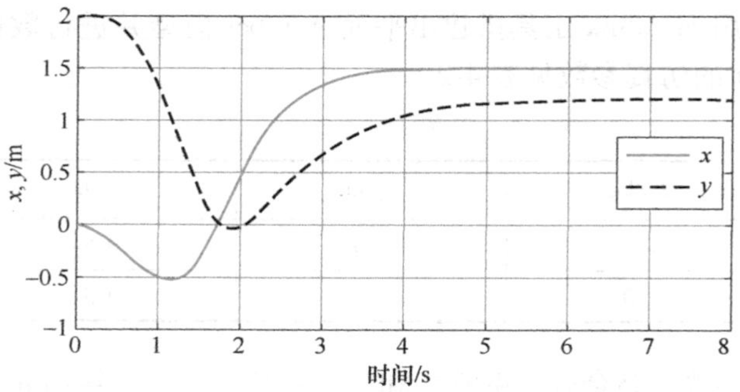

图 4-11　运动位置

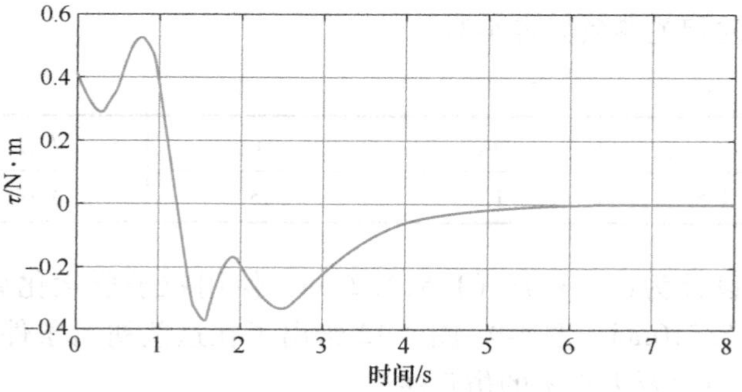

图 4-12　关节力矩

从图中可以看出，在 $t=6\mathrm{s}$ 时，q_1 和 q_2 都达到了各自的目标角度；此时的角速度 $\dot{q}_1$ 和 $\dot{q}_2$ 也达到了 0；并且力矩 τ 的范围为-0.5~0.5N·m；而端点处位置已处于目标位置(1.5,1.2) m 处。仿真数据显示，所提出的控制策略具有快速响应和控制输入小的优势。

扩展阅读

针对第一关节为欠驱动的平面三连杆机械系统，基于系统运动特性分析，将系统运动过程分成两个阶段，各阶段通过维持其中一根驱动连杆角度为常值而使系统类似于一个平面 Acrobot。基于平面 Acrobot 的完整特性，系统具有两个角度约束关系。这些约束关系描述了主动连杆和被动连杆之间的角度依赖性，即当主动连杆达到目标角度时，被动连杆也随之确定其角度。依据这两个角度的限制关系，创建一个关于系统末端点目标位置的目标函数。应用粒子群优化算法，有效地求解这个目标函数，获得使系统各连杆角度达到目标的最优解。依据各阶段的控制目标，可以构造李雅普诺夫函数来设计控制器，通过逐步控制各驱动连杆角度趋向目标值，并连带控制欠驱动连杆角度达到目标值。这种控制策略有效地实现了系统末端点位置的控制目标。但是，对于 n 连杆，则该控制策略涉及 $n-1$ 组控制器设计和 $n-2$ 次切换，设计复杂且耗时。

为解决上述问题，改善控制性能，提出基于模型降阶的两阶段控制策略。在保证系统末端点目标位置可达的条件下，选取两个驱动关节 u 和 v 作为平面虚拟三连杆欠驱动系统的驱动关节，而在整个系统运动过程中维持其余 $n-3$ 根驱动连杆角度为初始值，使得系统降阶为平面虚拟三连杆欠驱动系统。通过依次控制降阶系统的驱动关节的 u 和 v 的角度趋于各自的目标值，从而实现系统末端点的位置控制目标。由于该控制策略中控制切换次数的减少，控制时间也随之减少。

本章小结

本章从欠驱动机器人的原理与发展切入，介绍了欠驱动的控制难点，强调了欠驱动机器人控制研究的必要性，分别阐述了两种类型的欠驱动机器人控制方式：垂直欠驱动机器人的控制和平面欠驱动机器人的控制。

首先，本节选择了最为经典的垂直 Pendubot 系统展开特性分析和控制器设计。通过对垂直 Pendubot 系统的模型分析发现该系统存在非线性环节，不能严密反馈线性化，但是垂直向上平衡点处的线性近似模型是可控的。针对垂直 Pendubot 系统的非线性特性，选择了分区控制方法，即对系统的工作空间进行分区，在相应区域分布设计控制器以实现控制。将垂直 Pendubot 系统的运动区间划分为吸引区与摇起区：吸引区由于可以反馈线性化，故使用 LQR 控制；摇起区由于不能反馈线性化，故使用基于李雅普诺夫函数来设计控制器。之后在扩展阅读中对上述控制策略进行补充与拓展，最后对垂直 Pendubot 系统进行仿真实例控制，以验证分区控制策略的有效性。

之后介绍了平面欠驱动机器人的特性和控制器设计。在这一部分，基于平面 Acrobot 系统的动力学模型，深入计算了系统角度之间的约束关系。由角度约束关系可知，当驱动连杆被调整到某一角度时，被动连杆也会连带稳定到某一特定角度。这说明仅仅通过控制主动连杆角度达到目标角度，就可以将平面 Acrobot 系统的末端点稳定在目标位置上。而针对这一目标角度求解的问题，采用智能算法中的粒子群优化算法对连杆目标角度进行迭代计算，从而求得最优解。最后，在此基础上，结合李雅普诺夫函数设计驱动连杆的控制器，从而快速实现平面 Acrobot 系统的控制目标。

习　题

4-1　欠驱动机器人有哪些类别？欠驱动系统的控制难点是什么？

4-2　为什么针对垂直欠驱动机器人要分区控制？如果不分区控制有什么挑战？

4-3　本章讨论的垂直欠驱动机器人是 Pendubot 系统，如果是 Acrobot 系统又该如何进行分区控制设计控制器？

4-4　本章讨论的平面欠驱动机器人是 Acrobot 系统，如果是 Pendubot 系统又该如何进行目标角度的求解，从而设计控制器？

4-5　试用枚举法来求解目标角度 q_1 和 q_2。

参考文献

[1]　高丙团，陈宏钧，张晓华. 欠驱动机械系统控制设计综述 [J]. 电机与控制学报，2006，10 (5)：541-546.

[2]　KOLMANOVSKY I，MCCLAMROCH N H. Developments in nonholonomic control problems [J]. IEEE Con-

trol Systems Magazine, 1995, 15 (6): 20-36.

[3] 熊培银，赖旭芝，吴敏. 基于模型退化的平面四连杆欠驱动机械系统位置控制 [J]. 控制与决策，2015，30（7）：1277-1283.

[4] HUNT L R, SU R, MEYER G. Global transformations of nonlinear systems [J]. IEEE Transactions on Automatic Control, 1983, 28 (1): 24-31.

[5] BROCKETT R W. Asymptotic stability and feedback stabilization [J]. Differential Geometric Control Theory, 1983, 27 (1): 181-191.

[6] 张安彩，赖旭芝，佘锦华，等. 基于倒转方法的欠驱动 Acrobot 系统稳定控制 [J]. 自动化学报，2012，38（8）：1263-1269.

[7] WANG L J, LAI X Z, ZHANG P, et al. A control strategy based on trajectory planning and optimization for two-link underactuated manipulators in vertical plane [J]. IEEE Transactions on Systems, Man, and Cybernetics: Systems, 2022, 52 (6): 3466-3475.

[8] 王乐君，孟庆鑫，赖旭芝，等. 垂直三连杆欠驱动机械臂通用控制策略设计 [J]. 控制理论与应用，2020，37（12）：2493-2500.

[9] WANG L J, LAI X Z, ZHANG P, et al. A unified and simple control strategy for a class of n-link vertical underactuated manipulator [J]. ISA Transactions, 2022, 128: 198-207.

[10] 潘昌忠，罗晶，李智靖，等. 平面欠驱动柔性机械臂的 PSO 轨迹优化与自抗扰振动抑制 [J]. 振动与冲击，2022，41（14）：181-189.

[11] 黄自鑫，赖旭芝，王亚午，等. 基于轨迹规划的平面三连杆欠驱动机械臂位置控制 [J]. 控制与决策，2020，35（2）：382-388.

[12] 余跃庆，梁浩，张卓. 平面 4 自由度欠驱动机器人的位置和姿态控制 [J]. 机械工程学报，2015，51（13）：203-211.

[13] 乔尚岭，刘荣强，郭宏伟，等. 3-DOF 索杆桁架式欠驱动机械手运动控制 [J]. 机械工程学报，2020，56（23）：78-88.

[14] 何广平，陆震，王凤翔. 平面三连杆欠驱动机械臂谐波函数控制方法 [J]. 航空学报，2004，25（5）：520-524.

[15] 刘东，万雄波，王亚午，等. 基于模型降阶与链式结构的平面欠驱动机械臂位姿控制 [J]. 中国科学：信息科学，2020，50（5）：718-733.

[16] 熊培银，赖旭芝，吴敏. 一类二阶非完整平面欠驱动机械系统位姿控制 [J]. 东南大学学报（自然科学版），2015，45（4）：690-695.

第5章　柔性机器人

导　读

柔性机器人以其卓越的灵活性、可变形性和强大的环境适应能力，正在推动机器人技术在多个应用领域蓬勃发展。本章聚焦于柔性机器人这一先进机器人技术领域。首先，探讨柔性关节机器人和柔性连杆机器人，阐述它们的基本概念、特性及应用场景。随后，详细介绍这两类柔性机器人的建模方法，为读者提供系统的理论基础。最后，通过精选的实例，生动地展示柔性关节机器人和柔性连杆机器人的控制策略及其实际应用，旨在帮助读者将理论知识与实践紧密结合，全面把握柔性机器人技术的核心要素。

本章知识点

- 柔性关节机器人的建模与控制
- 柔性连杆机器人的建模与控制

5.1　引言

传统机器人通常采用刚性结构和材料设计，其关节和连杆均为刚性，因此被称为刚性机器人。这类机器人具有负载能力强、稳定性高等优点，在工业生产中得到广泛应用。然而，绝对刚性的机器人实际上并不存在，任何机械结构都存在一定程度的柔性。这种固有的柔性对刚性机器人的设计提出了挑战，主要体现在连杆长度和粗细的选择上。过长的连杆会增加重量并显著增强结构的柔性，从而影响系统稳定性；而过短的连杆则会限制机器人的工作范围。随着应用场景的日益复杂，传统刚性机器人在能耗、灵活性和安全性等方面的局限性逐渐显现。因此，具有轻量化、低能耗和高响应速度特点的柔性机器人成为机器人研究领域的重要发展方向。

柔性机器人的设计理念与传统刚性机器人有着显著差异。与追求高刚度的传统设计不同，柔性机器人通常采用细长结构和低刚度材料，并在关节处引入柔性构件，以增强其运动的柔顺性。这种设计思路带来了多方面的优势：①提高了机器人的灵活性，使其能够适应更复杂的工作环境；②扩大了工作面积，增加了操作范围；③显著提升了人机交互的安全性，减少了潜在的碰撞风险。根据柔性特征的不同，柔性机器人可以进一步分为两大类：柔性关节机器人和柔性连杆机器人。这两类机器人在结构和性能上各有特点，适用于不同的应用场景。

柔性关节机器人的发展源于对机器人灵活性和安全性日益增长的需求。传统刚性机器人虽然在工业制造领域表现卓越，但在人机协作、医疗手术和服务型机器人等应用场景中，其固有的安全隐患和灵活性不足逐渐凸显。为应对这些挑战，研究人员开始探索柔性关节的创新设计。柔性关节通过采用弹性材料和特殊结构，使机器人关节能够在外力作用下产生弹性变形，从而显著提升其灵活性和环境适应能力。这种设计不仅能有效吸收冲击，降低对周围环境和机器人自身的潜在损伤，还能使机器人在复杂多变的环境中更加灵活自如地执行任务。

生物启发设计理念是柔性关节发展的另一重要推动力。自然界中的生物，尤其是人类和动物，拥有高度灵活的关节和肌肉系统，使其能在各种复杂环境中高效运动和操作。研究人员借鉴这些生物系统的结构和功能特性，成功开发出具有类似性能的柔性关节机器人。图 5-1 所示的人形机器人就是一个典型例子，其柔性关节设计不仅提高了机器人的运动灵活性和安全性，还为其在医疗、救援、养老、护理等领域的广泛应用开辟了新的途径。这种柔性关节技术的进步，标志着机器人工程向着更加智能、安全和人性化的方向迈进，为未来人机协作和服务型机器人的发展奠定了坚实基础。

图 5-1　人形机器人

此外，柔性关节的发展与谐波减速器和柔性联轴器等机械元件的设计与应用密不可分。谐波减速器凭借卓越的高减速比、精确控制和高扭矩密度特性，在机器人关节设计中得到广泛应用。谐波减速器的核心组件，即柔性波发生器和柔性齿轮，在实现高性能的同时，也为关节系统引入了一定程度的柔性特性。与此同时，柔性联轴器在驱动器与负载之间扮演着关键的连接角色。这种设计巧妙地允许一定范围内的轴向、径向和角向位移，有效地补偿了因安装误差、热膨胀等因素导致的微小变形。这些机械元件在机器人中的广泛应用显著提升了机器人关节的柔性特征。

柔性连杆机器人的设计和应用是现代机器人学中一个引人注目的研究方向。这类机器人的独特之处在于其连杆的柔性特性，这主要源于精心的结构设计和材料选择。通过优化这两个关键方面，可以在不增加机器人整体重量的前提下，显著延长连杆长度，从而大幅扩展机器人的工作范围。图 5-2 所示为空间站机器人，其连杆采用细长结构设计。这种设计不仅有效降低了发射成本（这在航天应用中尤为重要），还为机器人提供了更为广阔的工作空间。在材料选择方面，一些柔性连杆机器人采用高分子材料和复合材料，这些材料具有优良的弹性和可变形性，能够在外力作用下发生变形，并在外力消除后恢复原状。正是这些独特的材料特性，使得柔性连杆机器人能在各种复杂的人机交互场景中表现出色，展现出传统刚性机器人所不具

图 5-2　空间站机器人

备的优势。

除了在工作范围和人机交互方面的优势，柔性连杆在精细化操作中同样展现出显著的优势。精细化操作通常要求机器人具备极高的精度和灵活性，能够在微小尺度上执行复杂的任务。柔性连杆的材料和结构特性使其能够更好地适应复杂和狭小的操作环境，有效减少因刚性限制所带来的操作困难。此外，柔性连杆机器人的控制方法还具有出色的振动抑制能力，能够快速有效缓解外部冲击带来的结构振动，从而显著提高操作的稳定性和精确度。这些特性使得柔性连杆机器人在生物医学领域，如微创手术中的组织切割和缝合，以及细胞研究中的细胞操作和转移等应用中，展现出广阔的应用前景。

尽管柔性机器人在多个领域展现出了显著的优势和应用前景，但其固有的柔性特性也为控制系统设计带来了一系列挑战。首先，关节的弹性和可变形性可能导致机器人在执行任务时出现预期之外的形变和位移，这就需要引入额外的传感器和反馈机制，以实时监测和调整关节位置，这无疑增加了控制系统的复杂性。其次，柔性连杆在受力时会发生弯曲变形，使得柔性连杆机器人成为具有无限自由度的分布参数系统，其动力学模型也随之变为无限维，这一特性使得传统刚性机器人的建模方法难以直接应用于柔性连杆机器人。因此，如何构建有限维度的近似模型以准确描述柔性连杆机器人的动力学行为，成为了该领域研究的核心问题之一。

关节和连杆的柔性虽然带来了灵活性和适应性的优势，但也会导致机器人在运动过程中出现弹性振动。传统刚性机器人的控制方法难以有效抑制这种振动，迫使柔性机器人只能被动等待振动自然衰减，这显著降低了工作效率和控制精度。更为严重的是，在某些情况下，关节和连杆的柔性可能引发机械共振，不仅可能导致控制系统失稳，还可能造成机器人自身的疲劳损坏，甚至危及周围设备和人员的安全。由于柔性机器人系统的动力学特性复杂，状态变量众多，其振动控制问题变得尤为棘手。因此，深入研究柔性机器人的振动控制理论与方法具有重要的理论和实际意义，它不仅关系到系统的稳定性和人机交互的安全性，还直接影响机器人的工作效率和应用范围。

基于上述分析，本章以柔性关节机器人与柔性连杆机器人为研究对象，系统深入地学习柔性机器人的建模与控制方法。

5.2　柔性机器人建模

5.2.1　柔性关节机器人建模

在柔性机器人中，关节柔性是一个重要的特性，它指的是机器人关节在受力时会发生微小的弹性变形。为了更好地理解和分析这种现象，可以将关节柔性等效为连杆与电动机之间存在一个扭簧。这种等效方法提供了一种简化的思路，使得复杂的柔性问题变得更容易处理。简化后的单连杆柔性关节机器人平面图如图 5-3 所示，其柔性关节的结构如图 5-4 所示。

扭簧等效模型是描述柔性关节机器人动力学特性的一种重要方法。这种模型的基本原理源于经典力学中的胡克定律，该定律指出，在弹性限度内，物体的形变量与施加的力成正比。在柔性关节机器人的扭簧等效模型中，机器人关节的柔性被视为一个扭簧，当关节受到外力时，会发生类似于扭簧的形变。扭簧的扭转角度与施加的扭矩之间的关系可以通过扭簧的刚度系数来描述。通过这种等效方法，可以将复杂的关节柔性问题简化为更容易处理的力学问题。

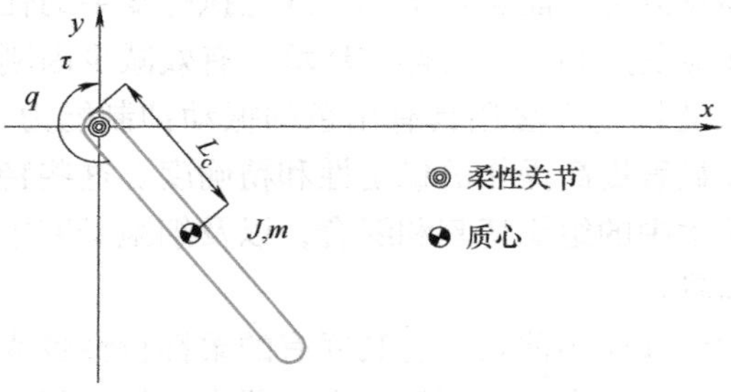

图 5-3　简化后的单连杆柔性关节机器人平面图

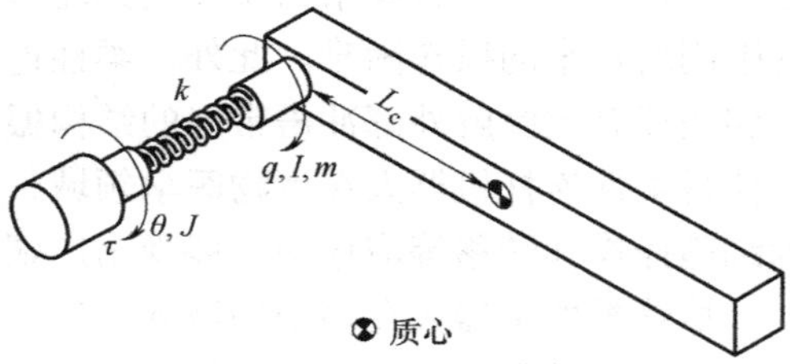

图 5-4　单连杆柔性关节机器人的结构图

具体而言，定义 q 为连杆角度，θ 为电动机角度，m 为连杆质量，k 为柔性关节刚度，L_c 为柔性关节到柔性杆质心的距离，τ 为电动机扭矩。因此，弹簧在 $q=\theta$ 时处于放松状态，并且这个柔性关节的弹性势能可以表示为

$$P=\frac{1}{2}k(q-\theta)^2 \tag{5-1}$$

首先，令 $\boldsymbol{Q}=[q,\theta]^{\mathrm{T}}$ 为系统的广义坐标。因此，柔性关节机器人的动能为

$$K=\frac{1}{2}I\dot{q}^2+\frac{1}{2}J\dot{\theta}^2 \tag{5-2}$$

基于第 2 章中机器人欧拉-拉格朗日建模法相关知识，定义图 5-3 所示单连杆柔性关节机器人的拉格朗日函数 L 为系统的总动能 K 和总势能 P 之差，表示为

$$L=K-P \tag{5-3}$$

将式（5-1）~式（5-3）代入以下拉格朗日方程：

$$\begin{cases}\dfrac{\mathrm{d}}{\mathrm{d}t}\left[\dfrac{\partial L}{\partial \dot{q}}\right]-\dfrac{\partial L}{\partial q}=0\\[2ex]\dfrac{\mathrm{d}}{\mathrm{d}t}\left[\dfrac{\partial L}{\partial \dot{\theta}}\right]-\dfrac{\partial L}{\partial \theta}=\tau\end{cases} \tag{5-4}$$

整理可得单连杆柔性关节机器人的动力学模型为

$$\begin{bmatrix}I & 0\\0 & J\end{bmatrix}\begin{bmatrix}\ddot{q}\\\ddot{\theta}\end{bmatrix}+\begin{bmatrix}-k(q-\theta)\\k(q-\theta)\end{bmatrix}=\begin{bmatrix}0\\\tau\end{bmatrix} \tag{5-5}$$

式中，I 为连杆转动惯量；J 为电动机转动惯量。

5.2.2　柔性连杆机器人建模

根据第 2 章中柔性连杆机器人建模的基本知识，本节将以单连杆柔性机器人为例来建立其动力学模型。单连杆柔性机器人的物理结构如图 5-5 所示，其中，XOY 为机器人的基坐标系，X_rOY_r 为机器人的旋转坐标系；ρ 为连杆的材料密度，A 为连杆的横截面积，ρA 表示柔性连杆单位长度的质量；E 为连杆的杨氏模量，I 为连杆的截面惯性矩，EI 表示柔性连杆的抗弯刚度；L 为连杆的长度；I_h 为关节电动机的转动惯量；m 为末端负载的质量；$q(t)$ 为连杆的旋转角度；$\tau(t)$ 为关节电动机提供的控制扭矩；$\omega(x,t)$ 为连杆上位于 x 的点在 t 时刻的弯曲形变。为方便公式书写，将 $\omega(x,t)$ 简写为 ω_x。相应的，将 $\omega(0,t)$ 简写为 ω_0，将 $\omega(L,t)$ 简写为 ω_L，将 $q(t)$ 简写为 q。此外，为方便公式推导，取 $*'$ 为变量 $*$ 对变量 x 的偏导数，$\dot{*}$ 为变量 $*$ 对变量 t 的偏导数。

基于图 5-5，对于柔性连杆上位于坐标 x 的一点，其在 t 时刻的位置坐标向量可以表示为

$$\boldsymbol{R}(x,t)=\begin{bmatrix}X(x,t)\\Y(x,t)\end{bmatrix}=\begin{bmatrix}x\cos q-\omega(x,t)\sin q\\x\sin q+\omega(x,t)\cos q\end{bmatrix}\tag{5-6}$$

同理，末端负载的位置向量可以表示为

$$\boldsymbol{R}(L,t)=\begin{bmatrix}X(L,t)\\Y(L,t)\end{bmatrix}=\begin{bmatrix}L\cos q-\omega(L,t)\sin q\\L\sin q+\omega(L,t)\cos q\end{bmatrix}\tag{5-7}$$

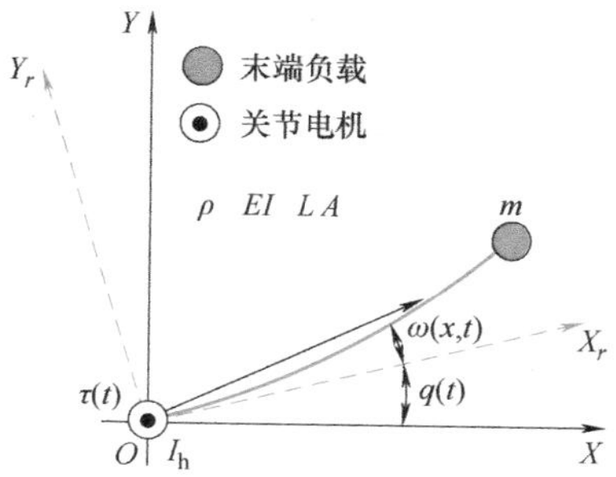

图 5-5　单连杆柔性机器人的物理结构

单连杆柔性机器人的关节电动机和末端负载为刚性构件，这一部分的动能为

$$\begin{aligned}E_{K_r}&=\frac{1}{2}I_h\dot{q}^2+\frac{1}{2}m(\dot{X}(L,t)^2+\dot{Y}(L,t)^2)\\&=\frac{1}{2}I_h\dot{q}^2+\frac{1}{2}m[(L^2+\omega_L^2)\dot{q}_1^2+2L\dot{q}\dot{\omega}_L+\dot{\omega}_L^2]\end{aligned}\tag{5-8}$$

平面单连杆柔性机器人的连杆为柔性构件，这一部分的动能为

$$\begin{aligned}E_{K_f}&=\frac{1}{2}\int_0^L\rho A(\dot{X}(x,t)^2+\dot{Y}(x,t)^2)\mathrm{d}x\\&=\frac{1}{2}\int_0^L\rho A[(x^2+\omega_x^2)\dot{q}^2+2x\dot{q}\dot{\omega}_x+\dot{\omega}_x^2]\mathrm{d}x\end{aligned}\tag{5-9}$$

则，整个平面单连杆柔性机器人的动能可以表示为

$$E_K=E_{K_r}+E_{K_f}\tag{5-10}$$

同时，柔性连杆的弯曲形变会产生弹性势能，其弹性势能的表达式为

$$E_P=\frac{1}{2}EI\int_0^L[\omega''(x,t)]^2\mathrm{d}x\tag{5-11}$$

为获得柔性连杆机器人的动力学模型，构造拉格朗日函数为

$$L_T=E_K-E_P\tag{5-12}$$

可以看出，所构建的拉格朗日函数中包含了 $\omega(x,t)$，其包含两个变量：x 和 t。为了便于建模和模型分析，需要使用第 2 章介绍的假设模态法来进行变量分离。根据假设模态法，柔性连杆的挠度可以表示为

$$\omega(x,t)=\sum_{i=1}^{n}\phi_i(x)p_i(t)\tag{5-13}$$

式中，$\phi_i(x)$ 为与变量 x 有关的振型函数；$p_i(t)$ 为与变量 t 有关的广义模态坐标，$i=1,2,\cdots,n$，n 为假定模式的数量，随着 n 值的增加，模型的精度会相应提高，但这也会导致计算量的显著增加。

广义模态坐标 $p_i(t)$ 可以用简谐运动函数表示为

$$p_i(t)=p_{i0}\exp(\mathrm{j}w_it)\tag{5-14}$$

式中，p_{i0} 为 $p_i(t)$ 的振幅；w_i 为振动的第 i 阶自然频率；j 为虚数单位。

柔性连杆可以视为欧拉-伯努利梁，其一端固定在电动机上，另一端连接有效载荷并允许自由振动。因此，柔性连杆的边界条件可以表示为

$$\omega(0,t)=0,\quad \omega'(0,t)=0,\quad \omega''(L,t)=0,\quad \rho A\omega'''(L,t)=-m\omega''''(L,t) \tag{5-15}$$

柔性连杆的自由振动方程可以表示为

$$\rho A\ddot{\omega}(x,t)+EI\omega''''(x,t)=0 \tag{5-16}$$

将式（5-13）分别对 t 和 x 进行二阶求导得到

$$\begin{cases}\dfrac{\partial^2\omega}{\partial t}=\phi_i(x)\ddot{p}_i(t)\\ \dfrac{\partial^2\omega}{\partial x}=\phi_i''(x)p_i(t)\end{cases} \tag{5-17}$$

将式（5-17）代入柔性连杆自由振动方程［式(5-16)］中，可以得出

$$\rho A\phi_i(x)\ddot{p}_i(t)+EI\phi_i''''(x)p_i(t)=0 \tag{5-18}$$

对式（5-18）进行变换可以得到

$$\frac{\ddot{p}_i(t)}{p_i(t)}=-\frac{EI\phi_i''''(x)}{\rho A\phi_i(x)}=-w_i^2 \tag{5-19}$$

只有式（5-19）的左侧和右侧分别表示关于 x 和 t 的函数，等式才能成立，由此可得到关于 $\phi_i(x)$ 的常微分方程为

$$\phi_i''''(x)-\frac{w_i^2\rho A}{EI}\phi_i(x)=0 \tag{5-20}$$

令 λ_i 为第 i 阶特征根，可以表示为以下形式

$$\lambda_i^4=\frac{w_i^2\rho A}{EI} \tag{5-21}$$

式（5-20）的特征方程为 $s^4-\lambda^4=0$，其通解可以表示为

$$\phi_i(x)=C_1\cosh(\lambda_i x)+C_2\sinh(\lambda_i x)+C_3\cos(\lambda_i x)+C_4\sin(\lambda_i x) \tag{5-22}$$

式中，C_1，C_2，C_3，C_4 为四个待定常数。

用式（5-22）对变量 x 依次求导，可得

$$\phi_i'(x)=\lambda_i[C_1\sinh(\lambda_i x)+C_2\cosh(\lambda_i x)-C_3\sin(\lambda_i x)+C_4\cos(\lambda_i x)] \tag{5-23}$$

$$\phi_i''(x)=\lambda_i^2[C_1\cosh(\lambda_i x)+C_2\sinh(\lambda_i x)-C_3\cos(\lambda_i x)-C_4\sin(\lambda_i x)] \tag{5-24}$$

$$\phi_i'''(x)=\lambda_i^3[C_1\sinh(\lambda_i x)+C_2\cosh(\lambda_i x)+C_3\sin(\lambda_i x)-C_4\cos(\lambda_i x)] \tag{5-25}$$

将式（5-13）代入到柔性连杆的边界条件［式(5-15)］中，可得

$$\phi_i(0)=0,\quad \phi_i'(0)=0 \tag{5-26}$$

$$\phi_i''(L)=0,\quad \rho A\phi_i'''(L)+m\lambda_i^4\phi_i(L)=0 \tag{5-27}$$

将式（5-22）和式（5-23）代入式（5-26）中，可得

$$C_1+C_3=0,\quad C_2+C_4=0 \tag{5-28}$$

将式（5-24）、式（5-25）和式（5-28）代入式（5-27）中，可得

$$\begin{aligned}&C_1[\cosh(\lambda_i L)+\cos(\lambda_i L)]+C_2[\sinh(\lambda_i L)+\sin(\lambda_i L)]=0,\\&C_1[\rho A\sinh(\lambda_i L)+m\lambda_i\cosh(\lambda_i L)-\rho A\sin(\lambda_i L)-m\lambda_i\cos(\lambda_i L)]+\\&C_2[\rho A\cosh(\lambda_i L)+m\lambda_i\sinh(\lambda_i L)+\rho A\cos(\lambda_i L)-m\lambda_i\sin(\lambda_i L)]=0\end{aligned} \tag{5-29}$$

对于任意 $x\in[0,L]$，$\phi_i(x)$不恒为零，也就是说，式（5-29）中 C_1 和 C_2 存在非零解。因此，式（5-29）中的系数行列式为零，即

$$\begin{vmatrix} A_1 & A_2 \\ A_3 & A_4 \end{vmatrix}=0 \tag{5-30}$$

式中，

$$\begin{cases} A_1=\cosh(\lambda_i L)+\cos(\lambda_i L) \\ A_2=\sinh(\lambda_i L)+\sin(\lambda_i L) \\ A_3=\rho A[\sinh(\lambda_i L)-\sin(\lambda_i L)]+m\lambda_i[\cosh(\lambda_i L)-\cos(\lambda_i L)] \\ A_4=\rho A[\cosh(\lambda_i L)+\cos(\lambda_i L)]+m\lambda_i[\sinh(\lambda_i L)-\sin(\lambda_i L)] \end{cases} \tag{5-31}$$

将式（5-30）展开后化简可得

$$\frac{m\lambda_i}{\rho A}[\sinh(\lambda_i L)\cos(\lambda_i L)-\cosh(\lambda_i L)\sin(\lambda_i L)]+\cosh(\lambda_i L)\cos(\lambda_i L)=-1 \tag{5-32}$$

式（5-32）为振动的特征方程。同时，根据式（5-29）可得

$$C_2=-\frac{\cosh(\lambda_i L)+\cos(\lambda_i L)}{\sinh(\lambda_i L)+\sin(\lambda_i L)}C_1 \tag{5-33}$$

因此，根据式（5-28）和式（5-33），可以将式（5-22）改写为

$$\begin{cases} \phi_i(x)=B_i[\cosh(\lambda_i x)-\cos(\lambda_i x)-\nu_i(\sinh(\lambda_i x)-\sin(\lambda_i x))] \\ \nu_i=\dfrac{\cosh(\lambda_i L)+\cos(\lambda_i L)}{\sinh(\lambda_i L)+\sin(\lambda_i L)} \end{cases} \tag{5-34}$$

式中，B_i 是待定常数。

对于第 i 阶和第 j 阶振型函数 $\phi_i(x)$ 和 $\phi_j(x)$，根据式（5-20）有

$$EI\phi_i''''(x)=\rho A w_i^2\phi_i(x) \tag{5-35}$$

$$EI\phi_j''''(x)=\rho A w_j^2\phi_j(x) \tag{5-36}$$

将式（5-35）的等式两边同时乘以 $\phi_j(x)$，并在区间$[0,L]$对 x 进行积分，可得

$$\begin{aligned} & w_i^2\rho A\int_0^L \phi_i(x)\phi_j(x)\mathrm{d}x \\ & =EI\int_0^L \phi_i''''(x)\phi_j(x)\mathrm{d}x \\ & =EI\phi_i'''(x)\phi_j(x)\Big|_0^L-EI\phi_i''(x)\phi_j'(x)\Big|_0^L+EI\int_0^L \phi_i''(x)\phi_j''(x)\mathrm{d}x \end{aligned} \tag{5-37}$$

同理，将式（5-36）的等式两边同时乘以 $\phi_i(x)$，并在区间$[0,L]$对 x 进行积分，可得

$$\begin{aligned} & w_j^2\rho A\int_0^L \phi_j(x)\phi_i(x)\mathrm{d}x \\ & =EI\int_0^L \phi_j''''(x)\phi_i(x)\mathrm{d}x \\ & =EI\phi_j'''(x)\phi_i(x)\Big|_0^L-EI\phi_j''(x)\phi_i'(x)\Big|_0^L+EI\int_0^L \phi_j''(x)\phi_i''(x)\mathrm{d}x \end{aligned} \tag{5-38}$$

将式（5-26）和式（5-27）代入式（5-37）和式（5-38）中，令式（5-37）减去式（5-38）有

$$
\begin{aligned}
&(w_i^2 - w_j^2)\rho A\int_0^L \phi_i(x)\phi_j(x)\,\mathrm{d}x \\
&= EI\phi_i'''(L)\phi_j(L) - EI\phi_j'''(L)\phi_i(L) \\
&= -(w_i^2 - w_j^2)m\phi_i(L)\phi_j(L)
\end{aligned} \tag{5-39}
$$

式（5-39）可以进一步简化为

$$
\rho A\int_0^L \phi_i(x)\phi_j(x)\,\mathrm{d}x + m\phi_i(L)\phi_j(L) = 0 \tag{5-40}
$$

将式（5-40）代入式（5-37）或式（5-38），可以得到

$$
EI\int_0^L \phi_i''(x)\phi_j''(x)\,\mathrm{d}x = 0 \tag{5-41}
$$

当式（5-37）或式（5-38）中的 $i=j$ 时，可以得到

$$
\begin{aligned}
&w_i^2\rho A\int_0^L \phi_i^2(x)\,\mathrm{d}x \\
&= EI\phi_i'''(L)\phi_i(L) + EI\int_0^L \phi_i''^2(x)\,\mathrm{d}x \\
&= -w_i^2 m\phi_i^2(L) + EI\int_0^L \phi_i''^2(x)\,\mathrm{d}x
\end{aligned} \tag{5-42}
$$

将式（5-42）进行化简，可以得到

$$
\rho A\int_0^L \phi_i^2(x)\,\mathrm{d}x + m\phi_i^2(L) = \frac{EI}{w_i^2}\int_0^L \phi_i''^2(x)\,\mathrm{d}x \tag{5-43}
$$

根据振型函数的正交性，有

$$
EI\int_0^L \phi_i''^2(x)\,\mathrm{d}x = w_i^2\rho A \tag{5-44}
$$

因此，由式（5-42）可以得到

$$
\rho A\int_0^L \phi_i^2(x)\,\mathrm{d}x + m\phi_i^2(L) = \rho A \tag{5-45}
$$

将式（5-34）代入式（5-45），可以求得

$$
B_i = \left[L + \frac{\rho A}{m\lambda_i^2}\left(\frac{1+\cosh(\lambda_i L)\cos(\lambda_i L)}{\sinh(\lambda_i L)\sin(\lambda_i L)}\right)^2\right]^{-\frac{1}{2}} \tag{5-46}
$$

式中，当末端质量 $m=0$ 时，$B_i = 1/\sqrt{L}$。

通过上述推导可以得出，柔性连杆固有振型正交条件可以表示为

$$
\begin{aligned}
&\begin{cases}
\rho A\int_0^L \phi_i(x)\phi_j(x)\,\mathrm{d}x + m\phi_i(L)\phi_j(L) = 0 \\
EI\int_0^L \phi_i''(x)\phi_j''(x)\,\mathrm{d}x = 0
\end{cases}, i\neq j \\
&\begin{cases}
\rho A\int_0^L \phi_i(x)\phi_j(x)\,\mathrm{d}x + m\phi_i(L)\phi_j(L) = \rho A \\
EI\int_0^L \phi_i''(x)\phi_j''(x)\,\mathrm{d}x = w_i^2\rho A
\end{cases}, i=j
\end{aligned} \tag{5-47}
$$

将构建好的拉格朗日函数［式(5-12)］代入以下拉格朗日方程

$$\begin{cases}\dfrac{\mathrm{d}}{\mathrm{d}t}\left[\dfrac{\partial L_T}{\partial \dot{q}}\right]-\dfrac{\partial L_T}{\partial q}=\tau \\ \dfrac{\mathrm{d}}{\mathrm{d}t}\left[\dfrac{\partial L_T}{\partial \dot{\omega}}\right]-\dfrac{\partial L_T}{\partial \omega}=0\end{cases} \tag{5-48}$$

整理可得平面单连杆柔性机器人的动力学模型为

$$\boldsymbol{M}(\varsigma)\ddot{\varsigma}+\boldsymbol{C}(\varsigma,\dot{\varsigma})\dot{\varsigma}+\boldsymbol{K}\varsigma=\boldsymbol{U} \tag{5-49}$$

式中，$\varsigma=[q,p_1,p_2,\cdots,p_n]^{\mathrm{T}}$ 是系统广义坐标向量；$\boldsymbol{M}(\varsigma)$是系统的惯性矩阵，为正定对称矩阵；$\boldsymbol{C}(\varsigma,\dot{\varsigma})\dot{\varsigma}$是科里奥利力与离心力的结合矩阵；$\boldsymbol{K}$ 是系统的弹性矩阵；$\boldsymbol{U}$ 是系统的控制矩阵。

$\boldsymbol{M}(\varsigma)$表示为

$$\boldsymbol{M}(\varsigma)=\begin{bmatrix}\boldsymbol{M}_{qq} & \boldsymbol{M}_{qp} \\ \boldsymbol{M}_{pq} & \boldsymbol{M}_{pp}\end{bmatrix} \tag{5-50}$$

式中，

$$\begin{cases}\boldsymbol{M}_{qq}=I_{\mathrm{h}}+mL^2+\dfrac{1}{3}\rho AL^3+\rho A\left(\sum\limits_{i=1}^{n}p_i^2\right) \\ \boldsymbol{M}_{qp}=\boldsymbol{M}_{pq}^{\mathrm{T}}=[\delta_1 \quad \delta_2 \quad \cdots \quad \delta_n]\in\boldsymbol{R}^{1\times n} \\ \boldsymbol{M}_{pp}=\mathrm{diag}[\psi_1 \quad \psi_2 \quad \cdots \quad \psi_n]\in\boldsymbol{R}^{n\times n}\end{cases} \tag{5-51}$$

式中，$\delta_i=\rho A\int_0^L x\phi_i(x)\,\mathrm{d}x+mL\phi_i(L)$；$\psi_i=\rho A$。

$\boldsymbol{K}$ 表示为

$$\boldsymbol{K}=\mathrm{diag}[0 \quad w_1^2\psi_1 \quad w_2^2\psi_2 \quad \cdots \quad w_n^2\psi_n]\in\boldsymbol{R}^{(n+1)\times(n+1)} \tag{5-52}$$

$\boldsymbol{U}$ 表示为

$$\boldsymbol{U}=[\tau \quad 0 \quad 0 \quad \cdots \quad 0]^{\mathrm{T}}\in\boldsymbol{R}^{(n+1)\times 1} \tag{5-53}$$

5.3　柔性机器人控制

5.3.1　柔性关节机器人控制

根据 5.2.1 小节的建模过程，单连杆柔性关节机器人的动力学模型可以表示为

$$\begin{cases}I\ddot{q}+k(q-\theta)=0 \\ J\ddot{\theta}-k(q-\theta)=\tau\end{cases} \tag{5-54}$$

式中，q，θ 分别为连杆位置和电动机转动的角度；I，J 分别为连杆转动惯量和电动机转动惯量；k 为关节刚度；τ 为电动机端力矩，即控制输入。

柔性关节机器人的位置控制目标是将机器人连杆的末端从初始位置移动到目标位置。为实现这一目标，需要将机器人的各连杆从初始角度精确地运动到目标角度。令 q_{d} 为机器人连杆的目标角度，θ_{d} 为机器人关节电动机的目标角度。由于柔性关节机器人的目标状态是系统的平衡状态，在这一状态下系统不具有弹性势能，因此有 $q_{\mathrm{d}}=\theta_{\mathrm{d}}$。

令 $\boldsymbol{x}=[x_1,x_2,x_3,x_4]^{\mathrm{T}}=[q-q_{\mathrm{d}},\theta-\theta_{\mathrm{d}},\dot{q},\dot{\theta}]^{\mathrm{T}}$，相应的状态空间方程为

$$\begin{cases}\dot{x}_1=x_3\\ \dot{x}_2=x_4\\ \dot{x}_3=-\dfrac{k}{I}(x_1-x_2)\\ \dot{x}_4=\dfrac{k}{J}(x_1-x_2)+\dfrac{1}{J}\tau\end{cases}\tag{5-55}$$

因此，设计控制器的目的是通过调整控制力矩 τ 使系统的状态向量 $\boldsymbol{x}$ 在 $t\to\infty$ 时渐近地收敛到零。

由于柔性关节的存在，当控制机器人关节电动机的角度 θ 稳定到目标角度 θ_d 后，系统具有一定的残余能量，这会导致机器人的连杆角度 q 无法稳定在目标角度 q_d 上，而是在目标角度 q_d 附近振动。因此，为了实现上述柔性关节机器人的控制目标，不仅需要控制电动机旋转到目标角度 θ_d，还需要抑制连杆的振动。这就需要设计控制器，使机器人的残余能量逐渐衰减至零。本小节将介绍一种 PD 控制器的设计方法，并探讨该控制器实现上述控制目标的原理。

首先，根据上述控制目标，设计一个李雅普诺夫函数为

$$V=\frac{1}{2}\lambda_1(\theta-\theta_d)^2+E_z\tag{5-56}$$

式中，θ 是当前连杆旋转的角度；θ_d 是连杆目标角度；E_z 是系统的势能和动能之和，即系统总能量。

由柔性关节机器人的内容可知，系统的总能量可以表示为

$$E_z=K+P=\frac{1}{2}I\dot{q}^2+\frac{1}{2}J\dot{\theta}^2+\frac{1}{2}k(q-\theta)^2\tag{5-57}$$

式（5-57）关于时间的导数为

$$\begin{aligned}\dot{E}_z&=I\dot{q}\ddot{q}+J\dot{\theta}\ddot{\theta}+k(q-\theta)(\dot{q}-\dot{\theta})\\&=(I\ddot{q}+k(q-\theta))\dot{q}-(J\ddot{\theta}-k(q-\theta))\dot{\theta}\end{aligned}\tag{5-58}$$

将式（5-54）代入到式（5-58）得

$$\dot{E}_z=\tau\dot{\theta}\tag{5-59}$$

然后对所设计的李雅普诺夫函数［式(5-56)］求导可得

$$\dot{V}=\lambda_1(\theta-\theta_d)\dot{\theta}+\dot{\theta}\tau=\dot{\theta}[\lambda_1(\theta-\theta_d)+\tau]\tag{5-60}$$

根据李雅普诺夫函数，为了使 $\dot{V}\leqslant 0$，设计控制扭矩 τ 为

$$\tau=-\lambda_1(\theta-\theta_d)-\lambda_2\dot{\theta}\tag{5-61}$$

式中，λ_2 是一个系统控制器设计参数且 $\lambda_2>0$。

根据所设计控制器的结构，可见其是一个 PD 控制器。将设计的控制器代入所设计的李雅普诺夫函数对时间的导函数中，可得

$$\dot{V}=-\lambda_2\dot{\theta}^2\tag{5-62}$$

由于 $\lambda_2>0$，那么此时无论 $\dot{q}$ 取何值，始终满足 $\dot{V}$ 半负定，即 $\dot{V}\leqslant 0$ 恒成立。

柔性关节机器人的控制目标要求系统具有渐近稳定性，否则机器人连杆的振动将无法得

到有效抑制。当李雅普诺夫函数的导数为半负定时，可以推导出系统的稳定性，但这并不能保证系统的渐近稳定性。因此，还需要进一步证明系统的渐近稳定性，以确保振动能够被完全抑制。为了得到系统的渐近稳定性，需要利用拉塞尔不变集原理进行分析和证明。

拉塞尔不变集原理指出，对于一个系统，如果存在一个李雅普诺夫函数 V，并且其导数 $\dot{V}\leqslant 0$，那么系统状态将最终收敛到拉塞尔不变集中，这个不变集包含所有满足 $\dot{V}=0$ 的点。因此，若要证明系统的渐近稳定性，仅需在 $\dot{V}\leqslant 0$ 的基础上，进一步证明所有满足 $\dot{V}=0$ 的点所组成的拉塞尔不变集中有且仅有一种状态，即系统的目标状态。基于这一思想，下面将进行系统的渐近稳定性证明。

根据式（5-62），$\dot{V}\leqslant 0$ 恒成立，表示 V 是有界的，当 $\dot{V}\equiv 0$ 时，由于 $\lambda_2>0$，则有 $\dot{\theta}\equiv 0$。由式（5-59）可知，$\dot{E}_z=\tau\dot{\theta}$，可得 $\dot{E}_z=0$，那么系统总能量 E_z 存在两种情况：①总能量 E_z 为 0；②总能量 E_z 为一个常数。

对于情况①，当 $E_z=0$ 时，根据式（5-57）可得

$$\frac{1}{2}I\dot{q}^2+\frac{1}{2}J\dot{\theta}^2+\frac{1}{2}k(q-\theta)^2=0 \tag{5-63}$$

由于 I，J，k 均大于 0，式（5-63）成立意味着 $\dot{q}=0$，$\dot{\theta}=0$，$q=\theta$。将以上条件代入到柔性关节机器人的模型［式(5-54)］中，可得 $\tau\equiv 0$。进而，根据式（5-61）可得，$\theta=\theta_{\mathrm{d}}$。因此，在情况①中，系统被稳定在了目标状态上。

对于情况②，因为 $\dot{\theta}\equiv 0$，θ 为常数。根据式（5-61）有

$$\tau=-\lambda_1(\theta-\theta_{\mathrm{d}}) \tag{5-64}$$

此时 τ 为常数。同时，由于系统能量为不为零的常数，根据式（5-63），机器人的连杆处于等幅振动的状态，即 q，$\dot{q}$，$\ddot{q}$ 均为关于时间 t 的函数。将 $\dot{\theta}=0$ 代入式（5-54）中，可得

$$\tau=I\ddot{q} \tag{5-65}$$

可以看出 τ 也是一个关于时间 t 的函数，这与根据式（5-64）所得 τ 为常数的结论相悖，这就说明情况②不成立。

基于上述分析，当 $\dot{V}\equiv 0$ 时，有 $\dot{\theta}\equiv 0$，$\dot{q}=0$，$q=\theta=q_{\mathrm{d}}=\theta_{\mathrm{d}}$ 成立。由拉塞尔不变集原理可知，所设计的 PD 控制器［式(5-61)］可以实现柔性关节机器人的位置控制目标。

5.3.2　柔性关节机器人控制案例

1. 仿真案例

为验证所设计控制器的有效性和控制效果，基于 MATLAB/Simulink 搭建仿真验证平台。其中，单连杆柔性关节机器人的模型结构参数：$m=2\mathrm{kg}$，$L=1\mathrm{m}$，$k=10\mathrm{N\cdot m/rad}$，$J=0.5\mathrm{kg\cdot m^2}$，$I=2\mathrm{kg\cdot m^2}$。

将柔性关节机器人臂的连杆和关节的初始角度设置为 $q_0=-0.5\mathrm{rad}$，设置目标角度 $q_{\mathrm{d}}=0\mathrm{rad}$，根据上节设计的 PD 控制器［式(5-61)］，调节 PD 控制器的参数，取 $\lambda_1=0.03$，$\lambda_2=0.18$，使柔性关节机器人的连杆达到目标角度，仿真结果如图 5-6 所示。

从图中可看出，在控制器的作用下，在 3s 左右时，柔性关节和连杆都达到了目标角度，且柔性关节在达到目标角度后未发生振动。这表明所设计的控制器可以有效实现柔性关节机器人的控制目标。

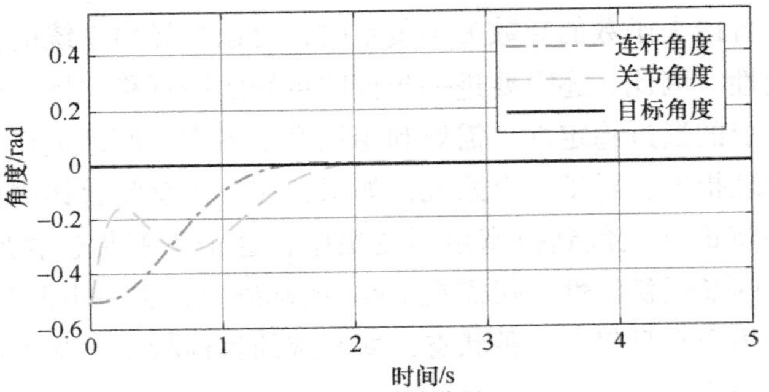

a) 角度位置

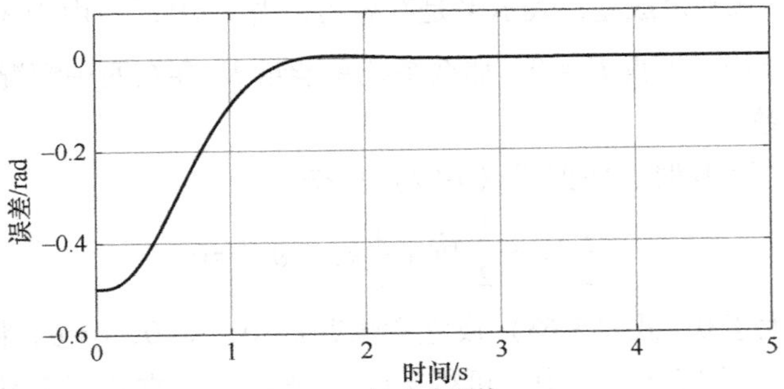

b) 角度误差

图 5-6　柔性关节机器人位置控制仿真结果

2. 实验案例

为进一步验证上述设计的 PD 控制器的有效性，搭建了实验平台，如图 5-7 所示。

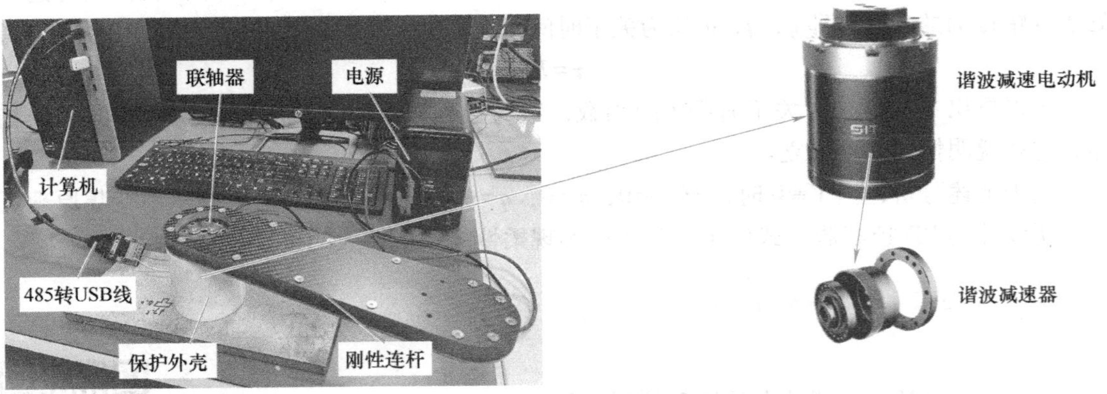

图 5-7　平面柔性关节机器人实验平台

平面柔性关节机器人实验平台由以下组件组成：计算机、谐波减速电动机（制造商为 SITO 公司，型号为 E30-H11-2B）、刚性连杆、电源和 485 转 USB 线。计算机在实验系统中主要负责数据处理。谐波减速电动机使用谐波减速器进行减速和传动，由于谐波减速器内部包含柔性波发生器和柔性齿轮，具有一定的柔性，因此由谐波减速电动机驱动的机器人可以被视为柔性关节机器人。

实验平台所采用的谐波减速电动机集成了双编码器，可以分别读取连杆端和电动机转子端的旋转角度信息，电动机与计算机之间通过 485 通信协议进行通信。刚性连杆由碳纤维板和铝合金板通过螺钉螺母固定组合而成，碳纤维具有高强度和轻质量的特点，可以提高连杆的刚性，同时减轻其重量。

整个实验系统的工作流程如下：①操作员将控制器程序安装到计算机中；②计算机根据从传感器接收到的实时系统状态生成控制信号，并将其转化为 485 通信信号传送给电动机；③伺服电动机在接收到控制信号后，会输出相应的控制扭矩，驱动谐波减速器运动；④谐波减速器的减速比为 1：50，即内置电动机转 50 圈，谐波减速器转 1 圈；⑤谐波减速器与刚性连杆相连，电动机的旋转角度可由内置编码器 1 测量，刚性连杆的旋转角度可由内置编码器 2 测量；⑥所测量的信号由电动机内置的 485 模块转化为 485 通信信号并传输给计算机，用于计算下一步的控制信号。

根据柔性关节机器人的物理参数和实验数据，通过计算和辨识得到机器人相关参数：$J=0.2\times10^{-4}\text{kg}\cdot\text{m}^2$，$I=0.0066\text{kg}\cdot\text{m}^2$，$L_c=0.163\text{m}$，$k=0.1\text{N}\cdot\text{m}$。根据上节设计的 PD 控制器［式(5-61)］，通过多次实验，选择一组最优的控制器参数为 $\lambda_1=0.48$，$\lambda_2=0.07$，设定目标转动角度 $q_d=2.512\text{rad}$，实验结果如图 5-8 所示。

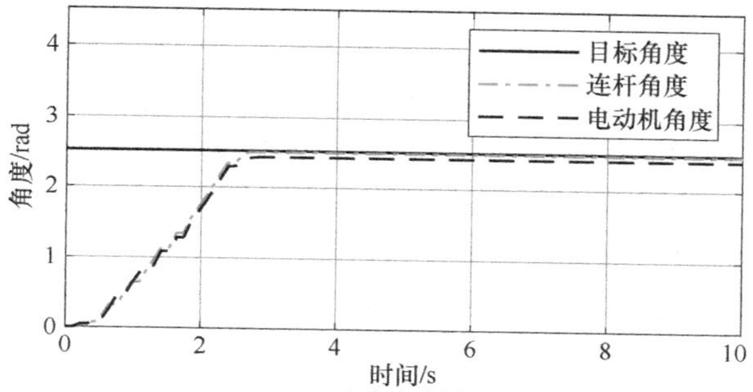

a) 角度位置

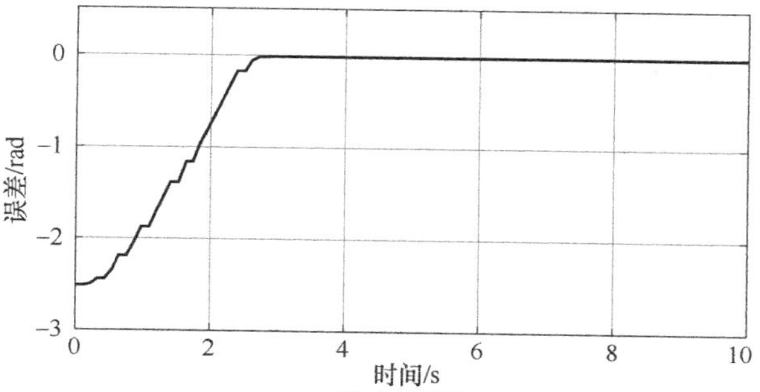

b) 角度误差

图 5-8　柔性关节机器人位置控制实验结果

由图 5-8 可知，所设计的控制器实现了控制目标，连杆的转动角度达到目标位置，且振动得到有效抑制。电动机的旋转角度在 $t=3\text{s}$ 时达到 2.4978rad，与目标角度有一定的稳态误差，这主要是由于实际实验中传动装置的静摩擦力导致的。通过实验可以发现，单纯的 PD 控制器无法完全消除位置控制中的稳态误差。

因此，为了实现更高的控制精度，需要在实际控制中考虑外界的不确定因素，并设计更具鲁棒性的控制器。这为进一步探索和学习更先进的控制方法，如自适应控制和智能控制，提供了重要的研究方向和基础。

5.3.3 柔性连杆机器人控制

柔性连杆机器人的控制问题与柔性关节机器人有许多相似之处，两者都需要实现电动机旋转角度的精确控制和振动的有效抑制。然而，柔性连杆机器人的控制难度远超柔性关节机器人，这主要源于其分布参数系统的特性。

在柔性连杆中，柔性和振动特性是沿整个结构连续分布的，而非集中在某个离散点上。这种分布参数特性使得柔性连杆机器人的动力学模型比柔性关节机器人更为复杂。柔性连杆的动力学行为不仅依赖于局部的关节角度和力矩，还受到整个连杆结构的形变和振动模式的影响。因此，在设计控制系统时，需要考虑更多的状态变量，构建更复杂的数学模型，并设计更先进的控制算法。

本节将讨论单连杆柔性连杆机器人的控制器设计问题，这是理解复杂柔性连杆机器人系统控制的基础。难点在于如何仅通过一个驱动器（关节电动机）同时实现机器人连杆的角度控制和振动抑制。为有效解决这一问题，本节将介绍一种基于能量法的控制策略。

能量法的核心思想是通过精确控制系统的能量状态来实现预期的控制效果。与传统的控制方法不同，能量法不仅关注机器人连杆的角度是否达到目标位置，还重视系统的总能量状态。具体而言，当机器人连杆转动到目标角度后，控制器会通过调节系统的能量，使系统的总能量迅速收敛到零。这种能量收敛过程能使柔性连杆的振动得到有效抑制。能量法的优势在于它能够从系统整体的角度考虑问题，不仅关注连杆角度控制，还兼顾了连杆的振动抑制，从而有效实现柔性连杆机器人的位置控制目标。

接下来的内容将详细介绍如何设计和实现基于能量法的控制器。从基本原理入手，深入了解能量法的数学基础，逐步解析控制器的设计步骤。同时，通过实例展示该控制器在实际应用中的效果，探讨其在实际应用中的优势和局限性。

根据平面单连杆柔性机器人和平面两连杆刚柔机器人的惯性矩阵 $\boldsymbol{M}$ 和弹性刚度矩阵 $\boldsymbol{K}$，可以将系统的总动能 E_K 和弹性势能 E_P 分别写为

$$E_K=\frac{1}{2}\dot{\varsigma}^{\mathrm{T}}\boldsymbol{M}(\theta)\dot{\varsigma},\quad E_P=\frac{1}{2}\varsigma^{\mathrm{T}}\boldsymbol{K}\varsigma \tag{5-66}$$

式中，ς是系统的状态向量，$\varsigma=[q\quad p_1\quad p_2\quad \cdots\quad p_n]^{\mathrm{T}}$。

则系统的总能量 E_t 可以表示为

$$E_t=E_K+E_P=\frac{1}{2}\dot{\varsigma}^{\mathrm{T}}\boldsymbol{M}(\theta)\dot{\varsigma}+\frac{1}{2}\varsigma^{\mathrm{T}}\boldsymbol{K}\varsigma \tag{5-67}$$

将系统总能量的表达式对时间 t 求导，可得

$$\begin{aligned}\dot{E}_t&=\dot{\varsigma}^{\mathrm{T}}\boldsymbol{M}(\varsigma)\ddot{\varsigma}+\dot{\varsigma}^{\mathrm{T}}\boldsymbol{K}\varsigma+\frac{1}{2}\dot{\varsigma}^{\mathrm{T}}\dot{\boldsymbol{M}}(\varsigma)\dot{\varsigma}\\&=\dot{\varsigma}^{\mathrm{T}}[\boldsymbol{M}(\varsigma)\ddot{\varsigma}+\boldsymbol{K}\varsigma]+\frac{1}{2}\dot{\varsigma}^{\mathrm{T}}\dot{\boldsymbol{M}}(\varsigma)\dot{\varsigma}\end{aligned} \tag{5-68}$$

将式（5-49）代入到式（5-68），可得

$$\begin{aligned}\dot{E}_t&=\dot{\varsigma}^{\mathrm{T}}[\boldsymbol{U}-\boldsymbol{C}(\varsigma,\dot{\varsigma})\dot{\varsigma}]+\frac{1}{2}\dot{\varsigma}^{\mathrm{T}}\dot{\boldsymbol{M}}(\varsigma)\dot{\varsigma}\\&=\frac{1}{2}\dot{\varsigma}^{\mathrm{T}}[\dot{\boldsymbol{M}}(\varsigma)\dot{\varsigma}-2\boldsymbol{C}(\varsigma,\dot{\varsigma})]\dot{\varsigma}+\dot{\varsigma}^{\mathrm{T}}\boldsymbol{U}\end{aligned} \tag{5-69}$$

因为 $\dot{\boldsymbol{M}}(\varsigma)\dot{\varsigma}-2\boldsymbol{C}(\varsigma,\dot{\varsigma})$ 是一个斜对称矩阵，所以有

$$\dot{\varsigma}^{\mathrm{T}}[\dot{\boldsymbol{M}}(\varsigma)\dot{\varsigma}-2\boldsymbol{C}(\varsigma,\dot{\varsigma})]\dot{\varsigma}=0 \tag{5-70}$$

因此，根据式（5-69）可以进一步得到

$$\dot{E}_t=\dot{\varsigma}^{\mathrm{T}}\boldsymbol{U} \tag{5-71}$$

对于平面单连杆柔性机器人，根据式（5-71）可以得到

$$\dot{E}_t=\dot{q}\tau \tag{5-72}$$

考虑系统的前 n 阶假设模态，令 $\boldsymbol{X}=[\boldsymbol{X}_1^{\mathrm{T}},\boldsymbol{X}_2^{\mathrm{T}}]^{\mathrm{T}}$ 为系统的状态向量，其中

$$\begin{aligned}\boldsymbol{X}_1&=[x_{11},x_{12},\cdots,x_{1(n+1)}]^{\mathrm{T}}=\varsigma\\ \boldsymbol{X}_2&=[x_{21},x_{22},\cdots,x_{2(n+1)}]^{\mathrm{T}}=\dot{\varsigma}\end{aligned} \tag{5-73}$$

可以将系统的模型转化成如下状态空间的形式：

$$\begin{cases}\dot{x}_{11}=x_{21}\\ \dot{x}_{12}=x_{22}\\ \quad\vdots\\ \dot{x}_{1(n+1)}=x_{2(n+1)}\\ \dot{x}_{21}=f_1+g_{11}\tau\\ \dot{x}_{22}=f_2+g_{21}\tau\\ \quad\vdots\\ \dot{x}_{2(n+1)}=f_{n+1}+g_{(n+1)1}\tau\end{cases} \tag{5-74}$$

式中，

$$\begin{aligned}&[f_1,f_2,\cdots,f_{n+1}]^{\mathrm{T}}=-\boldsymbol{M}(\varsigma)^{-1}[\boldsymbol{C}(\varsigma,\dot{\varsigma})\dot{\varsigma}+\boldsymbol{K}\varsigma]\\ &[g_{11},g_{21},\cdots,g_{(n+1)1}]^{\mathrm{T}}=\boldsymbol{M}^{-1}(\varsigma)[1,0,\cdots,0]^{\mathrm{T}}\end{aligned} \tag{5-75}$$

基于系统的控制目标，构造一个李雅普诺夫函数为

$$V=E_t+\frac{1}{2}r_1(x_{11}-x_{11\mathrm{d}})^2+\frac{1}{2}r_2x_{21}^2 \tag{5-76}$$

式中，$x_{11\mathrm{d}}=q_{\mathrm{d}}$ 是机器人柔性连杆目标角度；r_1、r_2 是正常数。

式（5-76）对时间的导数为

$$\dot{V}=x_{21}[(1+r_2g_{11})\tau+r_2f_1+r_1(x_{11}-x_{11\mathrm{d}})] \tag{5-77}$$

将控制扭矩 τ 设计为

$$\tau=\frac{-r_1(x_{11}-x_{11\mathrm{d}})-r_2f_1-r_3x_{21}}{1+r_2g_{11}} \tag{5-78}$$

式中，r_3 是一个正的系统控制器设计参数。

根据式（5-75）可知，$g_{11}>0$，因此式（5-78）不存在奇异点。

将式（5-78）代入到式（5-77）中，可得

$$\dot{V}=-r_3x_{21}^2\leqslant 0 \tag{5-79}$$

因为 $\dot{V}\leqslant 0$，V 是有界的，因此，可以定义一个集合

$$\Phi=\{X\in R^{2(n+1)}\mid V\leqslant Y_{\mathrm{C}}\} \tag{5-80}$$

式中，Y_{C} 是一个正常数。

如果系统的初始状态属于 Φ，那么对于 $t>0$，系统的状态将会始终保持在 Φ 中。

定义拉塞尔不变集 Ω 为集合 Φ 内所有使 $\dot{V}=0$ 的点的集合，表示为

$$\Omega=\{X\in\Phi \mid \dot{V}=0\} \tag{5-81}$$

根据式（5-79），当 $\dot{V}\equiv0$ 时，有 $x_{21}\equiv0$。因此，$\dot{x}_{21}\equiv0$ 且 $x_{11}\equiv x_{11}^*$ 为一个常数。由式（5-72）有

$$\dot{E}_t=\tau x_{21}\equiv0 \tag{5-82}$$

因此系统的能量 E_t 为一个常数，对应有两种情况：①总能量 E_t 为 0；②总能量 E_t 为一个常数。这里将参照 5.2.1 小节的内容来证明系统的渐近稳定性。

对于情况①，结合系统能量的表达式，可以得到

$$E_K=\frac{1}{2}\dot{\varsigma}^{\mathrm{T}}\boldsymbol{M}(\theta)\dot{\varsigma}=0,\quad E_P=\frac{1}{2}\varsigma^{\mathrm{T}}\boldsymbol{K}\varsigma=0 \tag{5-83}$$

根据式（5-83）可得

$$x_{12}=x_{13}=\cdots=x_{1(n+1)}\equiv0,\quad X_2\equiv0 \tag{5-84}$$

将式（5-83）代入到式（5-75）中，可得

$$f_1=f_2=\cdots=f_{n+1}\equiv0 \tag{5-85}$$

结合式（5-74）、式（5-84）和式（5-85），有 $\tau\equiv0$；根据式（5-78），此时有 $x_{11}\equiv x_{11\mathrm{d}}$。因此，在情况①中，系统被稳定在了目标状态上。

进一步分析情况②的可能性。因为 $\dot{x}_{21}\equiv0$，根据式（5-74），有

$$f_1\equiv-g_{11}\tau \tag{5-86}$$

将式（5-86）代入式（5-78）可得

$$\tau\equiv-r_1(x_{11}-x_{11\mathrm{d}}) \tag{5-87}$$

根据式（5-81），因为 $x_{11}\equiv x_{11}^*$ 为一个常数，则根据式（5-87）可知，此时 τ 也是一个常数。

此外，由于在情况②中，系统的总能量保持为一个非零常数，这意味着机器人的柔性连杆处于持续的等幅振动状态。当将式（5-14）代入式（5-74）时，计算结果表明 τ 是一个随时间 t 变化的量。这与之前在式（5-87）中得出的结论明显不符。这种矛盾清楚地表明，情况②在理论上是不可能存在的。

综合对情况①和②的分析和讨论可知，式（5-81）的最大不变集为

$$\Omega_{\mathrm{M}}=\{X \mid x_{11}=x_{11\mathrm{d}},x_{12}=x_{13}=\cdots=x_{1(n+1)}=0,X_2=0\} \tag{5-88}$$

根据拉塞尔不变集原理可知，在控制器［式(5-78)］的作用下，当 $t\to\infty$ 时，式（5-74）从 Φ 出发的解会收敛到最大不变集 Ω_{M} 中。因此，系统是渐近稳定的。

5.3.4 柔性连杆机器人控制案例

1. 仿真案例

为验证所设计控制器的有效性和控制效果，基于 MATLAB/Simulink 进行仿真验证，在仿真系统中，单连杆柔性连杆机器人的模型参数设置为：$L=1\mathrm{m}$，$I_{\mathrm{h}}=0.01\mathrm{kg}\cdot\mathrm{m}^2$，$m=0.2\mathrm{kg}$，$EI=3\mathrm{N}\cdot\mathrm{m}^2$，$\rho A=1\mathrm{kg/m}$。

设置控制器［式(5-78)］的参数为：$r_1=4.2$，$r_2=0.9$，$r_3=4.9$。模数分别为 $n=1$，$n=2$，$n=3$。仿真结果如图 5-9 所示。

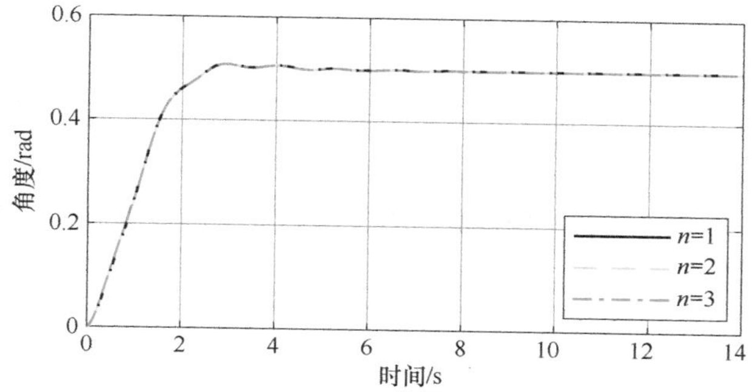

a) 位置

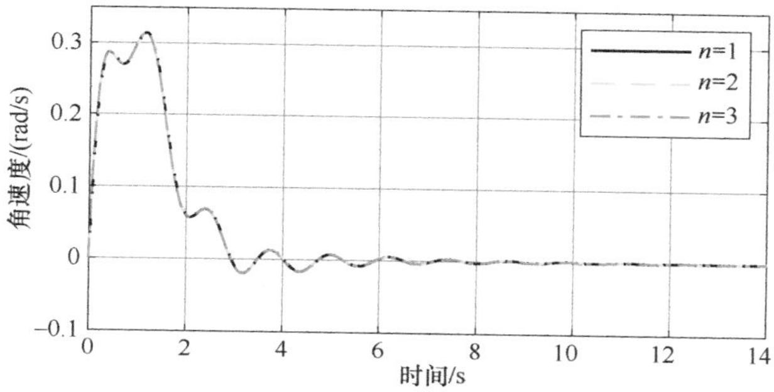

b) 角速度

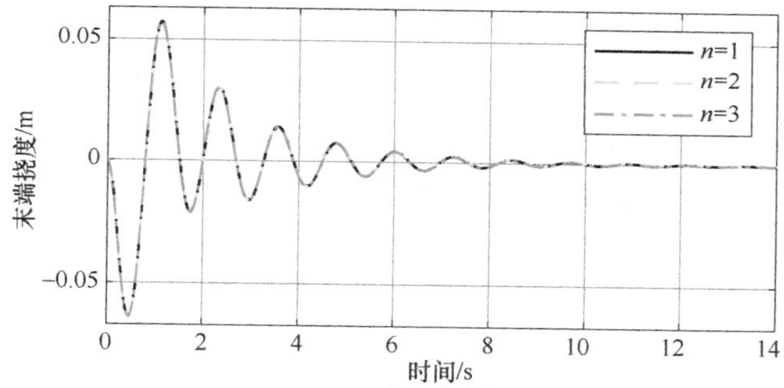

c) 末端挠度

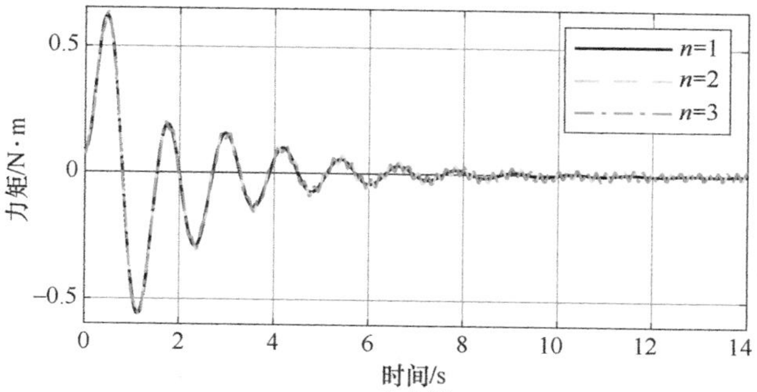

d) 力矩

图 5-9　柔性连杆机器人位置控制仿真结果

由图 5-9 可知，仅利用关节电动机提供的转矩，柔性连杆的角度和角速度均收敛于目标值，柔性连杆的振动得到抑制。此外，需要注意的是，所提出的控制器无论是 $n=1$、$n=2$，还是 $n=3$，都能实现控制目标，这意味着所提出的控制策略对不同模态数的系统具有普遍的适用性。

为了更好地理解不同模态数对系统控制的影响，将图 5-9c 中 0.42~0.50s 的仿真结果截取为图 5-10 进行进一步分析。从图 5-10 中可以看出，选择 $n=2$ 或 $n=3$ 时，仿真结果相差不大，但当 $n=1$ 和 $n=2$ 或 $n=1$ 和 $n=3$ 时，模拟结果明显不同。以上结果表明，$n=2$ 模型足以描述系统的特性。因此，考虑到系统模型的精度和计算的难度，选择模型 $n=2$ 作为单连杆柔性机器人的合理模型。

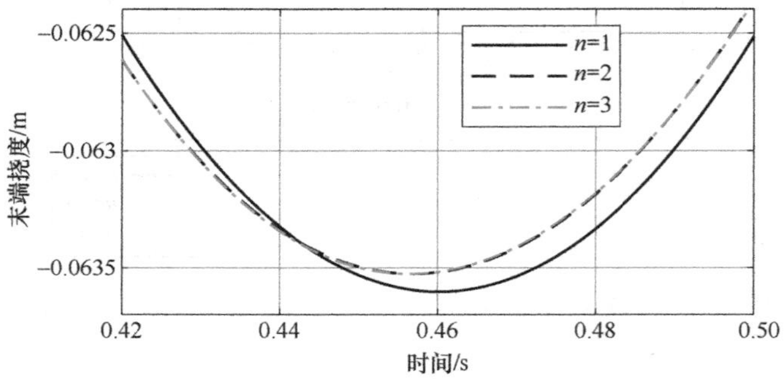

图 5-10　0.42~0.50s 末端挠度

需要注意的是，当选取不同的控制器设计参数时，即 r_1、r_2、r_3，系统的控制性能是不同的，因此，可以通过在线优化控制器设计参数来提高系统的控制性能。但根据式（5-76）和式（5-79）可知，为保证系统的渐近稳定性，r_1 和 r_2 需要设定为常数，而 r_3 数值的改变并不影响系统的渐近稳定性。因此，可以通过对 r_3 进行在线优化来提升系统的控制性能。

第 4 章使用了 PSO 智能优化算法对机器人的逆运动学进行了求解。除了求解逆运动学问题的作用以外，智能优化算法还能在多种复杂优化问题中展现出其优越性能，常见的包括路径规划和控制器参数优化等。本节采用了一种基于 FGA（fuzzy-genetic algorithm，模糊遗传算法）的在线优化方法，在每个采样间隔内优化控制器的设计参数，从而使系统能够快速收敛。

所谓在线参数优化，即在每个采样时间对控制器的设计参数 r_3 进行优化，以使系统在下一个采样时间达到令人满意的状态。令 $e=q_d-q$ 表示机器人柔性连杆角度控制的误差值。根据系统的控制目标，控制器［式(5-78)］的目标是让角度误差 e 和系统总能量 E_t 收敛到零。为使控制目标快速实现，在每个采样间隔内，控制器应使角度误差 e 和系统总能量 E_t 尽可能向零靠近。基于此，设计第 k 个采样时间，遗传算法的评价函数 ft 如下

$$ft=\varepsilon_1|e(k+1)|+\varepsilon_2 E_t(k+1) \tag{5-89}$$

式中，ε_1 和 ε_2 是正的权值常数，并且 $\varepsilon_1+\varepsilon_2=1$；$e(k+1)$ 和 $E_t(k+1)$ 是第 $k+1$ 个采样时间系统的状态。

由于在第 k 个采样时间的优化中，系统第 $k+1$ 个采样时间的状态实际上没有产生，因此，可以借鉴模型预测控制方法，根据系统在第 k 个采样时间的状态，以及参数 r_3 所对应的系统控制输入，基于模型来对系统未来的第 $k+1$ 个采样时间的状态进行预测。基于预测得到的状态 $e(k+1)$ 和 $E_t(k+1)$，结合式（5-89）的评价函数来对设计参数 r_3 的优劣进行评价。

通过 FGA 来优化参数 r_3，使评价函数［式(5-89)］的 ft 尽可能小，也就是使$[k,k+1]$

时间段内，e 和 E_t 尽可能趋近于零。具体优化步骤如下：

算法 5-1：基于遗传算法的控制器设计参数 r_3 在第 k 个采样时间的优化。

初始化：

① 设定参数 r_3 的搜索范围，随机初始化 N 组 r_3 组成初始种群，设定遗传算法的超参数：交叉率 p_c，变异率 p_m，最大迭代次数 G_{max} 和一个很小的正常数 ε_e；

② 初始化当前迭代代数 $G_c=1$；

循环：

③ While $G_c \neq G_{max}$ do

④ 依次将种群中的个体所对应的 r_3 代入到式（5-78）中，得到每个参数 r_3 所对应的系统第$[k,k+1]$时间段内的控制输入；

⑤ 基于系统模型［式（5-74）］、系统在第 k 个采样时间的状态，以及系统第$[k,k+1]$时间段内的控制输入，利用 Runge-Kutta 方法对系统第 $k+1$ 个采样时间的状态进行数值求解，预测得到 $e(k+1)$ 和 $E_t(k+1)$；

⑥ 将得到的 $e(k+1)$ 和 $E_t(k+1)$ 代入到评价函数［式(5-89)］中，计算每个个体对应的 ft 的值；

⑦ **If** $e(k) \cdot e(k+1)<0$ **then**　　//表示控制出现超调

⑧ $ft \leftarrow ft+\delta_b|e(k+1)|$；　　//惩罚函数，$\delta_b$ 是一个足够大的正常数

⑨ **End If**

⑩ **If** $ft<\varepsilon_e$ **then**　　//表示控制目标已经实现

⑪ 在之后的采样时间不再执行参数优化；

⑫ **Break**；

⑬ **End If**

⑭ $G_c \leftarrow G_c+1$

⑮ 更新种群：将种群中的个体以 p_c 为交叉率，以 p_m 为变异率进行遗传操作，生成新一代的种群；

⑯ **End While**

⑰ 将种群中最优的个体对应的控制器设计参数 r_3 输出，作为优化的结果。

基于算法 5-1，在采样间隔$[k,k+1]$内，将得到的优化结果 r_3 代入到控制器中，可以使系统的状态快速向目标状态靠近，从而快速实现系统的控制目标。在每个采样时间，重复使用算法 5-1，直至控制目标实现，即系统误差 ft 小于预定的阈值 ε_e。在控制目标实现后，为了保持系统的稳定性和避免不必要的计算复杂度，可以将 r_3 保持为定值，不再进行参数优化。这种方法不仅简化了后续的控制过程，还能确保系统在达到目标状态后保持稳定。

根据遗传算法的评价函数［式(5-89)］，可以发现，在第 $k+1$ 个采样时间，若想让机器人连杆的角度尽可能接近目标角度，误差 $|e(k+1)|$ 需要尽可能小。这意味着在采样间隔$[k,k+1]$内，连杆的转动角速度应尽可能大，以迅速减少角度误差。然而，这也会导致系统的能量 $E_t(k+1)$ 增大。相反，如果希望系统的能量 $E_t(k+1)$ 尽可能接近零，那么在采样间隔$[k,k+1]$内，连杆的转动速度就需要尽可能小，这意味着，$|e(k+1)|$ 相对 $|e(k)|$ 变化的幅

度越小，这显然与希望 $|e(k+1)|$ 相对 $|e(k)|$ 更接近零的愿望矛盾。由此可见，最小化 $|e(k+1)|$ 和最小化 $E_t(k+1)$ 的目标是相互冲突的。

一般而言，在不同的控制阶段，控制器的控制意图是不同的。例如，在位置控制的初始阶段，即误差 $|e(k+1)|$ 较大时，控制意图应倾向于让遗传算法选出能使连杆快速向目标角度靠近的控制器设计参数 r_3。此时，评价函数［式(5-89)］中的权值 ε_1 应占较大比重；而当连杆接近目标角度时，即误差 $|e(k+1)|$ 较小时，控制意图应倾向于让遗传算法选出能使系统能量快速收敛的设计参数 r_3，从而快速抑制柔性连杆的振动。在这种情况下，评价函数中的权值 ε_2 应占较大比重。显然，误差值 $|e(k+1)|$ 与权值 ε_1 和 ε_2 之间存在一种模糊逻辑关系。接下来，将利用模糊控制的方法，根据系统当前所处的状态，即 $|e(k)|$ 的大小，动态调节评价函数［式(5-89)］中的权值 ε_1 和 ε_2，以实现更加精确和高效的控制。

所设计的基于曼达尼（Mamdani）推理方法的模糊控制系统包括一个输入和一个输出。为了确保输入值在 $[0,1]$ 范围内变化，将模糊逻辑的输入 δ 进行如下标准化操作：

$$\delta=|e(k)/e_0| \tag{5-90}$$

式中，$e_0=e(0)$ 为初始时刻连杆角度与目标角度之间的误差。

由于位置控制中，系统的目标状态与初始状态不一致，因此，e_0 是非零的。这种对模糊逻辑的输入进行标准化的处理方式，不仅使得输入数据在统一的尺度上进行比较和运算，还能提高模糊控制系统的鲁棒性和精度。通过将输入值限制在 $[0,1]$ 范围内，可以有效避免数值计算中的溢出问题，并简化模糊规则的制订和调试过程，从而提升系统的整体性能和稳定性。

模糊控制的输出设置为 ε_1。根据 ε_1 可以轻易得到 ε_2 为

$$\varepsilon_2=1-\varepsilon_1 \tag{5-91}$$

本节使用一些符号来表示不同的模糊集合：VS（Very Small，非常小）、S（Small，小）、M（Medium，中等）、L（Large，大），以及 VL（Very Large，非常大）。这些符号有助于简化和明确模糊规则的表达。输入与输出之间的模糊规则见表 5-1，通过这些规则，可以建立输入变量与输出变量之间的关系，从而实现模糊控制。

输入和输出的隶属度函数如图 5-11 所示。为了将模糊集合转换为具体的输出值，采用了重心法进行解模糊处理。重心法是一种常用的解模糊技术，通过计算模糊集合的重心来确定输出变量的具体数值。通过这种方法，可以精确地计算出输出变量的具体值。最终，得到的模糊输出 ε_1 为

$$\varepsilon_1=\frac{\sum_{i=1}^{5}\mu_{\varepsilon_1}(\varepsilon_1^i)\varepsilon_1^i}{\sum_{i=1}^{5}\mu_{\varepsilon_1}(\varepsilon_1^i)} \tag{5-92}$$

式中，ε_1^i 是第 i 条模糊规则的推理结果，而 $\mu_{\varepsilon_1}(\varepsilon_1^i)$ 是 ε_1 的隶属度函数。通过求得的 ε_1，可以利用式（5-91）进一步计算出 ε_2。然后，将得到的 ε_1 和 ε_2 代入到遗传算法的适应度函数［式(5-89)］中，作为采样间隔 $[k,k+1]$ 内的权值。这一过程确保了 FGA 控制系统能够动态调整，根据当前的系统状态进行优化。

表 5-1　输入和输出之间的模糊规则表

IF	THEN
δ is VS	ε_1 is VS
δ is S	ε_1 is S
δ is M	ε_1 is M
δ is L	ε_1 is L
δ is VL	ε_1 is VL

基于模糊控制方法，可以有效调节遗传算法适应度函数的权值 ε_1 和 ε_2，使得控制器［式(5-78)］能够根据系统的不同控制阶段，灵活调整控制策略。这种调节能力使得所设计的控制器能够在不同的操作阶段中实现最佳控制性能，从而显著提升整个系统的控制效果和稳定性。

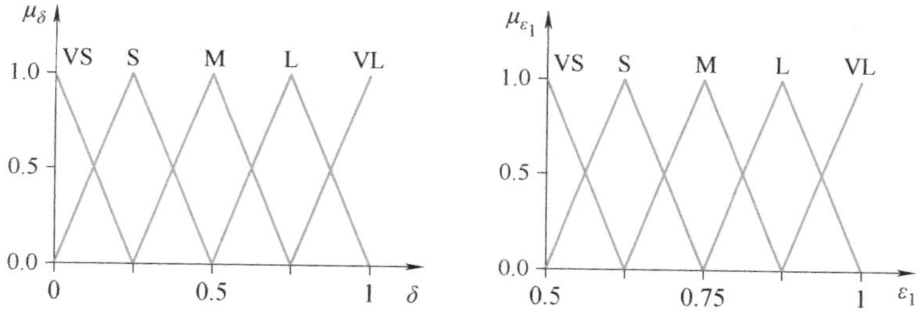

图 5-11　输入和输出的隶属度函数

为验证所设计的 FGA 在线参数优化方法可以提升系统的控制性能，将上文的控制器参数 r_1 和 r_2 保持不变，分别为 $r_1=4.2$ 和 $r_2=0.9$，选择 $n=2$ 的模型。在线参数优化方法的参数值 $P_c=0.7$，$P_m=0.3$，$G_{max}=20$，$N=30$，$b=100$。为减少超调，缩短系统的稳定时间，选择 r_3 的取值范围为[0.1,10]。r_3 的优化结果如图 5-12 所示，仿真结果如图 5-13 所示。

对比图 5-9 和图 5-13 可以看出，不加在线参数辨识和加入在线参数优化的情况下的角度和角速度收敛时间几乎相同，但后者对连杆振动抑制时间明显变短。因此，基于 FGA 的在线优化方法对提高系统性能是有效的。

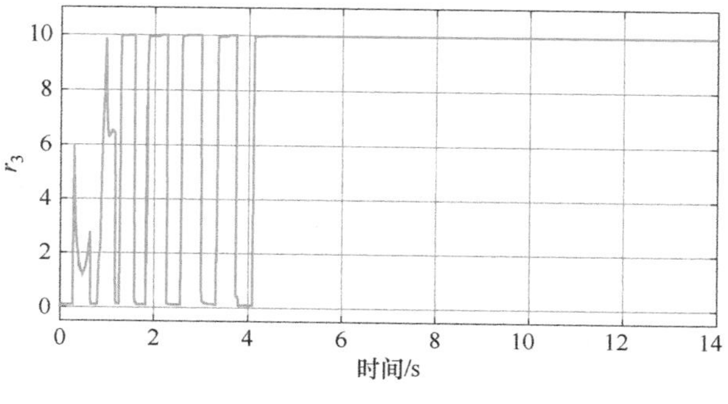

图 5-12　r_3 优化结果

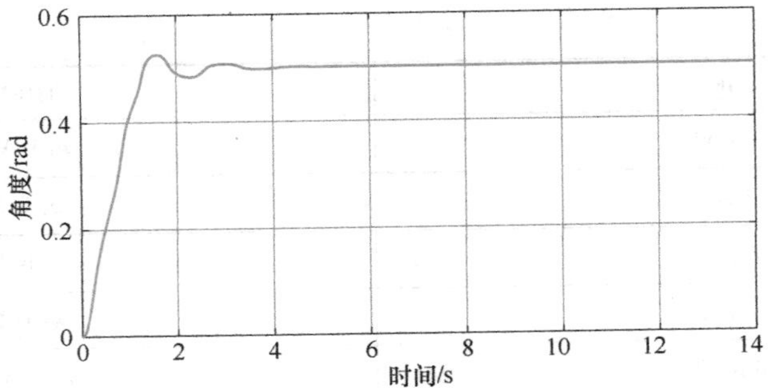

a) 角度

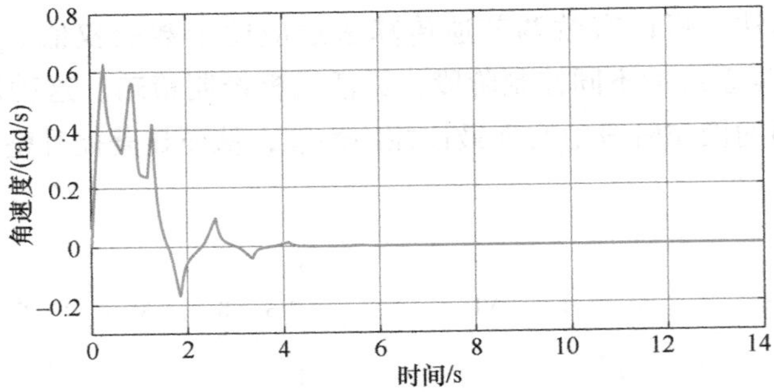

b) 角速度

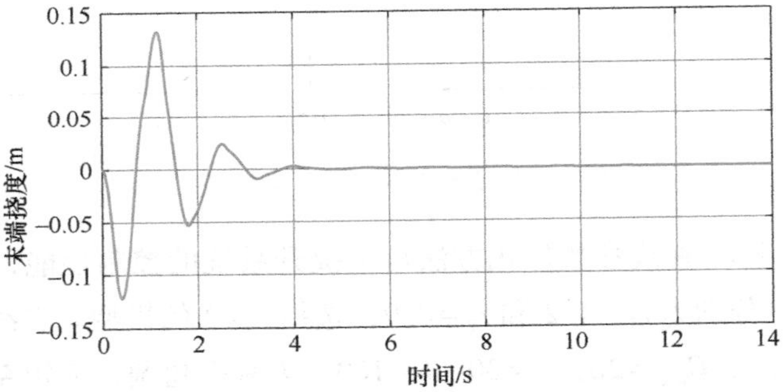

c) 末端挠度

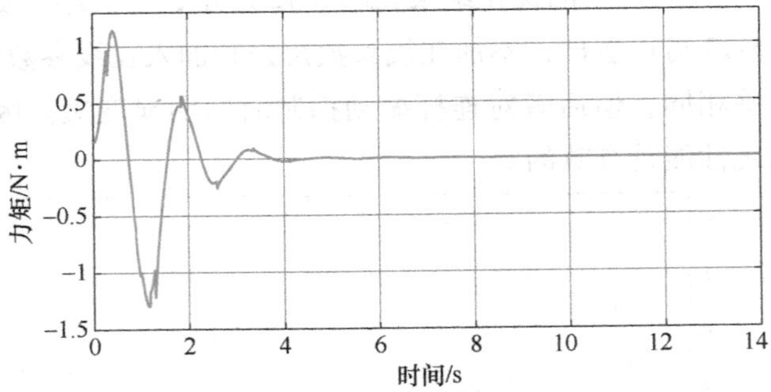

d) 力矩

图 5-13　优化 r_3 柔性连杆机器人位置控制仿真结果

此外，r_1 和 r_2 的取值对系统性能也有显著影响。因此，选择合适的 r_1 和 r_2 可以进一步提高系统的整体性能。在本实验中，选择 $n=2$ 的模型，并将 r_1 固定为 4.2，r_2 固定为 0.1。为了验证基于 FGA 的在线优化方法的有效性，分别使用了 $r_3=1.5$、$r_3=4.9$、$r_3=8.8$，以及通过 FGA 优化得到的 r_3 值进行实验，仿真控制结果如图 5-14 和图 5-15 所示。其中，图 5-15 是图 5-14 中 2~5s 区间的仿真结果细节图，而 r_3 的优化结果则如图 5-16 所示。

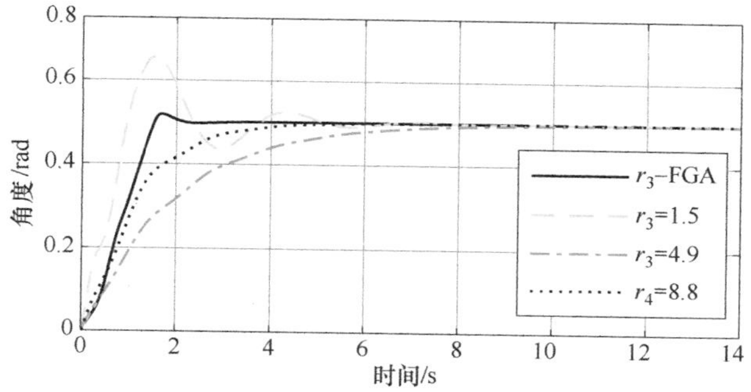

a) 角度

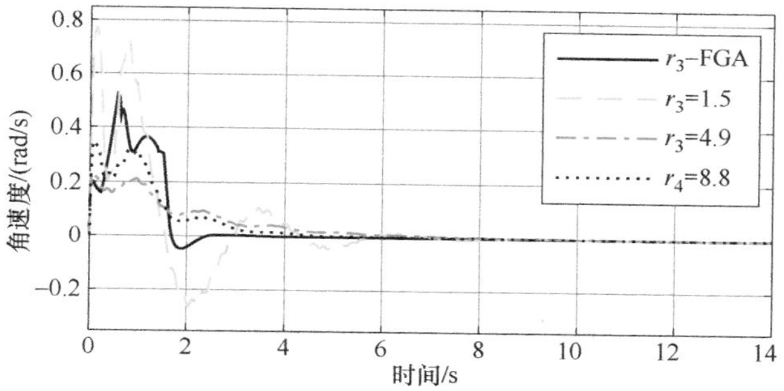

b) 角速度

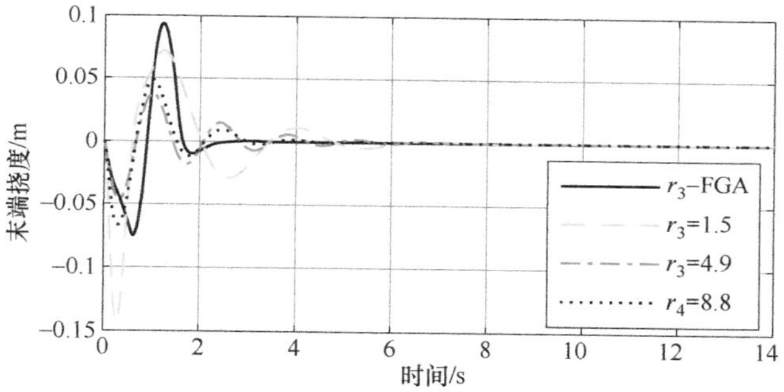

c) 末端挠度

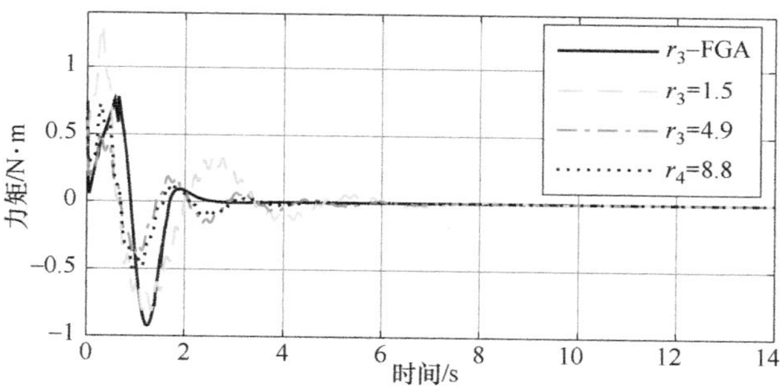

d) 力矩

图 5-14　r_3 不同时柔性连杆机器人位置控制仿真结果

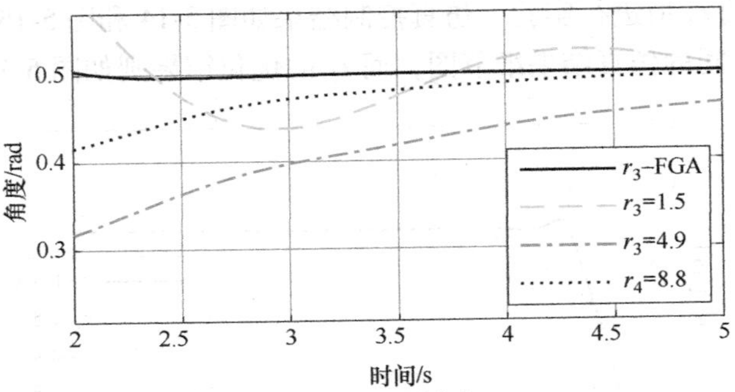

a) 2～5s时角度

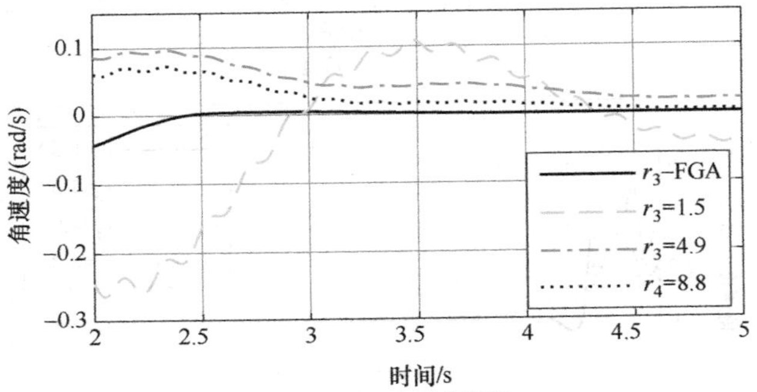

b) 2～5s时角速度

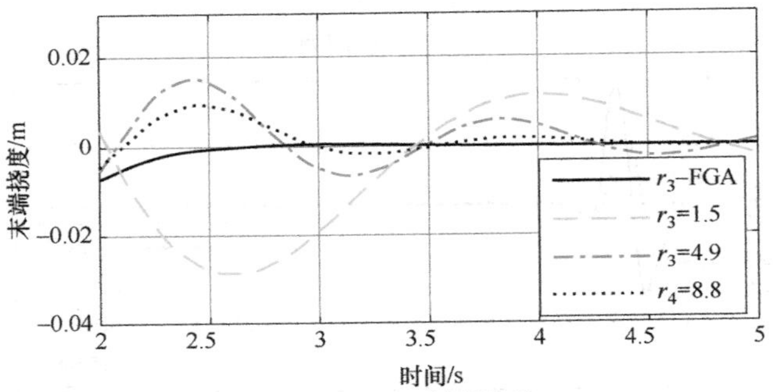

c) 2～5s时末端挠度

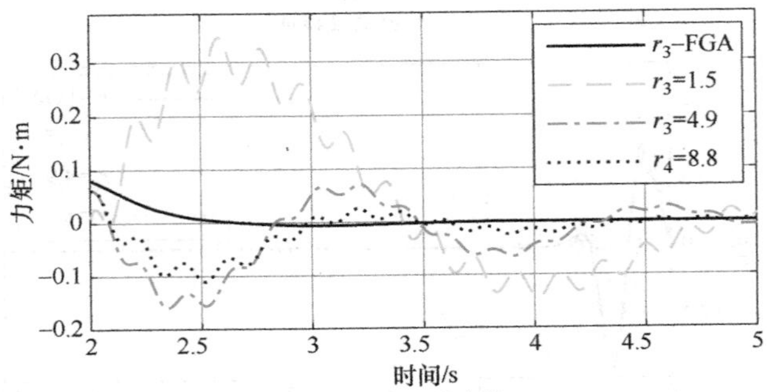

d) 2～5s时力矩

图 5-15　2～5s 时柔性连杆机器人位置控制仿真结果

从图 5-14 可以看出，当 r_3 值较小时，系统的超调量非常大；而当 r_3 值较大时，系统的响应速度明显不足。为了提高系统的响应速度并避免过大的超调量，应选择合适的常数 r_3。在定值 r_3 的仿真实验中，$r_3=4.9$ 取得了较好的控制效果，系统在大约 5.5s 时实现了控制目标，并避免了过大的超调。经 FGA 在线优化的参数 r_3 使控制器在大约 3.5s 时实现了系统的控制目标，同时也避免了过大的超调。结合图 5-14 和图 5-15 可以得出，所提出的基于 FGA 的在线优化方法，通过在线优化控制器的设计参数 r_3，可以显著提高系统的控制性能。

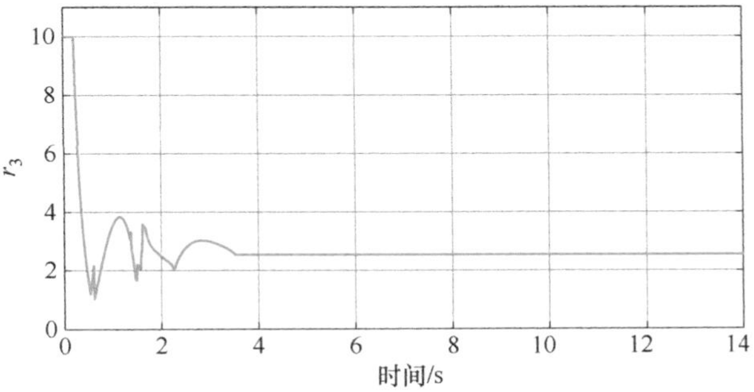

图 5-16　r_3 优化结果

2. 实验案例

为进一步验证所设计控制器的有效性，搭建了平面单连杆的柔性连杆机器人实验平台，如图 5-17 所示。

柔性连杆实验平台由以下几个主要部分组成：计算机（CPU 为 i7-12700，内存为 16G）、I/O 板卡（制造商为 NI 公司，型号为 PCIe-6351）、柔性连杆（材料为不锈钢）、电动机（制造商为 PANASONIC 公司，型号为MHMF042L1U2M）、驱动器（制造商为 PANASONIC 公司，型号为 MBDLT25SF）、末端负载和应变传感器（全桥式）。计算机在实验系统中主要负责数据处理。I/O 板卡则用于模拟量和数字量的互相转换，连接计算机和柔性连杆的实际系统。电动机是伺服电动机，安装在底座上，并在伺服驱动器的驱动下以力矩模式运行；伺服电动机内置旋转编码器，用于测量连杆的旋转角度。应变传感器用于测量系统的振动状态，应变传感器的输出为模拟电压信号。

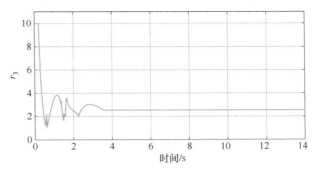

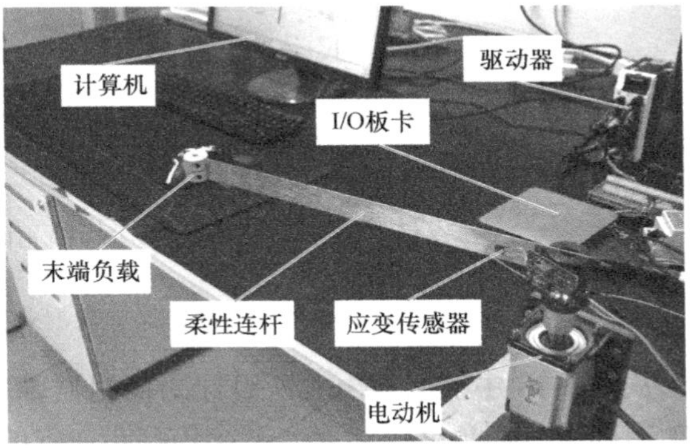

图 5-17　柔性连杆机器人实验平台

基于这些硬件结构，整个系统的工作原理如下：操作员将控制器程序安装到计算机中，计算机通过接收来自应变传感器的实时系统状态数据，生成相应的控制信号；该控制信号随后被传输到 I/O 板卡，I/O 板卡将数字信号转换为模拟电压信号，并发送到伺服驱动器；伺服驱动器根据接收到的模拟电压信号驱动伺服电动机，伺服电动机则向柔性连杆施加与控制信号成比例的扭矩；在扭矩的作用下，柔性连杆绕关节旋转，其旋转角度由伺服电动机内置的编码器进行测量；编码器的测量信号通过 I/O 板卡的计数器接口传输回计算机；与此同时，柔性连杆的振动状态由应变传感器进行监测，应变传感器输出的模拟电压信号也通过 I/O 板卡传输到计算机；计算机显示收集到的系统状态信号，并用于计算下一步的控制信号，从而实现闭环控制，确保系统的精确操作和稳定运行。

测量计算确定柔性连杆机器人的物理参数：$\rho A=19.032\text{kg/m}$，$EI=0.386\text{N}\cdot\text{m}^2$，$L=$

0.4m，$I_h=5.8\times10^{-5}\text{kg}\cdot\text{m}^2$，$m=3.05\times10^{-2}\text{kg}$。根据式（5-78），令 $r_2=0$，此时控制器［式(5-78)］为传统的 PD 控制器。通过多次实验对此 PD 控制器的参数进行调优，结果为 $r_1=0.48$，$r_3=0.07$。该组参数的控制效果如图 5-18 所示。

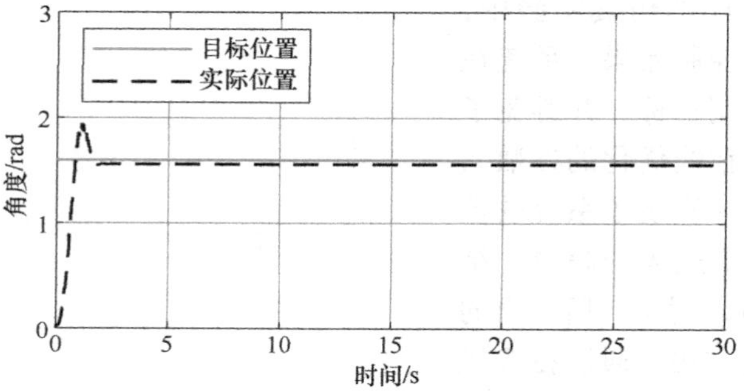

a) 角度

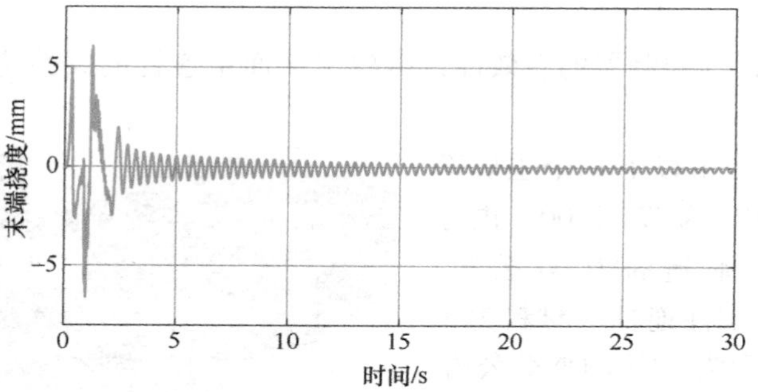

b) 末端挠度

图 5-18　柔性连杆机器人实际位置控制实验结果

从图 5-18 中可以看出，所设计的控制器基本实现了柔性连杆机器人的位置控制，连杆成功达到了目标角度。然而，系统仍存在一定的稳态误差，约为 0.042rad。此外，柔性连杆的末端在 0.01mm 的振幅内持续振动。尽管振幅随时间逐渐减小，但并未像理论和仿真中那样完全衰减到零。出现这种现象的原因可能是多方面的，需要进一步分析探讨。

首先，所设计的基于系统能量的控制器虽然具有简单易用的优点，但在处理柔性系统时可能不足以应对其复杂的动态特性。柔性连杆的振动和变形具有非线性和时变特性，这使得所设计的控制器在这种情况下可能无法提供足够的控制精度和稳定性。柔性系统的动态行为往往比刚性系统更加复杂，要求控制器具备更高的响应能力和适应性。

其次，尽管理论上所设计的控制器可以使系统渐近稳定，但稳定所需要的时间是无限长的，这意味着系统可能无法在期望的时间内达到期望的控制目标。同时，实验环境中的摩擦、测量噪声、外部干扰等也可能导致系统无法达到理论上的零误差状态。传感器的精度和响应速度、驱动器的性能以及连杆的材料特性等因素都会影响控制效果。例如，应变传感器的测量往往伴随着迟滞等非线性特性，驱动装置的摩擦也往往使系统的控制输入伴随死区等非线性行为。

为了解决上述问题，可以进一步了解和学习一些更加先进的控制方法，这些方法能够更好地应对系统中的不确定性和复杂的动态特性。例如，采用自适应神经网络控制可以动态调整控制器的参数，以估计和补偿系统中的未确定因素（包括驱动装置的摩擦、死区效应和故障等）。此外，还可以设计扰动估计器和传感器迟滞补偿器，以补偿系统中的驱动器迟滞和外部干扰。现代控制理论中的鲁棒控制和预测控制也非常有用，这些方法在柔性系统的控制中发挥了重要作用，有助于实现更高的控制目标。其中，鲁棒控制可以在系统参数变化和外部干扰存在的情况下保持系统的稳定性和性能，而预测控制则可通过预测系统未来的行为来优化控制策略。这些先进的控制方法将更好地解决柔性连杆机器人控制中的难题，提高控制精度和稳定性。

扩展阅读

以下将具体测量实际系统中应变传感器的迟滞特性并进行详细分析。探讨应变式振动传感器在测量柔性连杆振动状态时的表现，并提供一种振动传感器的迟滞补偿方法以供读者拓展学习。应变式振动传感器被广泛应用于柔性连杆系统中，用于精确测量其振动状态。传感器的输入信号由连杆的振动状态决定，而输出信号则为模拟电压信号。在理想情况下，通常认为传感器的输入和输出之间存在线性关系，即输入信号的变化会直接、线性地反映在输出信号上。

然而，在实际应用中可能会出现一些非理想因素，应变传感器可能存在明显的迟滞特性。这意味着在输入信号增加和减少的过程中，传感器的输出曲线并不重合，如图 5-19 所示，这种现象被称为迟滞环。这种迟滞特性可能是由于传感器基体材料和应变片黏合剂材料的黏弹性造成的。具体来说，当传感器受到振动时，材料内部的应力和应变并不是完全同步变化的，导致了输入和输出之间的非线性关系。这种迟滞特性可能会影响测量的准确性，因此，需要设计和应用迟滞补偿方法，以提高系统的测量精度和响应速度。

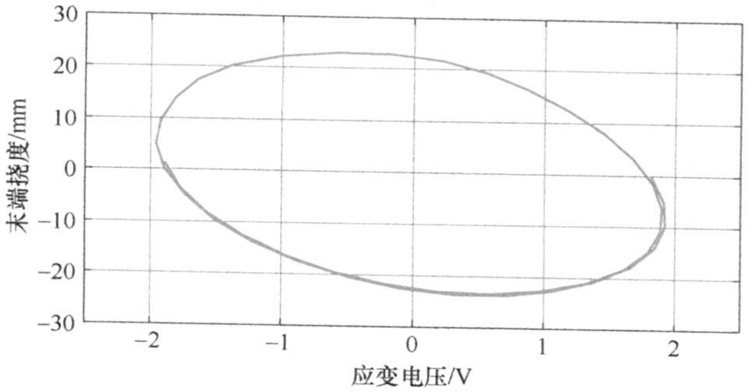

图 5-19　挠度与应变电压迟滞关系图

对于柔性连杆机器人而言，当柔性连杆的物理参数（如质量、长度、横截面积、材料属性等）保持不变时，其固有振动频率通常也不会发生改变。这是因为连杆的固有频率主要由其物理特性决定。根据振动理论，系统的固有频率取决于其刚度和质量分布。当这些物理参数保持恒定时，连杆的刚度矩阵和质量矩阵也保持不变，因此其特征方程和相应的特征值（即固有频率）也不会改变。即使在机械臂运动过程中，连杆的姿态和位置发生变化，只要其内在物理特性不变，固有频率就会保持稳定。

因此，对于振动传感器来说，其输入信号的频率保持不变，即输入是固定频率的信号时，迟滞在频域中主要表现为相位滞后。带通滤波器不仅可以选择特定频率范围，还可以调整信号的相位。因此，在振动传感器后连接一个带通滤波器来对振动传感器的输出模拟电压信号的相位进行调节，可以实现对振动传感器的迟滞补偿。通过选择合适的带通滤波器，可以有效地减少由于传感器迟滞特性引起的相位误差，从而提高系统的测量精度和响应速度。这种方法在实际应用中操作简单且具有较高的可操作性和有效性。

综合上述分析，下面介绍一种基于带通滤波器的迟滞补偿方法，该方法的具体操作如下：

1）迟滞分析：需要采集大量的实验数据，并基于实验数据分析传感器在柔性连杆固定频率下的迟滞特性，确定相位滞后的程度。这一步骤至关重要，因为它为后续的滤波器设计提供了必要的参数。通过测量和计算，可以明确传感器在特定频率下的相位滞后量。

2）滤波器设计：设计一个中心频率与输入信号频率相匹配的带通滤波器。带通滤波器的传递函数 $H(s)$ 描述如下：

$$H(s)=\frac{a_1 s}{s^2+a_2 s+a_3} \tag{5-93}$$

式中，a_1，a_2，a_3 为带通滤波器的参数。

这里采用的是二阶带通滤波器，它具有较好的频率选择性和相位特性。二阶带通滤波器能够有效地抑制不需要的频率成分，同时保留所需的信号频率，从而实现对迟滞现象的补偿。

3）参数调整：在设计好带通滤波器后，需要对带通滤波器的参数进行精细调整，使带通滤波器的中心频率应该与系统的固有频率一致，以确保其能够有效地处理输入信号。同时，需要调整滤波器的相位响应，使其在目标频率处提供与迟滞相反的相位移动，从而实现相位补偿。

4）输出信号实时处理：将传感器输出通过设计好的带通滤波器进行处理。通过实时处理传感器信号，可以有效地补偿由于迟滞引起的相位误差，从而提高系统的测量精度和响应速度。

在上述参数调整过程中，为了获得带通滤波器的最佳参数，实现最优的传感器迟滞补偿效果，需要对传感器参数进行精细调整。手动调参虽然直观，但往往过程复杂且效率低下。因此，这里介绍一种更为高效的参数辨识方法，即通过自动化手段来调节和优化滤波器参数，从而提高补偿效果。

首先，将带通滤波器的传递函数［式(5-93)］设定为迟滞补偿器的模型，则存在最优的参数 a_1、a_2、a_3 可以使补偿器很好地补偿振动传感器的迟滞效应。采集振动传感器的输入和输出实验数据来辨识这组最优参数，这包括柔性连杆末端的挠度（作为输入）和振动传感器的输出电压（作为输出），这些实验数据是进行参数辨识的基础。通过准确采集和记录这些数据，可以获得传感器在不同工作条件下的响应特性，为后续的参数辨识提供可靠的数据支持。

接着，利用非线性最小二乘方法来辨识三个参数 a_1、a_2、a_3。非线性最小二乘方法是一种常用的优化算法，通过最小化误差平方和来找到最佳拟合参数。在此过程中，实验数据代入传递函数模型，通过迭代计算不断调整参数值，直到找到使模型输出与实验数据最接近的参数组合。通过这些步骤，可以精确调整滤波器的带宽和相位特性，从而优化补偿效果。

为了验证参数辨识的效果，即迟滞补偿的实际效果，采用拟合度公式进行模型验证。拟合度公式能够量化模型输出与实验数据之间的匹配程度，从而评估参数辨识的准确性。拟合度 F 的计算公式为

$$F=\left[1-\frac{\sqrt{\sum_{k=1}^{n}(\omega_k-\widetilde{\omega}_k)^2}}{\sqrt{\sum_{k=1}^{q}(\omega_k-\overline{\omega}_k)^2}}\right]\times 100\% \tag{5-94}$$

式中，n 为采样点的总数；ω_k 为第 k 个采样点的末端振动挠度；$\widetilde{\omega}_k$ 为在第 k 个采样点的模型输出，$\overline{\omega}_k$ 为 ω_k 的平均值。

将验证数据代入拟合度公式中，拟合度越高，模型精度越高。

MATLAB/Simulink 提供了非线性最小二乘方法的工具箱，即 lsqnonlin 函数。在参数 a_1、a_2 和 a_3 的辨识中，可以直接调用该函数，辨识结果为 $a_1=-267.32$、$a_2=5.86$、$a_3=-0.03$。其中，辨识均方根误差为 0.27%，拟合度为 96.57%。拟合结果如图 5-20 所示。

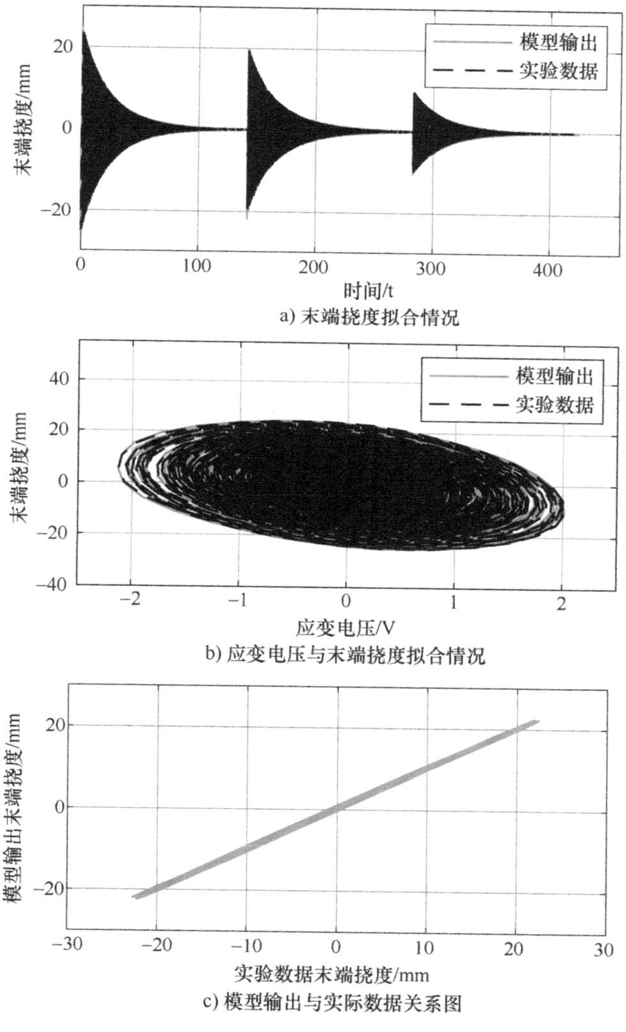

图 5-20 模型输出与实际数据关系图

在图 5-20 中，虚线曲线代表实验数据，而实线曲线则代表根据辨识出的参数 $a_1=-267.32$、$a_2=5.86$、$a_3=-0.03$ 所生成的迟滞补偿器模型输出。图 5-20 中，虚线与实线高度吻合，这表明所设计的迟滞补偿器很好地补偿了振动传感器的迟滞效应。具体来说，辨识均方根误差仅为 0.27%，说明迟滞补偿器补偿后的测量数据与实际值的误差非常小；拟合度达到了 96.57%，进一步证明了所设计的带通滤波器已经实现了预期的迟滞补偿目标。

根据上述实验结果可以得出结论，利用带通滤波器处理振动传感器的输出模拟电压信号，通过选取带通滤波器的参数，可以有效地补偿振动传感器的迟滞效应，使得柔性连杆机器人的控制中，柔性连杆的振动状态测量更准确。振动状态测量的准确性对于基于模型的控制器至关重要，因为这些控制器依赖于精确的状态反馈来进行动态调整和控制。基于系统能量的控制器［式(5-78)］虽然可以通过参数设计使其成为 PD 控制器这种无模型控制器，但这也就使该控制器缺少柔性连杆的振动状态反馈，其振动抑制性能将大幅下降。通过补偿传感器的迟滞效应，能够显著提升振动状态测量的精度，从而为控制器提供更可靠的反馈信息。这不仅增强了控制器对振动的抑制效果，还提高了系统的整体稳定性和响应速度。最终，可以使柔性连杆机器人的控制性能得到了显著改善，实现更加精准和高效的操作。

本章小结

本章以平面单连杆柔性关节机器人和平面单连杆柔性连杆机器人为例，系统地介绍了柔性机器人相关的基础知识。首先，探讨了柔性关节机器人的结构及其关节柔性产生的原因，这种柔性通常由材料弹性变形或结构的微小运动引起。通过采用拉格朗日方法建立动力学模型，并基于能量法设计 PD 控制器，在仿真和实验平台上验证了其有效性，结果表明 PD 控制器能够有效地控制机器人的运动，减少振动和不稳定现象。接着，详细介绍了柔性连杆机器人的结构及其梁理论，柔性连杆的关键在于连杆部分的柔性，这主要由材料特性和结构形状决定。通过假设模态法，简化了复杂系统的分析过程，并同样采用拉格朗日法建立了动力学模型，设计了 PD 控制器。仿真和实验结果均表明，PD 控制器能够有效控制柔性连杆机器人的运动，减小振动和不稳定现象。此外，为了得到连杆末端振动挠度的准确值，采用了传递函数建模的方法，通过建立系统的传递函数，可以精确预测系统在不同输入条件下的响应。

本章通过对柔性关节机器人和柔性连杆机器人的详细分析，展示了柔性机器人系统的建模和控制方法。采用拉格朗日法建立动力学模型，基于能量法设计 PD 控制器，并在仿真和实验平台上验证其有效性，为柔性机器人的研究提供了重要参考。传递函数建模方法能够更准确地预测系统的动态行为，为柔性机器人的进一步优化设计提供了理论支持。

习　题

5-1　根据平面柔性关节机器人建模方法，建立垂直柔性关节机器人的动力学模型。

5-2　根据单连杆柔性机器人的建模方法，建立刚柔耦合型双连杆柔性机器人的动力学模型。

5-3　柔性关节机器人和柔性连杆机器人的控制方法有哪些?

5-4　柔性关节机器人和柔性连杆机器人位置控制的最终控制目标是什么?

5-5　简述谐波减速器的作用、原理以及应用场景。

5-6　简述 PD 控制和 PID 控制的关系和优缺点。

参考文献

[1] CHATTERJEE S. Vibration control by recursive time-delayed acceleration feedback [J]. Journal of Sound and Vibration, 2008, 317 (1/2): 67-90.

[2] 黎田. 柔性关节机械臂及其运动学标定和振动抑制的研究 [D]. 哈尔滨：哈尔滨工业大学，2012.

[3] 张国庆. 柔性多体系统建模与控制 [D]. 合肥：中国科学技术大学，2008.

[4] WU J D, ZHANG P, MENG Q X, et al. Control of underactuated manipulators: Design and optimization [M]. Singapore: Springer, 2023.

[5] YAN Z, LAI X Z, MENG Q X, et al. A novel robust control method for motion control of uncertain single-link flexible-joint manipulator [J]. IEEE transactions on systems, man, and cybernetics: Systems, 2021, 51 (3): 1671-1678.

[6] YIN W, SUN L, WANG M, et al. Nonlinear state feedback position control for flexible joint robot with energy shaping [J]. Robotics and Autonomous Systems, 2017, 99: 121-134.

[7] 洪昭斌，陈力. 基于混合轨迹的柔性空间机械臂神经网络控制 [J]. 中国机械工程，2011，22 (2)：138-143.

[8] MENG Q X, LAI X Z, YAN Z, et al. Motion planning and adaptive neural tracking control of an uncertain two-link rigid-flexible manipulator with vibration amplitude constraint [J]. IEEE Transactions on Neural Networks and Learning Systems, 2022, 33 (8): 3814-3828.

[9] 刘业超. 柔性关节机械臂控制策略的研究 [D]. 哈尔滨：哈尔滨工业大学，2009.

[10] LIU Z J, LIU J K, HE W. Partial differential equation boundary control of a flexible manipulator with input saturation [J]. International Journal of Systems Science, 2017, 48 (1): 53-62.

[11] 葛洋，张安彩，韩丹阳，等. 平面欠驱动两杆柔性机械臂的全局稳定控制 [J]. 河北科技大学学报，2014，35 (5)：428-434.

[12] 宋崇生，陈江，柯翔敏. 基于干扰观测器的柔性关节机械臂滑模控制 [J]. 计算机仿真，2016，33 (10)：294-299.

[13] 孟庆鑫，赖旭芝，闫泽，等. 双连杆刚柔机械臂无残余振动位置控制 [J]. 控制理论与应用，2020，37 (3)：620-628.

[14] 刘业超，金明河，刘宏. 柔性关节机器人基于柔性补偿的奇异摄动控制 [J]. 机器人，2008，30 (5)：460-466.

第 6 章　气动软体机器人

导　读

本章将揭开气动软体机器人这一前沿领域的面纱。作为机器人领域的科技前沿，气动软体机器人正在革新传统的机器人认知。本章将聚焦于气动软体驱动器这一气动软体机器人的核心组成部分，以平面充气伸长型气动软体驱动器为例，通过深入浅出的讲解，掌握其建模原理、参数辨识方法，以及位置控制和轨迹跟踪控制的关键方法。这不仅是理解整个气动软体机器人系统的基石，更是未来先进气动软体机器人创新设计的源泉。

本章知识点

- 气动软体机器人基础
- 气动软体驱动器的建模方法
- 气动软体驱动器的运动控制

6.1　引言

机器人的正常运转离不开驱动系统。目前，三种常用的驱动系统分别是：电动机驱动系统、液压驱动系统和气压驱动系统，如图 6-1 所示。其中，电动机驱动通过电动机产生的力或转矩直接驱动执行器，具有技术成熟、使用方便和控制灵活等优势，因而在机器人应用中广泛使用。然而，电动机驱动的成本较高，并且对使用环境有较高要求。此外，电动机驱动的输出力通常不够柔顺，在某些应用中可能存在安全隐患。液压驱动则通过液压泵产生的压力驱动执行器运动，具备大动力、响应速度快和易于实现直接驱动的特点，适合于承载惯量大、输出力高的应用场景。但其不足之处在于液压系统需要进行能量转换，效率较低，且使用的液压油会对环境产生污染，同时工作噪声较大。液压驱动的输出力也较为刚性，不够柔顺，可能在精细操作或人机协作中带来安全问题。

气压驱动方式是利用空气作为工作介质，通过气源产生的气压差驱动执行器运动。这一技术的基础可以追溯到 1776 年，当时英国发明家约翰·威尔金森（John Wilkinson，1728—1808）发明了一种能够产生约 1 个标准大气压压力（1atm = 101325Pa）的空气压缩机，为气动技术的发展奠定了基础。1880 年，人们首次利用气缸制造了气动制动装置，并成功应用于火车的制动系统。到了 20 世纪中叶，气压驱动技术开始广泛应用于工业生产。随着计算机、传感器和微电子等技术的发展，气动机器人得到了广泛发展。这些先进技术的融合，不仅提升了气动系统的性能和可靠性，还进一步推动了气动技术在各个领域的进步和普及。

相较于传统的电动和液压机器人，气动机器人的系统结构更为简单，使得其操作和维护更加便捷，成本也相对较低。由于采用空气作为工作介质，气动机器人具有良好的环保性能，同时具备较强的环境适应能力，能够在带电环境、强辐射、外力碾压重击以及水下环境等极端条件下可靠运行。此外，气动机器人还具有良好的柔顺性和安全性。例如，在一些需要与人类直接互动的场景中，气动机器人的柔顺性可以有效降低意外碰撞对人类造成的伤害，从而提高系统的安全性和可靠性。

a) 电动机驱动　　b) 液压驱动　　c) 气压驱动

图 6-1　常用的驱动系统

在气动机器人的发展历程中，最初的设计主要依赖于气缸驱动的刚性机器人。这种设计虽然在某些工业应用中表现出色，但其刚性结构限制了在柔性和复杂运动中的应用。随着材料科学和制造技术的进步，气动软体驱动器逐渐成为研究热点。这些软体驱动器利用柔性材料和气压变化实现复杂的形变和运动，能够更好地模拟生物体的柔顺性和灵活性。气动软体机器人的出现标志着气动技术从刚性结构向柔性结构的重大转变，极大地扩展了气动机器人在仿生学、医疗护理、爬行机器人等领域的应用前景。科研人员通过不断优化气动软体驱动器的设计和控制方法，推动了这一领域的快速发展，为未来的智能机器人技术奠定了坚实基础。

近年来，气动软体机器人在服务领域，尤其是医疗康复和助老等方面取得了显著进展。例如，在医疗康复领域，气动驱动的康复机器人由于其柔顺性和安全性，能够为患者提供个性化的康复训练，帮助他们恢复运动功能。在助老领域，气动机器人可以辅助老年人完成日常生活中的基本动作，如行走、起立和坐下等，提高他们的生活质量。这些应用不仅展示了气压驱动技术的广泛适用性，也为社会各界提供了更多的解决方案，以应对人口老龄化和医疗资源紧缺等挑战。

气动软体机器人在仿生机器人领域同样展现出其独特的优势。仿生机器人旨在模仿生物体的运动和行为，而气动驱动的柔顺性和轻量化特性使其特别适合于这种应用。气动软体驱动器能够通过调节气压实现柔和且连续的运动，模拟生物体的自然动作。例如，气动仿生机器鱼和气动仿生机器手臂已经在实验室中展示了其卓越的运动能力和灵活性。这些气动仿生机器人不仅能够在复杂环境中高效工作，还能在水下探测、军事应用、灾区搜救等领域发挥重要作用。这些应用不仅展示了气动软体机器人的技术潜力，也为未来的机器人设计提供了新的思路和方向。

气动软体机器人通常由气动软体驱动器和连接件等构件组成，其中气动软体驱动器作为关键执行部件，是该类机器人的主要动力来源，起到重要的驱动作用。近年来，随着气动软体机器人研究领域的不断拓展，相关气动软体驱动器的研究也在不断加快。目前，气动软体驱动器根据其变形方式，可以划分为充气收缩型、充气弯曲型和充气伸长型软体驱动器等，如图 6-2 所示。这些不同类型的驱动器通过调节内部气压，实现各自特定的运动模式，满足不同应用场景的需求。充气收缩型驱动器通过内腔充气使其长度缩短，适用于需要线性收缩动作的场景；充气弯曲型驱动器则通过气压变化实现弯曲运动，适用于需要灵活转向和复杂运动的任务；充气伸长型驱动器则通过充气使其长度增加，适用于需要延展和推拉动作的应用。这些多样化的驱动器设计，为气动软体机器人在仿生学、医疗康复、工业自动化等领域提供了广泛的应用前景。

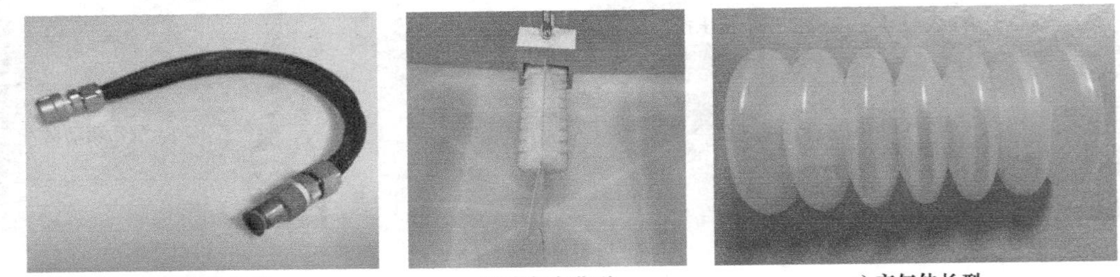

a) 充气收缩型　　b) 充气弯曲型　　c) 充气伸长型

图 6-2　不同变形方式的气动软体驱动器

充气收缩型气动软体驱动器具有对称的驱动器截面，其收缩运动通常通过应变限制元件（如纤维）限制驱动器的轴向膨胀，并将其转化为径向收缩。典型的充气收缩型气动软体驱动器包括 McKibben 气动人工肌肉和褶皱式气动软体驱动器等。McKibben 气动人工肌肉通过内部充气使得外部编织网收缩，从而产生强大的收缩力，其工作原理如图 6-3a 所示。褶皱式气动软体驱动器通常利用预设的褶皱结构，在充气时通过褶皱的展开和重组实现整体收缩，工作原理如图 6-3b 所示。目前，充气收缩型气动软体驱动器广泛应用于仿生手臂、腿部辅助装置等领域。

充气弯曲型气动软体驱动器通常具有非对称的驱动器截面，其弯曲运动通过气压作用于非对称截面产生不同的形变来实现。在充气过程中，驱动器的弯曲方向通常从刚度较低的一侧指向刚度较高的一侧，或从变形较大的一侧指向变形较小的一侧。由于人体躯干或四肢的自然运动通常是弯曲的，近年来设计不同类型的充气弯曲型气动软体驱动器以替代人体运动的研究课题引起了广泛关注。目前，充气弯曲型气动软体驱动器根据不同的设计结构大致可分为非对称气囊式弯曲驱动器和非对称壁厚驱动器。非对称气囊式弯曲驱动器是一种典型的充气弯曲型气动软体驱动器，如图 6-4a 所示，其设计特点在于驱动器的一侧由一系列串联的气囊组成，而另一侧则没有气囊。在充气过程中，气囊一侧会因膨胀而伸长，而没有气囊的一侧则保持不变。因此，整个驱动器会向没有气囊的一侧弯曲。非对称壁厚驱动器的设计

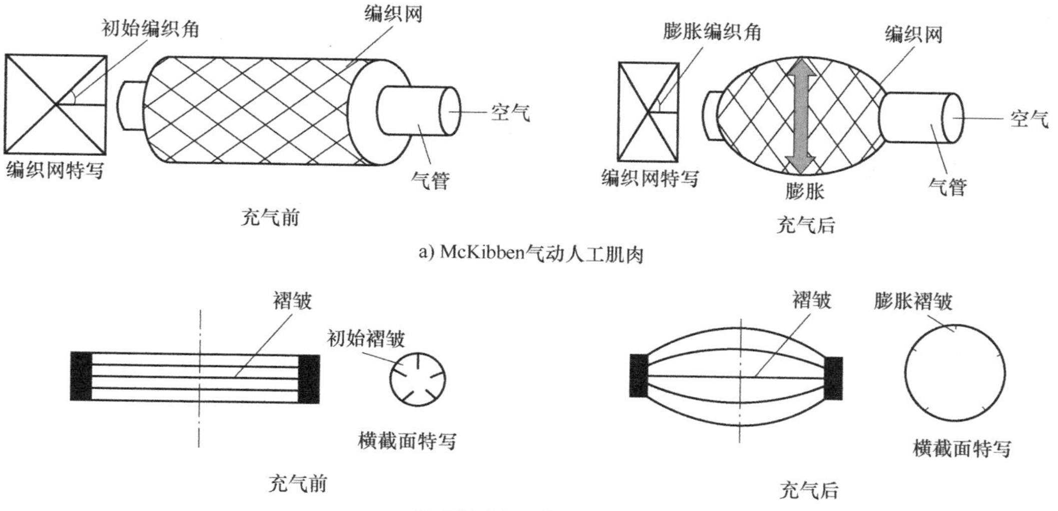

a) McKibben气动人工肌肉

b) 褶皱式气动软体驱动器

图 6-3　充气收缩型气动软体驱动器的种类

特点在于驱动器的两侧壁厚不对称，如图 6-4b 所示，一侧壁厚较薄，另一侧壁厚较厚。在充气过程中，较薄壁厚的一侧会因气压作用而膨胀并伸长，而较厚壁厚的一侧则由于刚度较大，形变较小。因此，整个驱动器会向壁厚较厚的一侧弯曲。在抽气过程中，驱动器内部的气压逐渐降低，较薄壁厚的一侧会因为失去支撑的气压而收缩回原来的形状，而较厚壁厚的一侧由于其刚度较大，形变依然较小。因此，随着气体的排出，驱动器会逐渐向壁厚较薄的一侧弯曲。

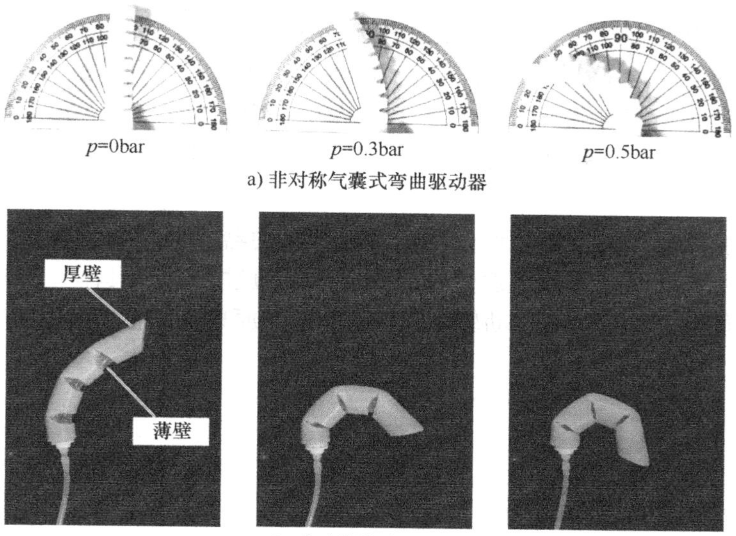

a) 非对称气囊式弯曲驱动器

b) 非对称壁厚驱动器

图 6-4　充气弯曲型气动软体驱动器的种类

($1\text{bar}=10^5\text{Pa}$)

充气伸长型气动软体驱动器具有对称的截面，其伸长运动是通过柔性结构在加压膨胀的作用下促使整个驱动器沿轴向伸展而产生的。具有代表性的充气伸长型气动软体驱动器包括折叠型驱动器、气囊式驱动器和波纹管状驱动器等。折叠型驱动器如图 6-5a 所示，其设计灵感来源于折纸艺术。通过将薄膜材料折叠成特定形状，驱动器在充气时，折叠结构会展开，从而实现轴向伸长。这种设计能够实现较大的伸长比，适用于体积小但需要大变形的应用场景。气囊式驱动器如图 6-5b 所示，由多个串联或并联的气室组成。通过控制不同气室的充气状态，可以实现复杂的伸长运动。这种设计的灵活性使其在多自由度运动和精细控制方面具有优势。波纹管状驱动器如图 6-5c 所示，其利用波纹状的结构设计，在充气时沿轴向伸长。波纹结构不仅使得驱动器在轴向具有良好的伸缩性，同时在径向保持一定刚度，从而保证了驱动器的稳定性和可靠性。

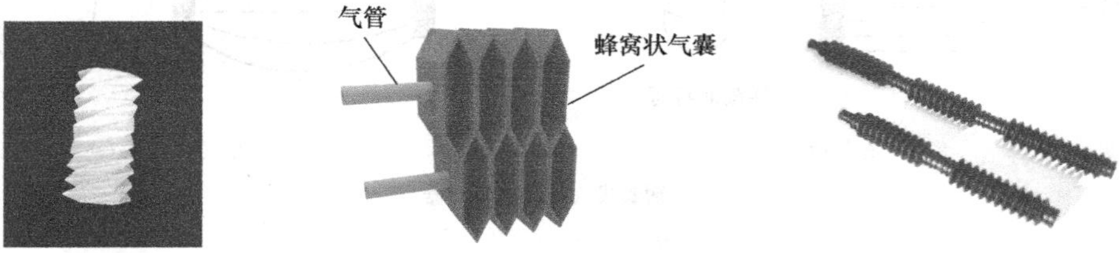

a) 折叠型驱动器　　b) 气囊式驱动器　　c) 波纹管状驱动器

图 6-5　充气伸长型气动软体驱动器的种类

在气动软体机器人中，气动软体驱动器的性能直接决定了机器人的运动能力和任务执行效果。充气弯曲型气动软体驱动器主要适用于需要多自由度运动的应用场景，如仿生机械手和触觉传感器等。而伸长型和收缩型气动软体驱动器则通常用于实现精确的线性位移和力控制。通过合理组合不同种类型的气动软体驱动器，可以实现气动软体机器人在复杂环境中的灵活操作和高效任务执行。

从上述描述可以看出，气动软体机器人控制的关键在于对气动软体驱动器的精确控制。由于气动软体驱动器的动态特性复杂，包括气压变化、弹性形变和摩擦等因素，因此需要精确的建模和控制策略来实时调节气压和形变，以确保气动软体机器人运动的准确性和稳定性。精确的模型和先进的控制算法是实现这一目标的核心，能够有效提升气动软体机器人的性能和可靠性。

下面将以一款典型的波纹管状伸长型气动软体驱动器（以下简称波纹管型气动软体驱动器）为例，介绍其设计、特性、建模与控制方法。通过对这一具体气动软体驱动器的深入分析，读者将能够更好地理解气动软体驱动器的工作原理及其在实际应用中的控制策略。

6.2　气动软体机器人基础

6.2.1　气动软体机器人的设计

在气动软体机器人的设计过程中，气动软体驱动器扮演着至关重要的角色。无论是用于仿生机械手、柔性抓取装置，还是其他复杂的机器人系统，气动软体驱动器的性能和设计直接影响着整个机器人的表现。尽管气动软体驱动器的结构设计形式多种多样，从简单的充气袋到复杂的多腔体系统，各种设计都有其独特的应用场景和优势，但其工作原理基本相似，都是通过气体的压力变化来实现驱动功能。

具体来说，气动软体驱动器的工作原理本质上是一个利用驱动器软材料的气动构型实现的巧妙物理过程。以气体为工作介质，通过调节正压或负压，结合特定的结构约束，使弹性腔体在特定空间维度产生定向膨胀或收缩。这些弹性腔体可能是由具有优异拉伸性能的弹性材料制成，如硅胶或橡胶，也可能是由易于弯曲折叠的薄壳或薄膜结构制成。这种设计不仅为驱动器提供了高度的灵活性和适应性，还使其能够在各种复杂的环境中执行任务。

为了满足大幅度形变和高柔顺性的需求，气动软体驱动器通常采用硬度较低、延展性好、易于形变的材料，如硅胶或橡胶。这些材料的选择虽然赋予了驱动器出色的柔软性，使其能够适应各种复杂的形状和运动要求，但也带来了一些工程上的挑战。例如，这些材料通常具有较低的刚度和有限的承载气压能力，这可能限制驱动器在某些应用中的使用。因此，如何在材料选择和结构设计上找到平衡点，成为研究者们需要解决的重要问题。

面对这些挑战，研究者们开发了波纹管型气动软体驱动器。这种巧妙的设计通过在驱动器的结构中引入波纹管，不仅在目标方向上保持了高伸缩能力，还能在其他方向上维持一定的刚度。这种设计使得驱动器在保持灵活性的同时，具备了更高的承载能力和稳定性，从而扩展了其应用范围。下面将详细介绍波纹管型气动软体驱动器的工作原理，并系统性地探讨其设计与制作过程，帮助读者更好地理解和应用这一先进的气动软体驱动器。

1. 波纹管型气动软体驱动器的工作原理

波纹管型气动软体驱动器是一种具有伸缩特性的气动软体驱动器，其结构由多个波纹状的气室串联而成，如图 6-6 所示。这种波纹状气室的设计能够使变形集中在特定的维度，从而在充入正压或负压时，通过波纹结构的舒张和收缩实现较大幅度的伸缩运动，同时避免了明显的径向变形。这种结构设计不仅提高了驱动器的形变能力，还使得驱动器材料在承受较小的单位弹性应变的条件下，整体上能够实现较大的形变。

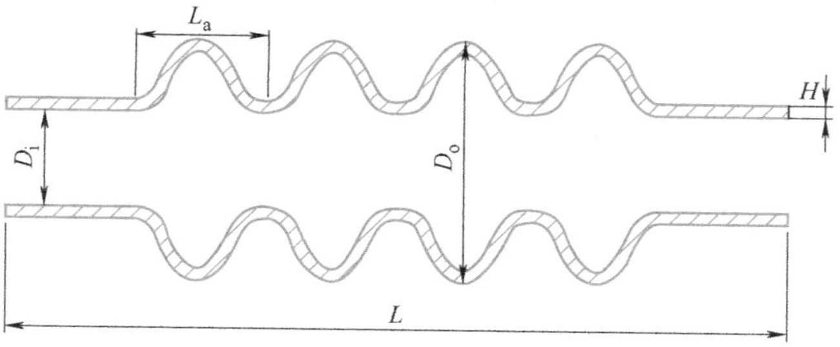

图 6-6　波纹管型气动软体驱动器的基本结构和主要参数

具体而言，波纹管型气动软体驱动器在较小的驱动气压下便能实现显著的形变，这使其具有较高的能量转化效率。此外，波纹状结构还赋予了驱动器良好的抗扭转性能，使其在复杂运动环境中表现出色。正是由于这些优势，波纹管型气动软体驱动器在软体机器人领域已经得到了广泛应用，并取得了许多成功的实例。

例如，在仿生机械手的设计中，波纹管型气动软体驱动器能够驱动手型机械结构运动，模拟人手的自然弯曲和伸展动作，实现精细的抓取和操作任务，如图 6-7a 所示。在仿生尺蠖机器人的设计中，波纹管型气动软体驱动器可以作为机器人的躯干部分，使机器人能够模仿尺蠖进行躯干的伸缩运动，如图 6-7b 所示。此外，波纹管型气动软体驱动器也可作为仿生象鼻机器人的躯干，如图 6-7c 所示。通过对不同气室的独立充气和放气控制，驱动器可以实现多自由度的弯曲和伸展运动，从而模拟象鼻的复杂动作。通过进一步研究和优化，波纹管型气动软体驱动器有望在更多领域中展现其独特的优势和广阔的应用前景。

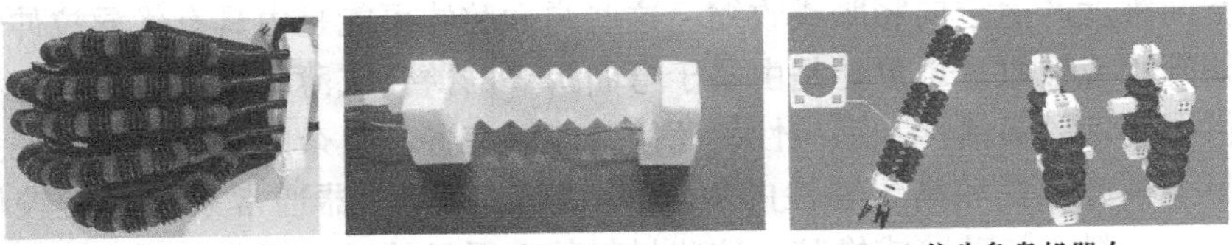

a) 仿生机械手　　b) 仿生尺蠖机器人　　c) 仿生象鼻机器人

图 6-7　波纹管型气动软体驱动器的应用

2. 波纹管型气动软体驱动器的结构设计

图 6-6 所示为波纹管型气动软体驱动器的基本结构和主要参数。波纹管型气动软体驱动器的五个主要物理参数包括：气室长度 L_a、内径 D_i、外径 D_o、厚度 H 和总长度 L。其中，总长度 L 和外径 D_o 决定了波纹管型气动软体驱动器的整体尺寸，这两个参数需要根据具体的应用需求进行选择，以确保驱动器能够适应特定的空间和功能要求。厚度 H 则是影响驱动器整体刚度和承受气压能力的关键因素。随着厚度 H 的增加，波纹管型气动软体驱动器的软胶层会变得更硬，从而能够承受更大的气压，这对于需要高强度和高耐压能力的应用场景尤为重要。当总长度 L 和外径 D_o 确定后，气室长度 L_a 则决定了驱动器内部气室的数量，这直接影响到驱动器的变形能力和响应速度。而内径 D_i 和厚度 H 则共同决定了波纹的形状及其变化幅度，这些参数的设计将直接影响驱动器的柔顺性和灵活性。因此，在设计和应用波纹管型气动软体驱动器时，必须综合考虑这些参数，以确保其能够满足特定的性能要求和应用环境。这些参数之间的相互作用和权衡是实现最佳设计的关键。

理论上，如果不考虑结构可承受的最大气压，波纹管型气动软体驱动器的轴向伸长率将随着输入气压的增加而不断增加，直至达到膨胀极限，即波纹管型气动软体驱动器的正弦波状波纹完全消失。这意味着，对于总长度 L 和外径 D_o 确定的波纹管型气动软体驱动器，气室长度 L_a、厚度 H 和内径 D_i 共同决定了其轴向伸长的最大值。换句话说，这些参数的组合将直接影响驱动器在不同气压条件下的变形行为和伸长能力，从而决定其在实际应用中的性能表现。因此，在设计波纹管型气动软体驱动器时，必须仔细考虑这些参数之间的相互关系，以确保驱动器能够在预期的工作条件下实现最佳的伸长效果。

然而，在实际应用中，如果厚度 H 太低，波纹管型气动软体驱动器的软橡胶层将无法承受高气压。在提升气压使得轴向伸长率达到最大值之前，波纹管型气动软体驱动器就可能受到不可逆转的损坏。这种损坏可能表现为材料的撕裂或破裂，导致驱动器失去功能。而如果厚度 H 过大，尽管能够使驱动器承受更高气压，但其刚度的增加也会使得波纹管的伸缩变得更为困难，从而降低驱动器的能量转化效率。这意味着，驱动器在高气压下的响应速度和灵活性将受到限制。因此，为波纹管型气动软体驱动器选择合适的厚度 H 和内径 D_i 是确保其具有良好轴向伸长能力的关键，这不仅影响驱动器的耐压能力，还直接关系到其整体性能和使用寿命。

在确定波纹管型气动软体驱动器的各项参数时，可以通过有限元分析软件对所设计驱动器的动力学特性进行仿真，以预测其性能并帮助进一步优化驱动器的拓扑结构。有限元分析软件能够模拟驱动器在不同操作条件下的行为，提供详细的应力、应变和变形数据，从而为设计改进提供科学依据。使用这种方法能够在制作气动软体驱动器的实物之前就模拟其性能，从而节省时间和制造材料。通过这种虚拟测试，可以识别出设计中的潜在问题，并在制造之前进行调整和优化，从而提高研发效率和产品质量。

当前已研发的有限元分析软件有 Ansys、Abaqus、Hyperworks、Comsol 等。本案例使用 Comsol Multiphysics 5.4 对所设计的波纹管型气动软体驱动器进行模拟。首先，将波纹管型气动软体驱动器的三维图形导入该软件，并配置仿真环境：波纹管型气动软体驱动器的一侧固定在平面上，另一侧沿轴向移动，空气从固定端充入波纹管型气动软体驱动器，如图 6-8 所示。预设了五组波纹管型气动软体驱动器的参数（见表 6-1），然后使用有限元分析软件模拟了波纹管型气动软体驱动器在不同参数下的伸长过程。通过这种仿真，可以详细观察驱动器在不同气压和参数组合下的变形行为，进一步优化其设计，以确保其在实际应用中的可靠性和性能。

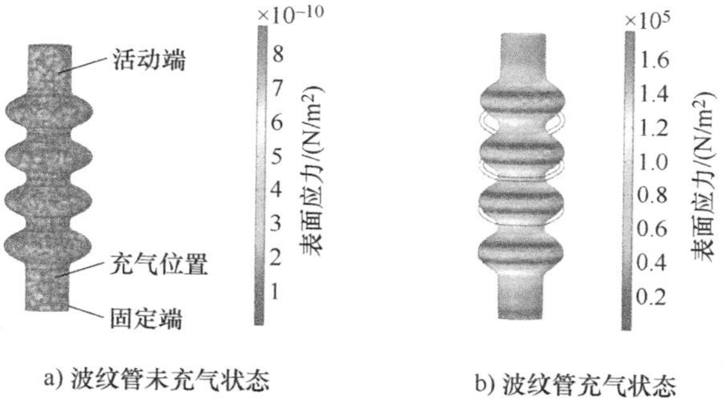

图 6-8 波纹管型气动软体驱动器的有限元模拟

五组参数下波纹管型气动软体驱动器伸长量随输入气压变化的曲线如图 6-9 所示。图中，各曲线的横坐标最大值表示波纹管型气动软体驱动器在相应参数下所能承受的最大气压，而纵坐标最大值则表示在这些参数下驱动器所能达到的最大伸长量。由图 6-9 可以看出，在五组参数中，组别 3 的参数使波纹管能够承受最高的气压，而组别 4 的参数则使波纹管能够实现最大的伸长量。这表明，物理参数的选择对波纹管型气动软体驱动器的性能有显著影响，合理的参数配置可以优化其承压能力和伸长性能，从而更好地满足不同应用场景的需求。

表 6-1 有限元仿真中的波纹管型气动软体驱动器参数 （单位：mm）

组别	总长度	气室长度	外径	内径	厚度
1	188	32	60	30	2
2	188	32	60	30	3
3	188	32	60	30	4
4	188	32	60	20	3
5	188	32	60	40	3

通过比较图 6-9 中组别 1、2 和 3 的模拟结果，可以发现波纹管型气动软体驱动器的轴向伸长率随着厚度 H 的减小而增大。然而，组别 1 和组别 3 中的波纹管轴向伸长量未能达到

最大值，这主要是由于厚度 H 过大或过小。因此，在本案例中，选择组别 2 中的厚度 H 作为波纹管的厚度。同样，通过比较图 6-9 中情况 2、4 和 5 的模拟结果可以看出，内径 D_i 的减小会导致波纹管最大轴向伸长量的增大，但这种增大并不显著。考虑到内径 D_i 的减小会大大增加制造过程中取出模芯的难度，本案例最终选择组别 2 中的内径 D_i 作为波纹管的内径。综上所述，本案例所设计的波纹管型气动软体驱动器的各项参数为：总长度为 188mm，气室长度为 32mm，外径为 60mm，内径为 30mm，厚度为 3mm。

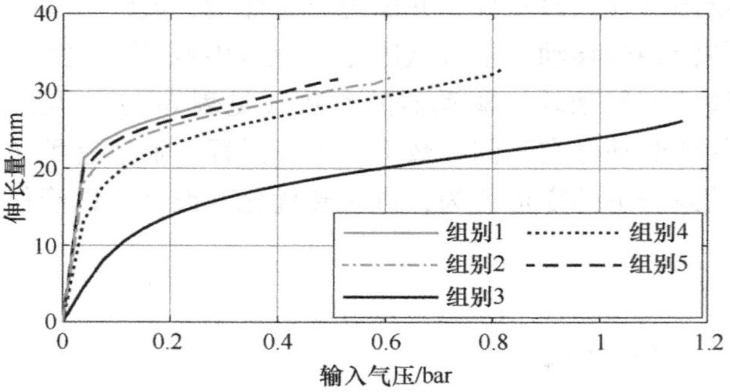

图 6-9　五组参数下波纹管型气动软体驱动器伸长量随输入气压变化的曲线

6.2.2　气动软体机器人的制作

1. 波纹管型气动软体驱动器的制作

对于以气动软体驱动器为核心的气动软体机器人来说，如何将柔性材料按需求塑造为所需的结构，是气动机器人制作流程的重点。因此，需要根据所选用的材料以及所设计的驱动器结构灵活选择制造方法。当前，气动软体机器人的制造方法主要包括机械加工、铸模成型、3D 打印以及失蜡铸造法等多种技术手段。下面将以所设计的波纹管型气动软体驱动器为例，详细介绍通过铸模成型方法制作气动软体机器人的具体流程。

波纹管型气动软体驱动器的铸模成型制造流程可以分为几个关键步骤。

首先是模具制作。根据设计环节中已经确定的波纹管型气动软体驱动器的形状与具体参数，制作包含内模与外范的模具。制作模具的材料包括金属、树脂或塑料以及硅胶等。本例中，使用不锈钢进行模具的制作，以确保更高的精确度和耐用性。不锈钢模具不仅能够提供更高的精度，还具有较长的使用寿命，适合大批量生产。

接下来是原料的准备。一般用于气动软体驱动器铸模成型的原料有几种选择：液态硅胶、聚氨酯橡胶和其他橡胶材料。液态硅胶具有良好的化学稳定性、耐温性和弹性，是制作软体驱动器的首选材料；聚氨酯橡胶由于其耐磨性和弹性好，也常用于软体驱动器的制作；其他橡胶材料，如天然橡胶或合成橡胶，则根据具体的弹性和强度要求进行选择。本例中选择的原料是液态硅胶，这种材料在使用时需要将两种原液按特定比例充分混合，并使用消泡器（负压仓）排出其中的气泡，以确保制成的气动软体驱动器材质均匀。

然后是注塑步骤。先拼合并固定内模与外范，然后将充分混合并进行过消泡处理后的原料从模具上的注塑口缓慢且稳定地注入模具中。注满之后，将整个模具再次放入消泡器中进行消泡处理，以确保内部没有气泡。消泡完成后，将模具取出，置于通风阴凉处直至原料完全凝固。这个过程需要耐心和细致的操作，以保证最终产品的质量和一致性。

最后是脱模步骤。在确定原料完全凝固后，先小心地打开外范，取出成型的驱动器，然后从成型的驱动器中抽出内模。这个步骤需要特别注意，以防止在脱模过程中损坏驱动器的结构。经过上述这些步骤，一个完整的波纹管型气动软体驱动器就制作完成了，如图 6-10 所示。通过这种铸模成型的方法，可以高效地生产出性能优良的气动软体驱动器，满足各种应用需求。

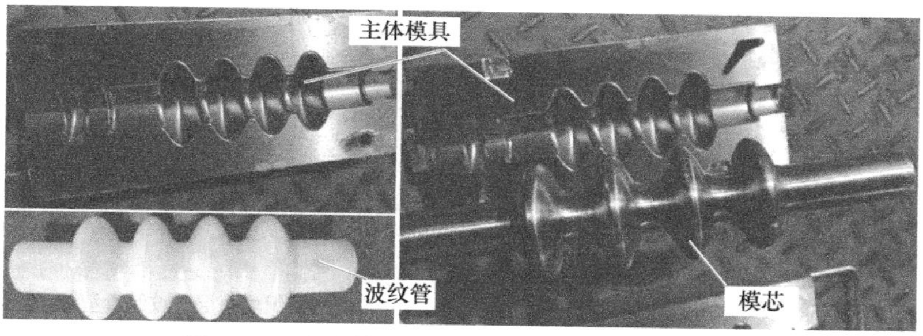

图 6-10　波纹管型气动软体驱动器的铸模成型

2. 纤维增强结构的制作

使用纤维增强的方式能够进一步提升波纹管型气动软体驱动器的性能。纤维增强型气动软体驱动器的特点是采用袖套式或者嵌入式的纤维、织物或者其他的纤维网状结构对气动软体驱动器腔室进行约束和增强。这类纤维网状结构一般具有各向异性的力学特性，即通过纤维的编制方法，使得其整体在某一特定方向上具备很高的伸缩幅度，而在其他方向上则难以伸缩。因此，当气动软体驱动器在气压增大时，经过设计的纤维结构便会约束弹性腔体产生各向异性膨胀变形，从而实现特定形式的变形运动。这种设计不仅能够提升驱动器的性能，还可以增加其使用寿命和可靠性。

在本例中，波纹管型气动软体驱动器的外部覆盖了一层尼龙材质的黑色纤维织网，作为纤维增强层。尼龙纤维具有高强度和耐磨性，能够有效地增强驱动器的结构稳定性和拉伸能力。制作这层纤维织网时，首先选用高质量的尼龙纤维材料，通过编织工艺将其加工成具有特定编织密度和结构的网状物。编织过程采用了平织或斜纹织等工艺，以确保织网在特定方向上具有较高的拉伸强度和弹性。编织完成后，经过热处理和表面涂层处理，以增加其耐久性和抗老化性能。制作出的织网质量非常轻，这种设计旨在不显著增加驱动器重量的前提下，显著提升其性能。

为了验证这一设计的有效性，对单独的波纹管型气动软体驱动器与带有纤维增强层的波纹管型气动软体驱动器在多组气压数值下的形变进行了测试与记录，如图 6-11 所示。测试结果显示纤维增强层明显抑制了波纹管型气动软体驱动器的径向膨胀，同时波纹管型气动软体驱动器在较高气压下产生的非正常径向膨胀问题也得到了有效解决。具体来说，带有纤维增强层的波纹管在气压增大时，能够保持更为稳定的形变模式，避免了因径向膨胀过大而导致的结构失效。

这一结果表明，纤维增强设计不仅提高了驱动器的性能，还显著提升了其在高压条件下的稳定性和可靠性。纤维增强设计不仅提升了波纹管型气动软体驱动器的性能和稳定性，还在其他类型的驱动器中展示了广泛的应用潜力。例如，在气动肌肉的设计中，纤维增强层能有效控制形变方向，提高输出力和运动精度；在蛇形驱动器中，则能实现复杂的弯曲和扭转运动，增强操作能力。通过这些应用示例，可以发现纤维增强技术在气动软体驱动器中的广泛应用价值。这些成功的应用示例为未来设计其他类型的气动软体驱动器提供了宝贵的参考和借鉴。

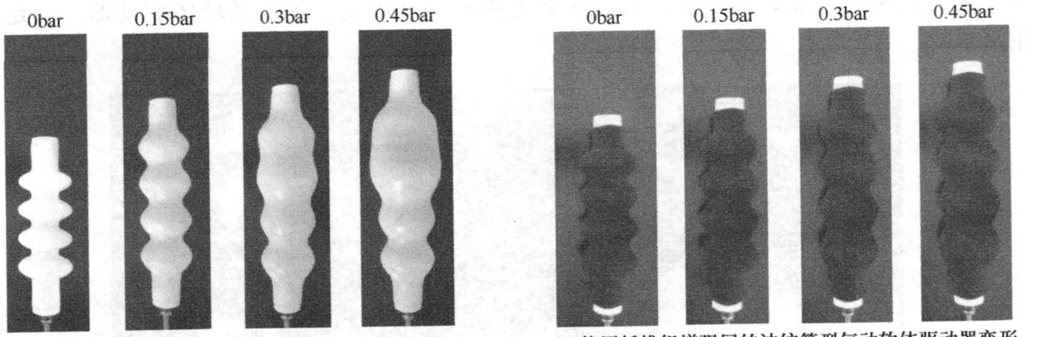

a) 未使用纤维织增强层的波纹管型气动软体驱动器变形　　b) 使用纤维织增强层的波纹管型气动软体驱动器变形

图 6-11　有无纤维织增强层对波纹管型气动软体驱动器变形的影响

6.2.3　气动软体机器人的控制平台组成

气动软体机器人的控制平台（也称实验平台）是用于气动软体机器人的设计、运行、测试和改进的一系列实验装置的统称。这些平台为研究人员和工程师提供了一个综合性的环境，以便他们能够对气动软体机器人进行全面的研究和开发。通过使用这些平台，可以进行各种实验和测试，从而优化机器人的性能和功能。

一个典型的气动软体机器人实验平台通常由多个关键部分构成。

1）气动软体机器人主体，它是实验平台的核心部分。气动软体机器人主体通常充当实验对象，其结构和材料直接影响实验结果。研究人员通过对其进行各种测试和调整，探索不同设计对机器人性能的影响。

2）气动驱动系统，这部分包括气泵、气路管线和接头。气动驱动系统的主要功能是控制气体的流向和压力，从而驱动软体结构的运动。通过调节气泵的输出和气路系统的配置，可以研究软体机器人的响应特性和运动模式，进而实现对软体机器人的精确控制。

3）气压控制阀也是实验平台的重要组成部分。气压控制阀能够根据控制信号，对气动软体机器人的输入气压进行精确控制。这一部分的设计和性能直接影响到实验的精度和可重复性。通过对气压控制阀的调节，研究人员可以模拟不同的工作条件，研究机器人在各种压力下的行为。

4）激光测距仪是用于对实验过程中机器人自身位移进行测量的重要仪器。激光测距仪的高精度测量能力使得研究人员能够实时监测机器人的运动轨迹和位移变化，从而获取详细的实验数据。这些数据对于分析机器人的性能和优化设计具有重要意义。

5）计算机是实验平台的控制中心。计算机上装载了机器人系统的控制器、信号处理器以及用户界面等。通过计算机，研究人员可以对实验平台进行全面的控制和数据处理、复杂的算法计算和结果分析。图 6-12 展示了为所设计制作的波纹管型气动软体驱动器搭建的控制实验平台，通过各部分的协同工作，实现了对气动软体机器人的精确控制和性能优化。

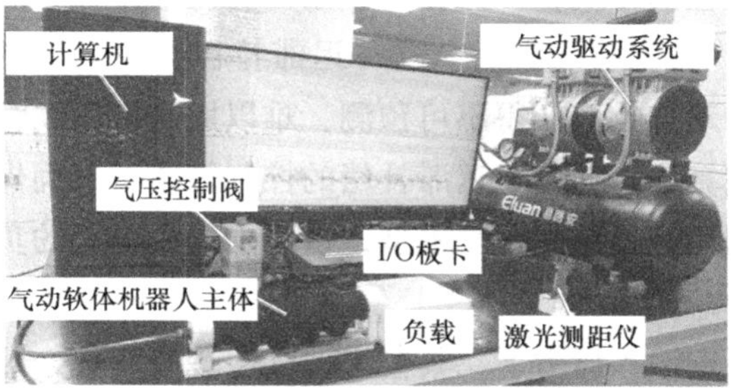

a) 气动软体机器人实验平台的结构

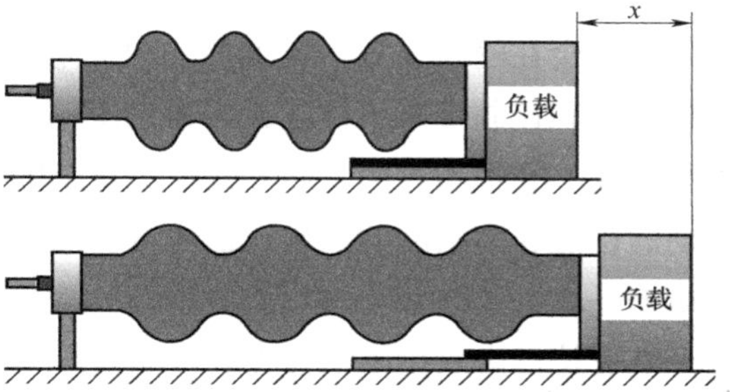

b) 气动软体机器人简化示意图

图 6-12　气动软体机器人实验平台及机器人简化示意图

整个实验平台的操作流程可以总结为以下几个步骤。

1）研究人员将控制目标（如目标位置或目标轨迹）和控制方法编程到程序中，并将其上传到实验平台的计算机系统。

2）计算机系统生成相应的控制信号，传输到气压控制阀和气动驱动系统中。

3）气动驱动系统的气泵开始工作，气压控制阀根据控制信号调整波纹管型气动软体驱动器的输入气压，将气压与控制信号成一定比例的气体输送到波纹管型气动软体驱动器中。

4）驱动器充气后逐渐伸长，其伸长量 x 通过激光测距仪进行实时测量，并反馈给计算机系统。

5）计算机系统根据测量数据调整控制信号，确保驱动器按照预定目标运动。

6）研究人员通过用户界面观察实验数据，进行必要的调整和优化，从而实现对气动软体机器人的精确控制和性能优化。

6.2.4　气动软体机器人的动态特性

通过控制实验平台，研究人员能够全面测试气动软体机器人的各项性能。气动软体机器人的力学特性大致可以划分为静态特性和动态特性。静态特性通常包括在恒定载荷下的形变、应力分布、承载能力和刚度等参数，这些参数可以用于了解机器人在稳定条件下的基本性能。而动态特性则涵盖了响应速度、迟滞特性、稳定性以及疲劳寿命等，这些特性对于机器人在执行任务时的敏捷性、适应性和长期可靠性至关重要。简而言之，静态特性描述了机器人在静止或缓慢变化的条件下的性能，而动态特性则描述了机器人在快速变化的操作条件下的表现。

波纹管型气动软体驱动器因其柔性材料和独特的结构设计，在执行运动时展现出明显的迟滞和蠕变特性。迟滞特性指的是驱动器在输入压力增加和减少过程中，输出位移与输入之间存在滞后效应，即相同的输入压力，在加载和卸载过程中会得到不同的位移输出。这种特性通常在输入输出关系图中表现为闭环曲线。迟滞特性主要是由其材料的黏弹性和内部气流动力学的复杂性引起的。黏弹性材料的形变不仅取决于当前输入（在气动驱动器中通常为气压）的状态，还受到历史输入的影响，导致在加载和卸载过程中形变路径不同。同时，驱动器内部的气体流动和压力分布受到非线性效应的影响，如流体的压缩性和流动特性，这些因素都会在输入（压力）与输出（位移或力）之间引入滞后。这种迟滞特性给驱动器的精确建模和控制带来了挑战，因为它使得系统的动态响应变得不可预测，难以用简单的线性模型描述。在控制方面，需要设计更复杂的控制算法，如基于迟滞补偿的控制策略，以确保预期的性能和高精度的操作，这通常涉及先进的反馈机制和预测模型，以减少迟滞带来的负面影响。

蠕变特性则是指驱动器在长时间持续施加一定输入压力下，其输出位移会缓慢变化，即使输入保持不变，输出仍会因材料的流变特性而逐渐改变。这种特性在精确控制中需要特别考虑，因为它直接影响到系统的稳定性和精度。这两个特性都显著影响着气动软体驱动器的控制精确度和可重复性，对于控制策略的设计和系统的性能优化提出了额外的挑战。因此，理解和应对这些特性对于实现气动软体机器人的高效、可靠操作至关重要。

在本例中，利用搭建的控制实验平台对所设计并制作的波纹管型气动软体驱动器进行测试，以发现并分析其迟滞和蠕变特性。由于气动系统中的气体流动需要一定时间才能稳定，且气体的充入和排出过程也受到管道和阀门的物理限制，因此，气动控制系统很难实现高频控制气压的变化，气动软体驱动器的控制往往是在低频控制信号下进行的。令控制信号是一个频率可调的正弦波信号，分别测试驱动器在 0. 1Hz、0. 15Hz、0. 2Hz 和 0. 25Hz 输入下的输入输出关系。不同负载下波纹管型气动软体驱动器的输入输出关系曲线如图 6-13 所示，其中组别 1~4 对应的负载质量分别为 75g、275g、475g 和 775g。

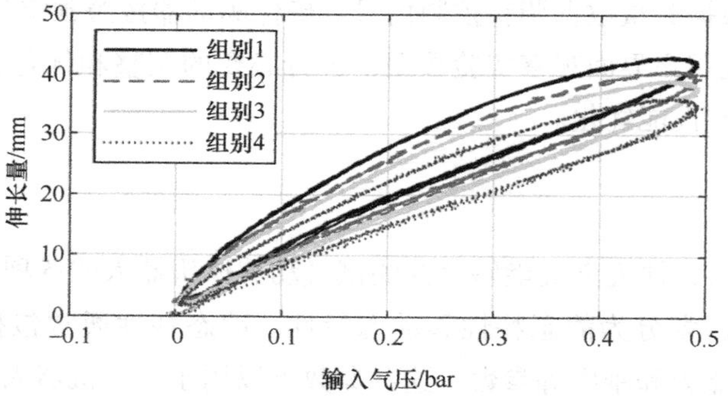

a) 0.1Hz

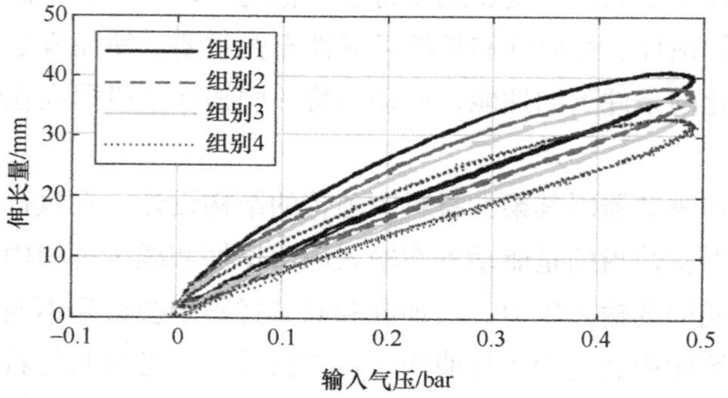

b) 0.15Hz

图 6-13　波纹管型气动软体驱动器在不同负载下的迟滞回线

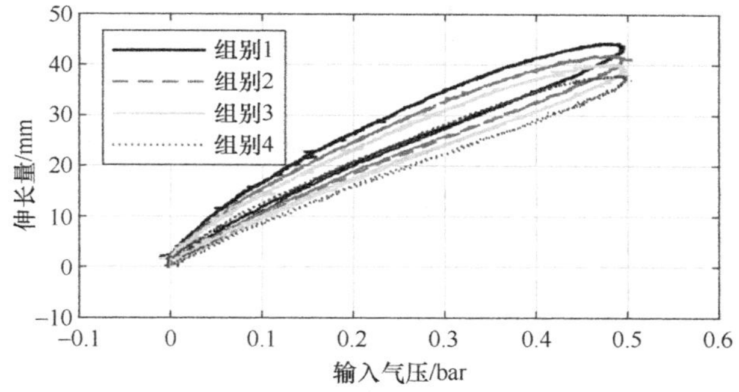

c) 0.2Hz

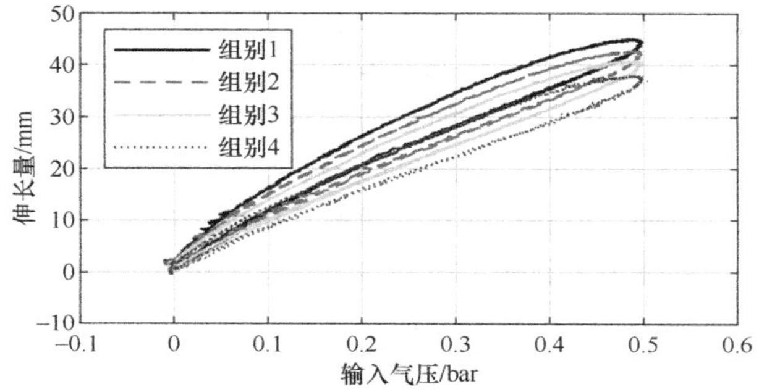

d) 0.25Hz

图 6-13　波纹管型气动软体驱动器在不同负载下的迟滞回线（续）

通过图 6-13 所示的低频信号下的波纹管型气动软体驱动器在不同负载下的迟滞回线，可以观察到该驱动器的动态特性。波纹管型气动软体驱动器在低频信号下表现出近似的率无关特性。这意味着在低频操作条件下，驱动器的迟滞特性受输入信号频率的影响并不明显，换句话说，无论输入信号的频率如何变化，驱动器的输出位移与输入压力之间的关系都保持相对稳定。此外，多次重复实验表明，在低频条件下，波纹管型气动软体驱动器的蠕变效应非常不明显，可以忽略不计。这意味着在长时间施加恒定输入压力的情况下，驱动器的输出位移基本保持稳定，不会因材料的流变特性而逐渐改变。

由图 6-13 可见，波纹管型气动软体驱动器的迟滞环是与负载相关的。这意味着不同负载质量会显著影响驱动器的迟滞特性。随着负载质量的增加，迟滞环的形状和面积都会发生变化，这表明负载对驱动器的动态响应有着重要影响。因此，在对波纹管型气动软体驱动器进行动态模型建立和控制器设计时，必须充分考虑负载对迟滞特性的影响。只有这样，才能确保系统在不同负载条件下都能实现高效、稳定的操作。

6.3　气动软体驱动器建模

6.3.1　半物理半唯象建模

气动软体驱动器是气动软体机器人的驱动机构，其利用气体的压力变化来实现柔性运动和变形，使得机器人能够执行复杂的任务。在操作气动软体机器人过程中，常常需要利用气动软体驱动器的模型来预测和控制其行为。因此，建立一个合适的气动软体驱动器模型，不仅有助于理解其工作原理，还能提高气动软体机器人的应用效率和精度。

常见的气动软体驱动器建模方法可以分为物理建模方法、唯象建模方法和半物理半唯象建模方法等。

物理建模方法通常是基于特定材料或系统的物理原理推导系统模型。常见的物理建模方法包括能量法、分段常曲率法和 Cosserat 杆法等。这些模型可以很好地从机理层面解释气动软体驱动器的运动或变形本质。然而，由于气动软体驱动器个体差异性较大，同一种物理建模方法可能并不能很好地适用于其他类型的气动软体驱动器。此外，建立气动软体驱动器物理模型的过程中通常需要综合考虑气动软体驱动器的结构力学、材料力学和流体力学等多种物理理论，因此建模成本较高。在建立气动软体驱动器物理模型后，由于模型参数是具有物理意义的，参数的测量也较为困难。这些问题限制了物理建模方法的广泛应用。

唯象建模方法则不需要考虑气动软体驱动器的内在机理和物理特性，而是基于实验数据构建模型，因此得到了更广泛的应用。常见的唯象建模方法有 Preisach 法、Prandtl-Ishlinskii 法和 Maxwell-slip 法等。这些方法通过大量的实验数据来拟合驱动器的输入输出关系，能够较好地描述其动态行为。然而，所获得的模型没有具体的物理意义。一旦系统的物理条件发生变化，如负载变化，可能需要重新确定模型参数，这个过程既耗时又耗力。因此，尽管唯象建模方法在一定程度上简化了建模过程，但其应用范围和灵活性仍然受到一定限制。

综合考虑物理建模方法和唯象建模方法的优点，研究人员开发了半物理半唯象建模方法。该方法仍然使用数值方法进行建模，但将具有物理意义的项引入模型中，以适应不断变化的物理条件。三元模型就是一类常见的半物理半唯象模型，具有模型简单、直观有效的优点。通过结合物理和唯象的建模方法，三元模型能够在保留物理意义的同时，利用实验数据提高模型的准确性和适应性。本节将以三元模型为例，详细介绍所设计和制作的波纹管型气动软体驱动器的半物理半唯象建模方法。通过这种建模方法，能够结合物理意义和实验数据，构建一个既能准确描述驱动器动态行为又具有实际应用价值的模型。

三元模型将气动软体驱动器对负载的影响视为弹簧元件、阻尼元件和收缩元件的共同作用，通过构建负载的动力学模型实现对系统的建模。在这个模型中，各元件的系数并非常值，而是与输入气压相关。具体来说，弹簧元件代表了驱动器的弹性特性，阻尼元件则描述了系统的能量耗散特性，而收缩元件则模拟了驱动器在气压作用下的收缩行为。这里，考虑到研究对象是一款平面内充气伸长波纹管型气动软体驱动器，如图 6-14a 所示，故而将收缩元件替代为推力元件。简化后的三元模型如图 6-14b 所示，通过这种简化，可以更直观地理解和分析气动软体驱动器的动力学特性。

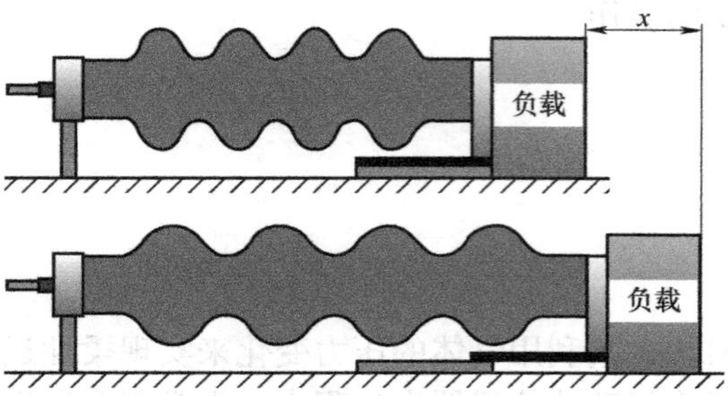

a) 气动软体驱动器变形示意

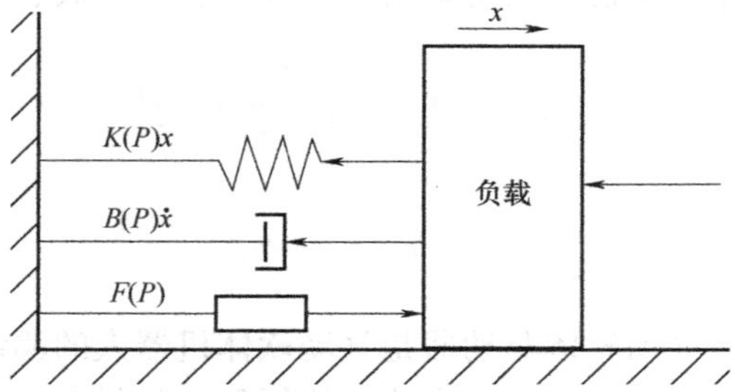

b) 三元模型

图 6-14　气动软体驱动器和三元模型

根据牛顿第二运动定律，波纹管型气动软体驱动器的动力学模型可以写作

$$M\ddot{x}=-B(P)\dot{x}-K(P)x+F(P) \tag{6-1}$$

式中，M 是负载质量；x、$\dot{x}$、$\ddot{x}$ 分别是负载的位移、速度和加速度；P 是控制气压；$B(P)$ 是阻尼系数；$K(P)$ 是弹性系数；$F(P)$ 是推力。

$B(P)$，$K(P)$ 和 $F(P)$ 的具体表达式为

$$\begin{cases}B(P)=B_0+B_1P\\K(P)=K_0+K_1P\\F(P)=F_0+F_1P\end{cases} \tag{6-2}$$

式中，B_0、B_1、K_0、K_1、F_0 和 F_1 是未知常参数。

根据上述对所设计制作的波纹管型气动软体驱动器的动态分析可知，该系统的动态行为是负载相关的。而在式（6-2）中，阻尼系数、弹性系数与推力项仅考虑了与输入气压 P 之间的耦合，这可能会降低所建立的半物理半唯象模型的准确度。因此，下一小节将介绍一种改进三元模型的建模方法，这种方法可以进一步提升所建立模型的精确度和适用性。通过对三元模型和改进三元模型进行参数辨识，可以对比两种模型在拟合实验数据上的拟合度，从而说明改进三元模型在描述所设计制作的波纹管型气动软体驱动器动力学特性上的优越性。

6.3.2　改进三元模型及参数辨识

仔细分析式（6-1）可以发现，三元模型在建模过程中存在一个重要的缺陷：它没有考虑水平面上负载的摩擦力。这是一个不容忽视的因素，因为在许多实际应用中，摩擦力都会对系统的动态响应产生显著影响。另外，波纹管型气动软体驱动器的响应还受到其负载质量的影响。这一点突出了驱动器的动力学行为与其负载质量之间存在的高度耦合关系。然而，通过式（6-2）可知，$B(P)$（阻尼系数）、$K(P)$（弹性系数）和 $F(P)$（推力项）这三个参数与负载质量 M 无关。这表明，三元模型在其现有形式下忽略了负载质量与波纹管型气动软体驱动器动力学之间的耦合关系。

为了更准确地描述波纹管型气动软体驱动器的动力学行为，从以下两个方面对三元模型进行改进。一方面，在模型中引入摩擦项，以反映摩擦力对波纹管型气动软体驱动器动力学的影响。摩擦力是一个不可忽视的因素，它在实际运行中会对系统的稳定性和响应速度产生显著影响。另一方面，在 $B(P)$、$K(P)$ 和 $F(P)$ 中增加一个负载项，以更好地反映波纹管型气动软体驱动器动力学与负载之间的耦合关系。通过这种改进，能够更全面地捕捉系统的动态特性，提高模型的准确性和适用性。改进三元模型如图 6-15 所示。

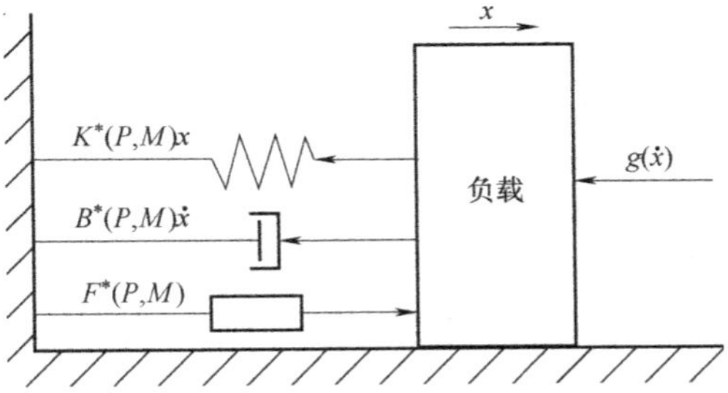

图 6-15　改进三元模型

通过这些调整，可以使所建立的模型更好地反映实际系统的动力学行为，从而为后续的控制策略提供更可靠的理论基础。

改进三元模型写作

$$M\ddot{x}=-B^*(P,M)\dot{x}-K^*(P,M)x+F^*(P,M)-g(\dot{x}) \tag{6-3}$$

式中，$B^*(P,M)$是改进阻尼系数；$K^*(P,M)$是改进弹性系数；$F^*(P,M)$是改进推力；$g(\dot{x})$是与负载质量及其运动方向相关的摩擦项，写作$g(\dot{x})=g_0M\mathrm{sgn}(\dot{x})$，其中，$g_0$为摩擦系数，$\mathrm{sgn}(\dot{x})$为符号函数。

$B^*(P,M)$、$K^*(P,M)$和$F^*(P,M)$写作

$$\begin{aligned}B^*(P,M)&=B_0+B_1P+a_0M\\K^*(P,M)&=K_0+K_1P+a_1M\\F^*(P,M)&=F_0+F_1P+a_2M\end{aligned} \tag{6-4}$$

式中，a_0、a_1和a_2是未知参数。

参照式（6-1），式（6-3）可以重新写作

$$M\ddot{x}=-B(P)\dot{x}-K(P)x+F(P)-g(\dot{x})-U(x,\dot{x}) \tag{6-5}$$

式中，$U(x,\dot{x})$是模型补偿项，且$U(x,\dot{x})=M(a_0\dot{x}+a_1x-a_2)$。

通过比较式（6-1）和式（6-5）可以清楚地看到，为了更准确地描述波纹管型气动软体驱动器在粗糙水平面上随负载质量变化的动力学特性，改进后的三元模型额外增加了两个重要的项：摩擦项$g(\dot{x})=g_0M\mathrm{sgn}(\dot{x})$和模型补偿项$U(x,\dot{x})=M(a_0\dot{x}+a_1x-a_2)$。摩擦项$g(\dot{x})$的引入是为了反映驱动器在水平面上运动时所受到的摩擦力，这在实际应用中是一个不可忽视的因素。摩擦力不仅影响系统的稳定性，还会对其响应速度和精度产生显著影响。而模型补偿项$U(x,\dot{x})$则是为了增强波纹管型气动软体驱动器动力学与负载之间的耦合关系，从而加强物理模型与唯象模型之间的关联。通过这两个额外项的引入，改进后的三元模型能够更全面和准确地描述波纹管型气动软体驱动器的动力学行为，为后续的控制策略设计提供了更加可靠的理论基础。

需要注意的是，模型中的参数B_0、B_1、K_0、K_1、F_0、F_1、a_0、a_1和a_2是未知的，且由于模型的半物理半唯象特征，这些参数并没有物理意义。因此，在实际系统中，这些参数无法通过传统的测量方法获得。为了确定这些未知参数的具体数值，本节将采用唯象模型中常用的参数辨识方法。具体来说，将根据实验数据和已知模型，通过不断优化模型参数，使得模型预测值与实验数据之间的误差最小化。

由于所设计的模型结构简单，且待辨识的参数数量较少，因此，本节将采用Levenberg-Marquardt（LM）算法对模型［式(6-1)和式(6-5)］进行参数辨识。LM算法是一种用于解决非线性最小二乘问题的数值优化算法，结合了梯度下降法和高斯-牛顿法的特点，被广泛应用于曲线拟合和非线性回归等问题。LM算法在中等规模的参数辨识中表现出色，计算效率高，在局部最小值附近具有优异的收敛性能，因此适用于本节所需解决的参数辨识问题。

当然，对于复杂结构的气动软体驱动器，其模型可能非常复杂，未知参数众多。LM算法在处理这类复杂的参数辨识问题时，可能会出现局部最优解、对初始值敏感、所需算力大等问题。此时，可以拓展了解基于智能优化算法的参数辨识方法。这些算法模拟自然过程或生物行为，使用启发式策略，不需要梯度信息，因此适用于高维复杂的参数辨识问题。

在进行参数辨识之前，首先需要采集待辨识模型所需的实验数据，具体步骤如下：在

95.23g 负载下向图 6-12 中的波纹管型气动软体驱动器输入如图 6-16 所示的连续三角波气压。三角波的最低气压设定为 0bar，而波峰气压分别为 0.24bar、0.30bar、0.36bar、0.42bar 和 0.48bar，频率为 0.1Hz。在这种条件下，通过激光位移传感器测量波纹管型气动软体驱动器在充放气过程中的水平位移。通过这种方式，可以得到一组详细的实验数据，为后续的参数辨识提供依据。

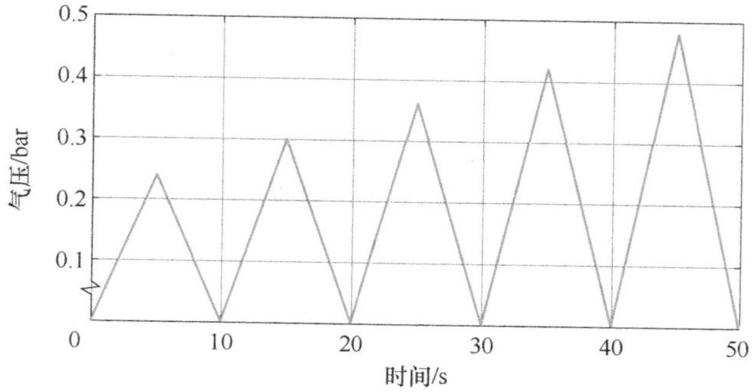

图 6-16　连续三角波气压

实验数据采集完成后，需要对数据进行整理和处理，形成用于参数辨识的气压-位移数据集。该数据集包含两个部分：位移数据集 $\boldsymbol{X}=[x(1),x(2),\cdots,x(N)]^{\mathrm{T}}$ 和气压数据集 $\boldsymbol{P}=[P(1),P(2),\cdots,P(N)]^{\mathrm{T}}$，其中 N 为数据总量。具体来说，令 $x(s)(s=1,2,\cdots,N)$ 为 $\boldsymbol{X}$ 中第 s 个位移数据，$P(s)(s=1,2,\cdots,N)$ 为 $\boldsymbol{P}$ 中第 s 个气压数据。在此基础上，LM 算法通过最小化损失函数来找到最优参数，即

$$W_q=\sum_{s=1}^{N}[x(s)-x_p(s,\boldsymbol{\theta}_q)]^2=\boldsymbol{E}_q^{\mathrm{T}}(\boldsymbol{\theta}_q)\boldsymbol{E}_q(\boldsymbol{\theta}_q) \tag{6-6}$$

式中，$q=0,1,\cdots,q_m$ 是当前迭代次数，q_m 是辨识过程中最大迭代次数，其值根据辨识效果确定；$\boldsymbol{\theta}_q$ 是第 q 次迭代优化后的模型［式(6-1)或式(6-5)］参数向量。损失函数的定义通常是模型预测值与实验数据之间的误差，通过不断调整模型参数，使得损失函数达到最小值，从而实现参数的最优辨识。这样，经过一系列迭代和优化，最终可以得到一组能够准确反映实际系统动态特性的模型参数。令 $\boldsymbol{X}_p=[x_p(1,\theta_q),x_p(2,\theta_q),\cdots,x_p(N,\theta_q)]^{\mathrm{T}}$ 为 $\boldsymbol{\theta}_q$ 在压力数据集 $\boldsymbol{P}=[P(1),P(2),\cdots,P(N)]^{\mathrm{T}}$ 作用下，基于模型［式(6-1)或式(6-5)］计算得到的位移数据集，且 $x_p(s,\boldsymbol{\theta}_q)$ 是向量 $\boldsymbol{X}_p$ 的第 s 个元素。$\boldsymbol{E}_q(\boldsymbol{\theta}_q)$ 是位移数据集 $\boldsymbol{X}$ 和计算位移数据集 $\boldsymbol{X}_p$ 之间的误差，写作

$$\boldsymbol{E}_q(\boldsymbol{\theta}_q)=\boldsymbol{X}-\boldsymbol{X}_p=[E_{q1},E_{q2},\cdots,E_{qN}]^{\mathrm{T}} \tag{6-7}$$

在已知第 q 次迭代后的误差数据集［式(6-7)］后，下一次迭代时，待辨识参数的值也就确定了，写作

$$\boldsymbol{\theta}_{q+1}=\boldsymbol{\theta}_q-\boldsymbol{H}_q^{-1}\dot{\boldsymbol{J}}_q^{\mathrm{T}}\boldsymbol{E}_q(\boldsymbol{\theta}_q) \tag{6-8}$$

式中，$\boldsymbol{H}_q$ 是 Hessian 矩阵；$\dot{\boldsymbol{J}}_q$ 是 Jacobian 矩阵。

$\boldsymbol{H}_q$ 是 $\dot{\boldsymbol{J}}_q$ 矩阵经过以下运算得到的，即

$$\boldsymbol{H}_q=\dot{\boldsymbol{J}}_q^{\mathrm{T}}\dot{\boldsymbol{J}}_q+\mu\boldsymbol{I} \tag{6-9}$$

式中，μ 是可选阻尼算子；$\boldsymbol{I}$ 是单位矩阵。

Jacobian 矩阵 $\dot{\boldsymbol{J}}_q$ 写作

$$\dot{\boldsymbol{J}}_q=\begin{bmatrix}\dfrac{\partial E_{q1}}{\partial\boldsymbol{\theta}_q(1)} & \cdots & \dfrac{\partial E_{q1}}{\partial\boldsymbol{\theta}_q(n)}\\ \vdots & & \vdots\\ \dfrac{\partial E_{qN}}{\partial\boldsymbol{\theta}_q(1)} & \cdots & \dfrac{\partial E_{qN}}{\partial\boldsymbol{\theta}_q(n)}\end{bmatrix} \tag{6-10}$$

式中，$\boldsymbol{\theta}_q(v)$ 是 $\boldsymbol{\theta}_q$ 第 v 个参数。

上述参数辨识过程的伪代码如算法 6-1 所示，该伪代码展示了如何通过迭代优化算法来确定模型参数。在这个过程中，$\boldsymbol{\theta}_p$ 是模型参数的最终优化结果，$\boldsymbol{\theta}_0$ 是 $\boldsymbol{\theta}_q$ 的初始值，Δ_m 是一个足够小的参数。

算法 6-1：三元模型的参数辨识。

输入：气压数据集 $\boldsymbol{P}$；位移数据集 $\boldsymbol{X}$。

输出：优化后的参数 $\boldsymbol{\theta}_p$。

初始化：$q=0$，$\boldsymbol{\theta}_q=\boldsymbol{\theta}_0$，$W_{-1}=0$，$\Delta_0=0$。

当 $q<q_m$ 或 $\Delta_q=\Delta_m$ 时，执行：

依次计算式（6-6），式（6-10），式（6-9）和式（6-8）以获取 $\boldsymbol{\theta}_{q+1}$。

$\Delta_{q+1}=W_q-W_{q-1}$，$q=q+1$。

更新 $\boldsymbol{\theta}_p=\boldsymbol{\theta}_q$，并返回 $\boldsymbol{\theta}_p$。

在实际进行参数辨识时，可以利用 MATLAB 提供的函数 lsqcurvefit 来进行参数辨识。这个函数能够根据实验数据和模型，自动调整模型参数，使得模型输出与实际数据之间的误差最小化。基本的调用语句如下：

1）函数返回值=lsqcurvefit（模型函数，待辨识参数初始值，模型输入，模型输出）。

2）函数返回值=lsqcurvefit（模型函数，待辨识参数初始值，模型输入，模型输出，参数下限，参数上限）。

3）函数返回值=lsqcurvefit（模型函数，待辨识参数初始值，模型输入，模型输出，参数下限，参数上限，优化选项）。

在这些调用语句中，模型函数是指前面建立的波纹管型气动软体驱动器的动力学模型，即式（6-1）和式（6-5）。待辨识参数的初始值是对未知参数的初始估计值。模型输入是指气动软体驱动器的输入气压序列，而模型输出则是气动软体驱动器的位移序列。

在第二种调用方式中，可以为待辨识参数设置上、下限，即参数下限和参数上限，以确保参数在合理的范围内进行优化。这对于防止参数出现不合理的数值非常重要。

在第三种调用方式中，除了参数上、下限之外，还可以通过优化选项来进一步细化优化过程。优化选项中可以设置优化算法（在本章中设定为 LM 算法），并指定函数计算的最大次数、最大迭代次数、函数容差和步长容差等参数。此外，还可以设置是否显示每一步迭代的结果，以便观察优化过程的具体进展。

通过这些设置和调用，能够有效地利用 lsqcurvefit 函数对波纹管型气动软体驱动器的动力学模型进行参数辨识，使得模型更加准确地反映实际系统的动态特性。这样，就可以根据实验数据自动调整模型参数，最终得到一组最优参数，为后续的分析和应用打下坚实的基础。

经过上述数据采集和参数辨识，三元模型的辨识结果如图 6-17 所示，改进三元模型的辨识结果如图 6-18 所示。

由图 6-17 和图 6-18 可以看出，通过参数辨识，三元模型和改进三元模型都能较好地拟合实验数据。由于模型中包含弹簧元件和阻尼元件，这两个模型都能描述软材料制成的气动软体驱动器的黏弹性特性。然而，改进三元模型在拟合波纹管型气动软体驱动器的气压-位移特性方面表现得更为精准，其拟合结果更贴近实验数据。这主要是因为三元模型［式(6-1)］没有考虑驱动器的动力学与负载之间的耦合关系，以及在粗糙水平面上运动时的摩擦效应。改进三元模型通过引入这些额外的物理因素，使得模型更全面地反映了实际系统的复杂性，从而提高了拟合精度。

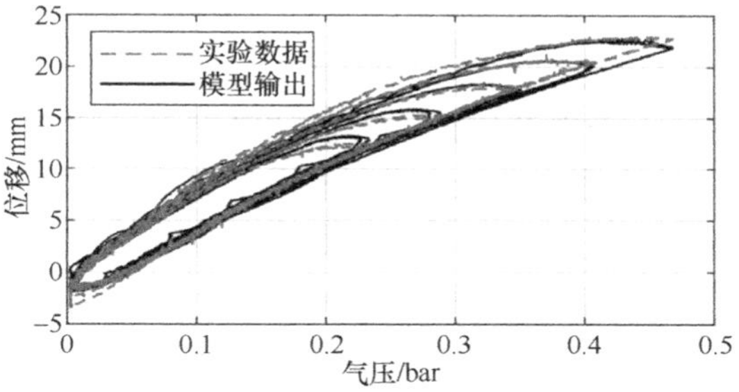

图 6-17　三元模型的辨识结果

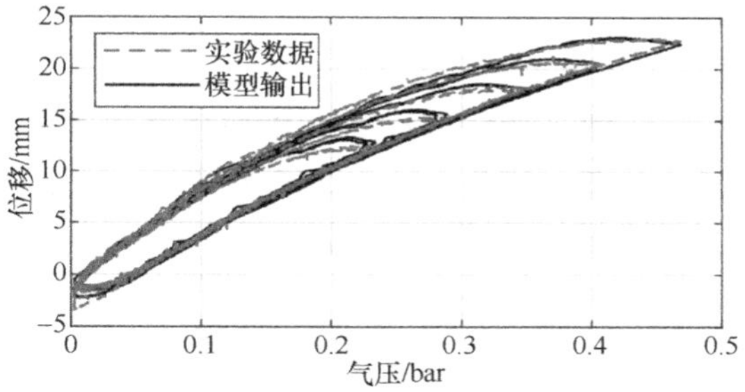

图 6-18　改进三元模型的辨识结果

6.4　气动软体驱动器控制

6.4.1　波纹管型气动软体驱动器末端位置控制案例

PID 控制方法，即比例-积分-微分控制方法（proportional-integral-derivative），是一种经典的控制策略。该方法通过比较系统的设定值和实际输出值，计算出控制偏差，并将偏差按比例、积分和微分进行线性组合，从而生成控制量来调节被控对象的行为。具体来说，比例控制部分根据当前偏差进行调整，积分控制部分累积过去的偏差，而微分控制部分则预测未来的偏差变化。通过这三种控制方式的结合，PID 控制器能够实现对系统的精确控制。

PID 控制器在气动软体驱动器控制中的主要优势在于其结构简单、鲁棒性好和易于实现。这种控制器通过调节 P（proportion，比例）、I（integration，积分）和 D（derivative，微分）三个参数，能够有效解决常见的控制问题。比例控制可以减少系统的稳态误差，使输出值更接近设定值；积分控制有助于消除稳态误差，确保系统在长期运行中的精度；而微分控制则可以预测系统的未来行为，提高系统的响应速度和稳定性。这种综合控制策略使得 PID 控制器能够应对一定范围内的非线性行为和外部扰动，从而在不需要精确数学模型的前提下，实现对气动软体驱动器动态行为的有效控制。

本例将基于 6.2.2 中设计的波纹管型气动软体驱动器以及 6.2.3 中搭建的气动软体机器人实验平台，设计如下 PID 控制器：

$$P=-(K_P+K_I)e-K_I\int_0^t e\mathrm{d}t-K_D\dot{x} \tag{6-11}$$

式中，K_P+K_I、K_I 与 K_D 分别为比例、积分和微分增益，它们均为常数；$e=x-x_d$ 为系统的控制误差，x_d 为目标位置。设计控制系统的框图如图 6-19 所示。

在图 6-19 中，x_d 表示设定的目标位置，x 表示波纹管末端的实际位置。D/A 模块，即数字-模拟转换器，用于将计算机发送的数字信号转换为模拟信号，并传递给气压调节阀。在波纹管型气动软体驱动器的末端位置控制中，控制目标是通过这个控制系统使波纹管型气动软体驱动器的末端位置到达目标位置 x_d，即当 $t\to\infty$ 时，使 $x\to x_d$。

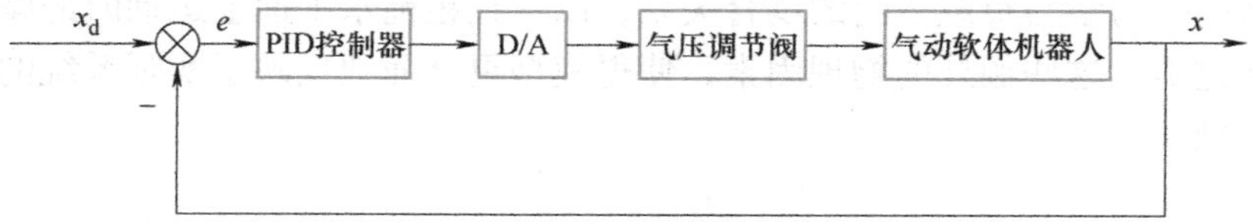

图 6-19　气动软体机器人 PID 控制系统框图

下面将证明所设计的 PID 控制系统的稳定性。由于本章所建立的波纹管型气动软体驱动器的三元模型是半物理半唯象模型，因此在模型中考虑了复杂的非线性状态耦合关系。例如，引入了 K_1、B_1、a_0、a_1 和 a_2 等系数，用来唯象描述系统的阻尼系数、弹性系数和推力项与输入气压 P 及负载质量 M 之间的耦合关系，还考虑了负载质量 M 与摩擦力之间的耦合。这些唯象部分会使得系统的稳定性分析变得非常复杂。然而，影响系统稳定性的主要因素是三元模型的物理部分。因此，在进行系统稳定性分析时，忽略唯象部分，将其视为三元模型物理部分的扰动项，并在控制器设计中加以处理。这样可以简化模型，使稳定性分析问题更容易解决。

常见单自由度机械系统的动力学模型通常可以描述为

$$M^*\ddot{x}+Q_0\dot{x}+g(x)=u \tag{6-12}$$

在所建立的波纹管型气动软体驱动器的三元模型［式(6-1)、式(6-2)］中，式（6-12）所描述的模型结构对应了三元模型的物理部分，具体的对应关系如下：

$$\begin{cases} M^*=\dfrac{M}{F_1} \\ Q_0=\dfrac{B_0}{F_1} \\ g(x)=\dfrac{\partial U(x)}{\partial x}=\dfrac{K_0x-F_0}{F_1} \\ u=P \end{cases} \tag{6-13}$$

式中，$U(x)$为系统的势能，主要为弹性势能。对于模型［式(6-12)］所描述的常见机械系统，其模型通常具备以下特性：

1）线性阻尼 Q_0 为正常数，M^* 为正且有界，即

$$0<M_{min}\leqslant |M^*|\leqslant M_{max} \tag{6-14}$$

2）对于指定的 x_d，任意系统状态 x，以及 $a>0$，存在正常数 A 使得式（6-15）和式（6-16）成立

$$U(x)-U(x_d)-e\cdot g(x_d)+0.5A\cdot e^2\geqslant a\cdot e^2 \tag{6-15}$$

$$e[g(x)-g(x_d)]+A\cdot e^2\geqslant a\cdot e^2 \tag{6-16}$$

定义如下变量：

$$z=e+\int_0^t e\mathrm{d}t+\frac{1}{K_I}g(x_d) \tag{6-17}$$

将式（6-11）代入式（6-12），可得

$$M^*\ddot{x}+Q_0\dot{x}+g(x)+(K_P+K_I)e+K_I\int_0^t e\mathrm{d}t+K_D\dot{x}=0 \tag{6-18}$$

将式（6-17）代入式（6-18）可得

$$M^{*}\ddot{x}+Q\dot{x}+g(x)+K_{P}e+K_{I}z-g(x_{d})=0 \tag{6-19}$$

式中

$$Q=Q_{0}+K_{D} \tag{6-20}$$

为了进行稳定性分析，定义李雅普诺夫函数为

$$V=\frac{1}{2}M^{*}\dot{x}^{2}+U(x)-U(x_{d})-e\cdot g(x_{d})+M^{*}e\dot{x}+\frac{1}{2}(K_{P}+Q)e^{2}+\frac{1}{2}K_{I}z^{2} \tag{6-21}$$

为证明式（6-21）所定义的李雅普诺夫函数的正定性，首先考虑

$$\frac{1}{4}M^{*}\dot{x}^{2}+M^{*}e\dot{x}=\frac{1}{4}M^{*}(\dot{x}+2e)^{2}-M^{*}e^{2}\geqslant -M^{*}e^{2} \tag{6-22}$$

对于任意给定的足够小的正常数 a，可以选择增益 K_{P} 使式（6-23）和式（6-24）成立

$$U(x)-U(x_{d})-e\cdot g(x_{d})+\frac{1}{2}K_{P}e^{2}\geqslant a\cdot e^{2} \tag{6-23}$$

$$e[g(x)-g(x_{d})]+K_{P}e^{2}\geqslant a\cdot e^{2} \tag{6-24}$$

将式（6-22）和式（6-23）代入式（6-21）可得

$$V\geqslant\frac{1}{4}M^{*}\dot{x}^{2}+a\cdot e^{2}+\frac{1}{2}Q\cdot e^{2}-M^{*}e^{2}+\frac{1}{2}K_{I}z^{2}=\frac{1}{4}M^{*}\dot{x}^{2}+a\cdot e^{2}+\frac{1}{2}(Q-2M^{*})e^{2}+\frac{1}{2}K_{I}z^{2} \tag{6-25}$$

可以选择足够大的正增益 K_{D}（$Q=Q_{0}+K_{D}$），使得

$$Q-2M^{*}>0 \tag{6-26}$$

根据式（6-25）和式（6-26），有

$$V\geqslant\frac{1}{4}M^{*}\dot{x}^{2}+a\cdot e^{2}+\frac{1}{2}K_{I}z^{2}\geqslant 0 \tag{6-27}$$

因此，李雅普诺夫函数是半正定的。

下面将证明 $\dot{V}$ 的半负定性以及系统的稳定性。

将式（6-21）对时间求导数，可得

$$\dot{V}=M^{*}\dot{x}\ddot{x}+g(x)\dot{x}-\dot{e}g(x_{d})+(K_{P}+Q)e\dot{e}+M^{*}\dot{e}\dot{x}+M^{*}e\ddot{x}+K_{I}z\dot{z} \tag{6-28}$$

将 $\dot{z}=\dot{x}+e$ 和式（6-19）代入式（6-28），可得

$$\begin{aligned}\dot{V}&=\dot{x}[-Q\dot{x}-g(x)-K_{P}e-K_{I}z+g(x_{d})]-\dot{e}[g(x_{d})-g(x)-K_{P}e]+Qe\dot{e}+M^{*}\dot{e}\dot{x}+M^{*}e\ddot{x}+K_{I}z(\dot{x}+e)\\&=-(Q-M^{*})\dot{x}^{2}-e[g(x)+K_{P}e-g(x_{d})]\end{aligned} \tag{6-29}$$

将式（6-24）代入式（6-29）可得

$$\dot{V}\leqslant-(Q-M^{*})\dot{x}^{2}-ae^{2} \tag{6-30}$$

由式（6-26）和式（6-30）可知

$$\dot{V}\leqslant 0 \tag{6-31}$$

当 $\dot{V}$ 恒为零时，有 $\dot{x}$ 和 e 恒为零，其中，$\dot{x}$ 恒为零意味着 x 是一个常数，而 e 恒为零意味着 $e=x-x_{d}$ 恒为零。因此，此时系统有且仅有 $x=x_{d}$ 一种状态，说明系统的控制目标得以实现。

为了全面验证所设计的 PID 控制器在波纹管型气动软体驱动器控制中的实际应用效果，需要评估其在两个关键方面的性能：末端位置控制的有效性和快速位置转换能力。前者主要关注控制器能否准确地将驱动器末端稳定在指定的目标位置，而后者则关注控制器在驱动器

需要迅速切换目标位置时，能否快速响应并准确到达新位置。基于这些考虑，设计了如下目标轨迹：

$$x_{\mathrm{d}}(t)=\begin{cases}D_{\mathrm{w}}, & (k-1)T+\bar{a}<t\leqslant(k-0.5)T+\bar{a}\\ D_{\mathrm{p}}, & (k-0.5)T+\bar{a}<t\leqslant kT+\bar{a}\end{cases} \tag{6-32}$$

式中，D_{w} 与 D_{p} 是两个目标位置；$k=1,2,\cdots,n$，n 为周期数；t 是时间；$\bar{a}$ 是矩形波的时间偏移量；T 为一个矩形波周期的时间。

图 6-19 所示的控制系统能够使波纹管型气动软体驱动器的末端位置跟踪目标轨迹[式(6-32)]，从而检验控制系统的稳态控制性能和动态控制性能。具体来说，驱动器的末端位置首先会被稳定在目标位置 D_{w} 处。然后，末端位置从 D_{w} 转移到目标位置 D_{p} 并保持稳定。通过观察和分析驱动器在每个目标位置的表现，可以评估系统的稳态控制性能，这包括对驱动器在达到目标位置后的稳定性和精确度的评估。最后，通过让驱动器在目标位置 D_{w} 和 D_{p} 之间不断往返，可以检验控制系统的动态控制性能，这包括驱动器在快速响应、跟踪精度和稳定性方面的表现。

在本例中，设置 PID 控制器的各项系数为：$K_{\mathrm{P}}=0.9$，$K_{\mathrm{I}}=0.8$，$K_{\mathrm{D}}=0.4$。对于目标轨迹 $x_{\mathrm{d}}(t)$，令 $D_{\mathrm{w}}=0$，$D_{\mathrm{p}}=20$，$\bar{a}=-10$，$T=40$，$n=3$。共进行 100s 的实验，实验结果如图 6-20 所示。

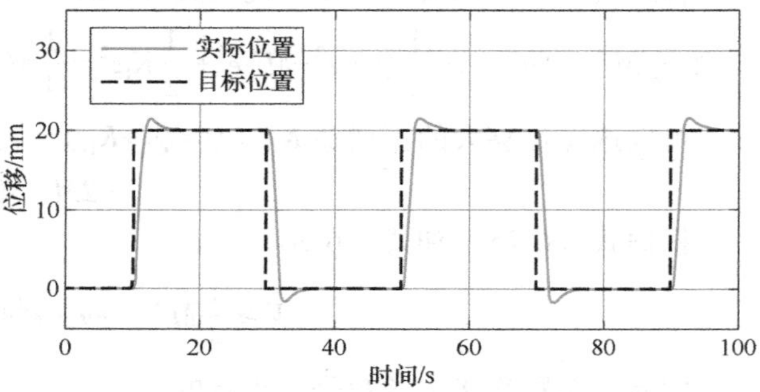

图 6-20　波纹管末端位置 PID 控制效果图

通过图 6-20 可以看出，所设计的 PID 控制器能够有效地将波纹管型气动软体驱动器的末端稳定在特定位置。当输出信号发生突变时，控制器也能够迅速响应，控制驱动器末端移动到新的目标位置。然而，在使用 PID 控制器跟踪阶跃信号时，不可避免地会出现一定的超调现象。这个超调是控制系统在应对驱动器特性时的正常反应，但总体而言，PID 控制器仍然表现出较好的控制效果。

6.4.2　驱动器末端轨迹跟踪控制案例

在 6.4.1 节中，使用 PID 控制方法实现了波纹管型气动软体驱动器末端点的位置控制，并取得了良好的效果。本节将继续采用 PID 控制方法，进一步探讨其在实现驱动器末端点轨迹跟踪控制方面的有效性。

为了全面评估 PID 控制方法在不同幅值的期望轨迹下的跟踪控制性能，设计了一种变幅期望轨迹。通过这种变幅期望轨迹可以更好地观察和分析 PID 控制器在各种情况下的表现，从而验证其在实际应用中的可靠性和有效性。所设计的变幅期望轨迹的表达式为

$$x_{\mathrm{d}}=\begin{cases}A_0\sin(2\pi f_{\mathrm{d}}t-0.5\pi)+A_0 & t\leqslant 1/(2f_{\mathrm{d}})\\ A_L\cos(2\pi f_{\mathrm{d}}t_e)+2A_0-A_L & (L-1)/f_{\mathrm{d}}\leqslant t_e\leqslant L/f_{\mathrm{d}}\end{cases} \tag{6-33}$$

式中，x_{d} 表示期望轨迹；A_0 和 $A_L(L=1,2,\cdots,n)$ 是期望轨迹各段的幅值，其中 n 为周期数；

f_d 是期望轨迹的频率；t 是时间，且 $t_e = \mathrm{rem}[t-1/(2f_d), 5/f_d]$，其中 rem[*]是取余函数。通过调节 A_0 和 A_L，可以得到变幅值的期望轨迹。

设置 PID 控制器的各项系数为：$K_P = 0.9$，$K_I = 0.8$，$K_D = 0.4$。对于所要跟踪的目标轨迹 $x_d(t)$，令 $n = 5$，$A_0 = 13$，$A_1 = 6$，$A_2 = 5$，$A_3 = 9$，$A_4 = 8$，$A_5 = 10$，$f_d = 0.1$。实验结果如图 6-21 所示。

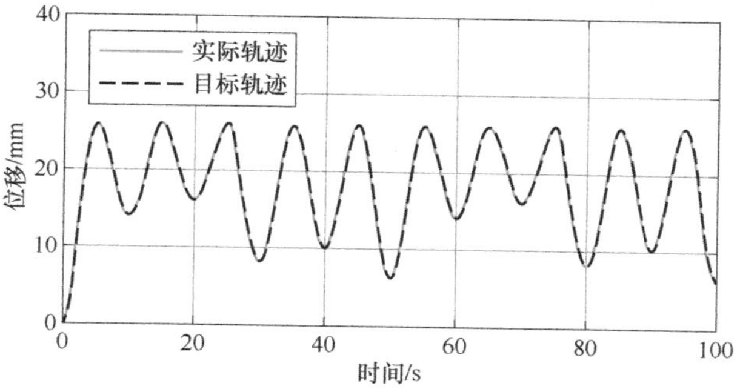

图 6-21　气动软体驱动器期望轨迹与实际轨迹

通过图 6-21 可以看出，当驱动器的期望位置不断变化时，即驱动器需要跟踪一段预设的期望轨迹，所采用的 PID 控制器能够较好地完成这一任务。这意味着驱动器能够按照预定的轨迹移动，准确地跟随期望位置的变化。此外，即使期望轨迹的幅值发生变化，PID 控制器仍然能够保持良好的跟踪效果。这表明 PID 控制器在处理不同幅值的轨迹变化时，依然能够稳定地控制驱动器，使其准确地跟随预设轨迹，从而验证了 PID 控制器在轨迹跟踪控制中的有效性和可靠性。

扩展阅读

在波纹管型气动软体驱动器的建模过程中，由于未考虑实际系统中的不确定性因素，基于理想模型设计的控制器可能会导致控制精度较低。因此，在设计控制器之前，有必要讨论这些不确定性。驱动器由软硅胶制成，其动态响应容易受到材料老化和温度变化的影响，导致模型参数随时间变化，从而引入辨识误差。此外，外部环境的干扰（如外界大气压力波动和外部载荷变化）也会影响驱动器的性能。为了更好地设计控制器，将模型［式(6-5)］中的气压 P 替换为控制气压 P_c，并考虑这些不确定性因素。基于上述思路，式（6-5）可以改写为

$$\begin{aligned}\ddot{x} &= -\frac{B(P_c)}{M}\dot{x} - \frac{K(P_c)}{M}x + \frac{F(P_c)}{M} - \frac{g(\dot{x})}{M} - \frac{U(x,\dot{x})}{M} + \frac{d}{M} \\ &= f(x,\dot{x}) + b(x,\dot{x})P_c + \frac{d}{M}\end{aligned} \tag{6-34}$$

式中，d 是不确定性。

假设 d 有界且存在常数 d_m 使 $d_m = \max|d|$。$f(x,\dot{x})$ 和 $b(x,\dot{x})$ 写作

$$\begin{cases} f(x,\dot{x}) = \dfrac{-(B_0+a_0M)\dot{x}-(K_0+a_1M)x+F_0-[g_0\mathrm{sgn}(\dot{x})-a_2]M}{M} \\ b(x,\dot{x}) = \dfrac{-B_1\dot{x}-K_1x+F_1}{M} \end{cases} \tag{6-35}$$

在获取包含不确定性的系统模型［式(6-34)］后，需要讨论波纹管型气动软体驱动器的轨迹跟踪控制方法。气动软体驱动器常见的轨迹跟踪控制方法有 PID 控制、模型预测控制（MPC）、滑模控制（SMC）等。其中，滑模控制因其滑动模态可以按需设计，且具有对扰动不敏感的特性，得到了广泛应用。本节将介绍波纹管型气动软体驱动器末端轨迹跟踪的滑模控制方法。

滑模控制又称变结构控制，从本质上讲，它是一种特殊的非线性控制，其非线性特征体现在控制的不连续性上。这种控制策略与其他控制策略的不同之处在于，系统的“结构”是变化的，可以在动态过程中根据系统的当前状态有目的地改变，迫使系统按照预定的“滑模”状态运动。通过这种方式，滑模控制能够在面对系统不确定性和外部扰动时，保持较高的鲁棒性和稳定性，是一种非常有效的控制方法。

然而，传统滑模控制方法的开关增益与系统不确定性 d 的波动范围密切相关。对于波纹管型气动软体驱动器而言，d 受多种因素的影响，因此其波动范围较宽。传统滑模控制方法通常需要较大的开关增益来克服 d 并保证控制系统的稳定性，这给系统带来了较大的抖振现象。抖振不仅会影响系统的控制精度，还可能对驱动器本身造成损害，因此需要找到有效的方法来减小抖振。

为了降低传统滑模控制方法的抖振，本节引入了非线性扰动观测器来估计和补偿 d。通过使用非线性扰动观测器，可以实时估计系统中的扰动，并在控制过程中进行补偿。这样，基于非线性扰动观测器的滑模控制方法只需要克服 d 的估计误差，因此相应的开关增益和抖振都可以显著减小。这不仅提高了控制系统的稳定性和精度，也延长了驱动器的使用寿命。

首先，设计非线性扰动观测器。由式（6-34）可得

$$\frac{d}{M}=\ddot{x}-f(x,\dot{x})-b(x,\dot{x})P_c \tag{6-36}$$

为了估计 d 的大小，首先定义 d 的估计值为 $\hat{d}$，d 的估计误差为

$$\tilde{d}=d-\hat{d} \tag{6-37}$$

基于式（6-37），为了让 $\tilde{d}$ 尽快收敛到 0，令

$$\dot{\tilde{d}}=\dot{d}-\dot{\hat{d}}=-\lambda\tilde{d}/M \tag{6-38}$$

式中，λ 是正常数。

通过选取合适的 λ，$-\lambda\tilde{d}/M$ 可以比 $\dot{d}$ 大得多。因此，假设 $\dot{d}$ 可忽略，则式（6-38）可以写作

$$\dot{\hat{d}}=-\dot{\tilde{d}}=\lambda\tilde{d}/M=\lambda(d/M-\hat{d}/M) \tag{6-39}$$

将式（6-36）代入式（6-39）可得

$$\dot{\hat{d}}=\lambda[\ddot{x}-f(x,\dot{x})-b(x,\dot{x})P_c-\hat{d}/M] \tag{6-40}$$

虽然 $\hat{d}$ 可以通过式（6-40）积分直接得到，但在实际系统中较难得到加速度 $\ddot{x}$。为此，引入一个辅助变量 z，写作

$$z=\hat{d}-\lambda\dot{x} \tag{6-41}$$

根据式（6-40）和式（6-41），z 的导数写作

$$\dot{z}=\dot{\hat{d}}-\lambda\ddot{x}=-\lambda[f(x,\dot{x})+b(x,\dot{x})P_c+(z+\lambda\dot{x})/M] \tag{6-42}$$

联立式（6-41）和式（6-42），可以得到非线性扰动观测器为

$$\begin{cases}\hat{d}=z+\lambda\dot{x}\\ \dot{z}=-\lambda[f(x,\dot{x})+b(x,\dot{x})P_c+(z+\lambda\dot{x})/M]\end{cases} \tag{6-43}$$

由于非线性扰动观测器的收敛性，$\tilde{d}$ 总是有界的，并且存在一个边界，使得

$$d_x=\max|\tilde{d}| \tag{6-44}$$

下面介绍基于非线性扰动观测器的滑模控制器。定义轨迹跟踪误差 $\tilde{x}$、其一阶时间导数 $\dot{\tilde{x}}$ 和二阶时间导数 $\ddot{\tilde{x}}$ 为

$$\begin{cases}\tilde{x}=x-x_d\\ \dot{\tilde{x}}=\dot{x}-\dot{x}_d\\ \ddot{\tilde{x}}=\ddot{x}-\ddot{x}_d\end{cases} \tag{6-45}$$

式中，x_d 为期望轨迹。

设计滑模函数 S 为

$$S=\dot{\tilde{x}}+c\tilde{x} \tag{6-46}$$

式中，c 为正常数。

式（6-46）的导数可以进一步写作

$$\dot{S}=\ddot{\tilde{x}}+c\dot{\tilde{x}}=\ddot{x}-\ddot{x}_d+c\dot{\tilde{x}} \tag{6-47}$$

将式（6-34）代入式（6-47），可得

$$\dot{S}=-\ddot{x}_d+f(x,\dot{x})+b(x,\dot{x})P_c+c\dot{\tilde{x}}+d/M \tag{6-48}$$

设计一个关于滑模函数 S 的李雅普诺夫函数为

$$V=0.5S^2 \tag{6-49}$$

根据式（6-48）和式（6-49），V 的导数可以写作

$$\dot{V}=S\dot{S}=S[-\ddot{x}_d+f(x,\dot{x})+b(x,\dot{x})P_c+c\dot{\tilde{x}}+d/M] \tag{6-50}$$

根据式（6-50），设计控制律为

$$P_c=\frac{\ddot{x}_d-f(x,\dot{x})-c\dot{\tilde{x}}-k_1\mathrm{sgn}(S)-\hat{d}/M}{b(x,\dot{x})} \tag{6-51}$$

将式（6-51）代入式（6-50）可得

$$\begin{aligned}\dot{V}&=S[-\ddot{x}_d+f(x,\dot{x})+\ddot{x}_d-f(x,\dot{x})-c\dot{\tilde{x}}-k_1\mathrm{sgn}(S)+c\dot{\tilde{x}}+d/M-\hat{d}/M]\\&=S[-k_1\mathrm{sgn}(S)+\tilde{d}/M]\end{aligned} \tag{6-52}$$

式中，$k_1\geqslant D/M+\eta_1$，η_1 是一个正常数，且$(D+M\eta_1-d_x)/M\geqslant\varpi$，$\varpi$ 是一个正常数。式（6-52）可以进一步表示为

$$\dot{V}\leqslant[\tilde{d}S-(D+M\eta_1)|S|]/M\leqslant[\tilde{d}S-(\varpi M+d_x)|S|]/M\leqslant-\varpi|S|=-\sqrt{2}\varpi V^{0.5} \tag{6-53}$$

为了进一步证明控制系统的稳定性，引入一个引理：

引理 6-1：若李雅普诺夫函数满足

$$\dot{V}_0+k_0V_0^{\varepsilon_0}\leqslant 0 \tag{6-54}$$

式中，$k_0>0$ 且 $0<\varepsilon_0<1$，则 V_0 可以在有限时间收敛到 0。

由式（6-54）不难发现式（6-53）满足引理需求，则系统将在有限时间内收敛到滑模面。稳定性证明完毕。

在图6-12所示实验平台上进行驱动器轨迹跟踪控制实验。需要注意的是，控制律［式(6-51)］中含有符号函数 sgn(S)，在实际实验中容易引起抖振。为了降低抖振，采用饱和函数 sat(S/φ)取代符号函数，写作

$$\mathrm{sat}\left(\frac{S}{\varphi}\right)=\begin{cases}S, & |S|>\varphi\\ \dfrac{S}{\varphi}, & |S|\leqslant\varphi\end{cases} \tag{6-55}$$

在轨迹跟踪实验中，设置 $c=50$，$\varphi=55$，$\eta_1=0.1$，$\lambda=12$，$D=0.3|\hat{d}|$，$k_1=D/M+\eta$。期望轨迹与6.4.2节一致，频率调节为 $f_d=0.05\mathrm{Hz}$。为了凸显控制方法在外界存在扰动情况下的跟踪性能，在实验平台上引入了一个振动源，模拟实际应用中可能遇到的扰动情况。所设计的滑模跟踪控制器［式(6-51)］的控制效果如图6-22所示。从图6-22中可以看出，即使在存在外界扰动的情况下，滑模控制仍能使驱动器较好地跟踪期望轨迹，表现出较强的抗扰动能力。为了进一步验证滑模控制方法的优越性，将该方法与6.4.2小节中介绍的PID控制方法进行比较，并保持PID控制器的参数与6.4.2小节中一致。其在相同扰动条件下的轨迹跟踪控制效果如图6-23所示。通过对比图6-23和图6-21可以看到，当外界存在扰动时，PID控制方法的控制效果明显变差。

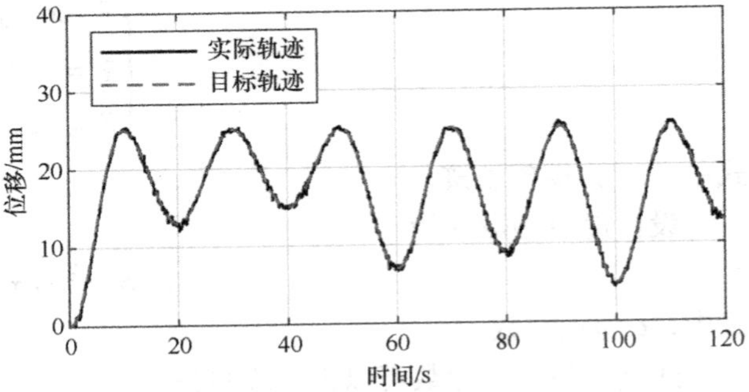

图 6-22　气动软体驱动器期望轨迹与实际轨迹（滑模控制）

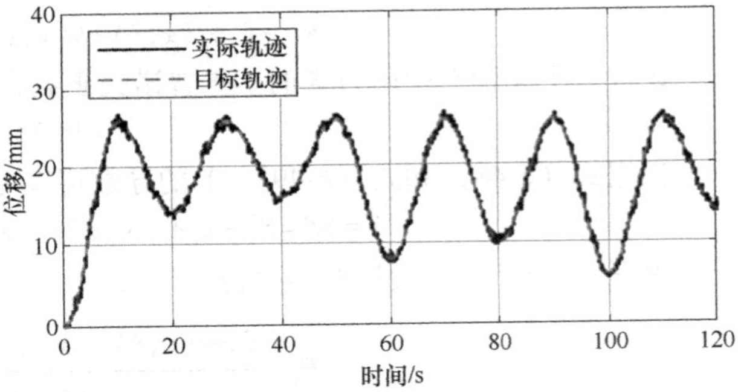

图 6-23　气动软体驱动器期望轨迹与实际轨迹（PID控制）

图6-23和图6-22的比较结果表明，与传统基于PID的波纹管型气动软体驱动器的跟踪控制方法相比，基于扰动观测器的滑模控制方法在应对外界扰动时表现出明显优势。滑模控制能够有效地估计和补偿系统中的不确定性，使得控制系统在面对外界扰动时具有更强的鲁棒性和稳定性。尽管PID控制方法在跟踪精度上不如滑模控制器，但它仍能实现轨迹跟踪，并且其结构简单，不需要大量算力来保证控制器的实时性，因此在一些对精度要求不高的应用场景中，PID控制器依然是一个可行的选择。

本章小结

本章介绍了气动软体机器人的基本概况，强调了气动软体驱动器在机器人变形和运动中的关键作用。然后，以一个波纹管型气动软体驱动器为例，详细介绍了气动软体驱动器的设

计、制作、运动特性分析和控制方法。具体而言，探讨了这种驱动器的设计思路，详细描述了制作过程，并介绍了控制平台的组成，强调了各组成部分在实现驱动器变形和运动中的重要性。接下来，重点介绍了气动软体驱动器的建模方法。通过半物理半唯象建模方法和改进三元模型建模方法，对所设计和制作的波纹管型气动软体驱动器进行了动力学建模和模型的参数辨识，深入分析了驱动器的黏弹性和负载特性，提供了驱动器行为的理论基础和数学描述。为了实现驱动器末端位置的精确控制和轨迹跟踪控制，设计了 PID 控制器。通过搭建实验平台，对 PID 控制器的性能进行了验证，展示了其在不同控制目标条件下的有效性。实验结果表明，在期望轨迹幅值变化的情况下，PID 控制器能保持良好的跟踪效果，证明了其在实际应用中的可靠性。此外，进一步介绍了基于改进三元模型的滑模控制方法。通过结合扰动观测器，该方法显著降低了传统滑模控制中的抖振问题，提高了系统在面对不确定性和外界扰动时的鲁棒性和稳定性，从而确保了末端点的精确轨迹跟踪控制。这一部分内容为读者提供了更为先进和实用的控制策略，拓展了气动软体驱动器在复杂环境中的应用潜力。

习 题

6-1 气动软体机器人在控制方面相较于传统的刚性机器人存在哪些挑战？请思考应该从哪些方面入手应对这样的挑战。

6-2 波纹管型气动软体驱动器是一类经典的伸缩型气动软体驱动器，请结合教材分析为什么这种设计适用于单一方向上的伸缩运动。

6-3 若想通过波纹管型气动软体驱动器的组合实现机器人向特定方向的弯曲，应当如何设计？请简述你的构想。

6-4 若想加快气动软体驱动器对于突变信号的响应速度，应当着重调节 PID 控制器的哪项参数？若想降低超调量或是降低跟踪误差，又应当着重调节 PID 控制器的哪项参数？请简单说明原因。

6-5 请分析采用 lsqcurvefit 函数进行参数辨识时，哪些因素会影响参数辨识的结果。

6-6 写出图 6-24 所示垂直状态下的气动软体驱动器的三元模型（考虑重力作用，忽略空气阻力）。

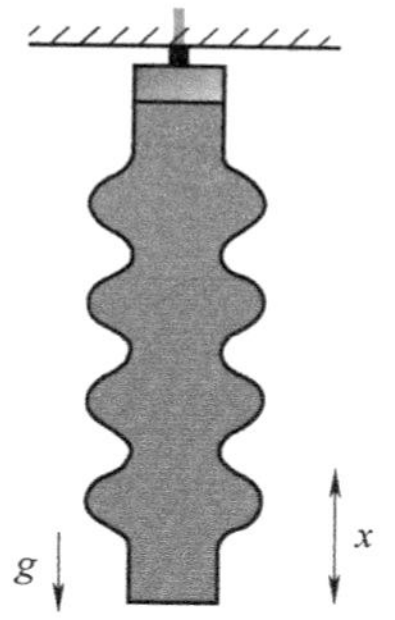

图 6-24 垂直波纹管型气动软体驱动器

参考文献

［1］ 南卓江，杨扬，刘娜，等. 基于细径 McKibben 型气动人工肌肉的仿生手研发［J］. 机器人，2018，40（3）：321-328.

［2］ 肖怀，孟庆鑫，闫泽，等. 垂直气动人工肌肉系统的模型参考自适应逆补偿控制［J］. 控制理论与应用，2023，40（10）：1703-1712.

［3］ ZHANG Y F，YANG D Z，YAN P N，et al. Inchworm inspired multimodal soft robots with crawling，climbing，and transitioning locomotion［J］. IEEE Transactions on Robotics，2022，38（3）：1806-1819.

［4］ DYLAN D，SAURABH J，DAVID S，et al. Electronics-free pneumatic circuits for controlling soft-legged robots [J]. Science Robotics, 2021, 6 (51): 1-12.

[5] 张立彬，鲍官军，杨庆华，等. 气动柔性驱动器及其在灵巧手中的应用研究综述 [J]. 中国机械工程，2008，19 (23)：2891-2897.

[6] RAJAPPAN A, JUMET B, PRESTON D J. Pneumatic soft robots take a step toward autonomy [J]. Science Robotics, 2021, 6 (51): 1-3.

[7] BREITMAN P, MATIA Y, GAT A D. Fluid mechanics of pneumatic soft robots [J]. Soft Robotics, 2021, 8 (5): 519-530.

[8] SAYED M E, ROBERTS J O, MCKENZIE R M, et al. Limpet II: A modular, untethered soft robot [J]. Soft Robotics, 2021, 8 (3): 319-339.

[9] JAMIL B, YOO G, CHOI Y, et al. Proprioceptive soft pneumatic gripper for extreme environments using hybrid optical fibers [J]. IEEE Robotics and Automation Letters, 2021, 6 (4): 8694-8701.

[10] WIREKOH J, VALLE L, POL N, et al. Sensorized, flat, pneumatic artificial muscle embedded with biomimetic microfluidic sensors for proprioceptive feedback [J]. Soft Robotics, 2019, 6 (6): 768-777.

[11] 林杨乔. 流体驱动的模块化软体机器人的关键技术研究 [D]. 杭州：浙江大学,2019.

[12] 度红望，许晓亚，邵仁波，等. 气动弯曲型人工肌肉瞬态动力学建模，分析与验证 [J]. 机械工程学报，2023，59 (21)：199-208.

[13] 赵诗影，闫泽，孟庆鑫，等. 基于宽度学习系统的气动波纹管驱动器无模型跟踪控 [J]. 控制与决策，2024，39 (1)：121-128.

[14] 高帅，滕燕，李小宁. 充气伸长型气动柔性驱动器的动态特性研究 [J]. 电气与自动化，2015，44 (5)：209-211.

[15] 杜勇. 具有多运动模式的可变形软体机器人研究 [D]. 合肥：中国科学技术大学，2013.

[16] 王超. 线驱动硅胶软体机械臂建模与控制 [D]. 上海：上海交通大学，2015.

[17] 倪杭，王贺升，陈卫东. 基于软体机器人冗余自由度的实时避障位置控制 [J]. 机器人，2017，39 (3)：265-271.

[18] 孟飞. 气动连续型机械臂控制系统设计与实现 [D]. 哈尔滨：哈尔滨工业大学，2019.

第 7 章　智能材料软体机器人

导　读

本章将介绍智能材料软体机器人的基础知识、建模与控制。介电弹性体材料和液晶弹性体材料是两种极具应用前景的智能材料，本章将以这两种材料制作而成的软驱动器为实例，详细介绍它们的驱动原理与动态特性。在此基础上，提出相应的动力学建模方法与轨迹跟踪控制方法，以实现介电弹性体驱动器和液晶弹性体驱动器的高精度运动控制。

本章知识点

- 介电弹性体驱动器的建模
- 介电弹性体驱动器的控制
- 液晶弹性体驱动器的建模
- 液晶弹性体驱动器的控制

7.1　引言

上一章所介绍的气动软体机器人，在工作时需要携带气瓶或气缸等大体积且较笨重的配件，在实际应用中或多或少地存在一定的限制性。因此，探索新式的软体机器人驱动方式具有重要意义。

智能材料的构想源自仿生，目标是获得具有类似生物材料结构和功能的“活体材料”系统。大体来说，智能材料指具有感知环境刺激，对其进行分析、处理、判断，并采取一定措施进行适度响应的材料。其行为与生命体的智能反应类似。换言之，所谓智能材料，就是具有感知环境刺激的功能，能够根据不断变化的外部环境和条件及时自动调整自身状态和行为的材料。智能材料具备以下特征：

1）具有感知功能，能够检测并且可以识别外界（或内部）的刺激，如电、光、热、化学等。

2）能够按照设定的方式选择和控制响应。

3）具有驱动功能，能够响应外界变化。

4）反应比较灵敏、及时和恰当。

5）当刺激消除后，能够迅速恢复到原始状态。

由于智能材料具备感知、驱动和控制三个基本功能要素，越来越多的研究人员尝试使用智能材料制作新式软体机器人，以实现软体机器人的“驱动-本体一体化”设计目标。智能材料主要可以分为：智能高分子材料、智能金属材料、智能陶瓷材料和其他智能材料，如图 7-1 所示。其中，智能金属材料和智能陶瓷材料刚度较大，不满足软体机器人所要求的柔软性需求。因此，现阶段在软体机器人领域使用较多的是智能高分子材料，包括电活性聚合物、形状记忆聚合物、液晶弹性体和响应水凝胶等。

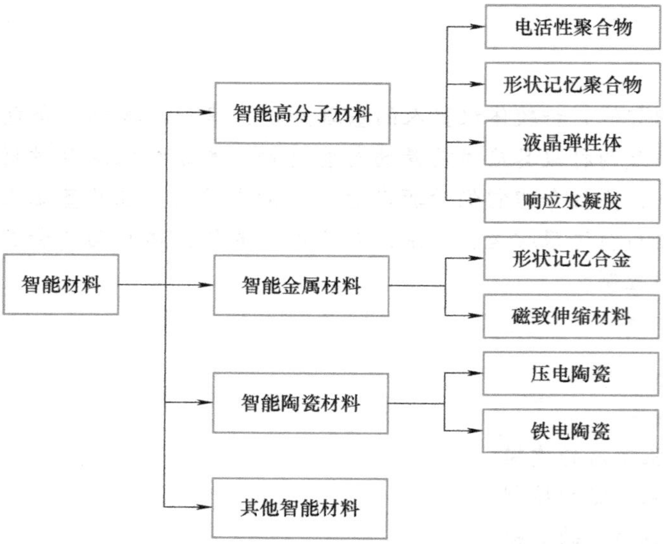

图 7-1　智能材料的分类

电活性聚合物是一种新兴的具有广阔前景的智能材料，其电性能和力学性能特殊，在外加高激励电压作用下，可以发生较大形变；在外界电激励撤销后，又能恢复到原始的形状尺寸。因此，对于开发新型驱动器驱动软体机器人而言，电活性聚合物材料具有巨大的应用前景。

电活性聚合物主要分为两种：电场型和离子型。最直观的区别是，电场型电活性聚合物一般在干燥环境下工作，是固态的；离子型电活性聚合物需要在湿润环境下工作，为液态或离子态。电场型电活性聚合物的作用本质是相反电荷产生静电应力使其发生形变，这类材料在直流高电压激励下可以产生较大的形变。离子型电活性聚合物的作用本质是离子迁移或分散使其在外加电压激励作用下产生位移。一般而言，离子型电活性聚合物所需激励电压值较小。在实际驱动应用环境中，电场型电活性聚合物材料比离子型电活性聚合物材料具备更好的环境适应性，研究价值更高。

液晶弹性体材料是一类较为特殊的智能材料，其兼具液晶和弹性体的双重特性，可以在光刺激或热刺激下产生较大的形变且反应迅速。当刺激撤销后，液晶弹性体可以恢复到原始的形状。

液晶弹性体材料根据内部分子结构的不同可以分成很多类，其中向列相液晶弹性体因其特殊的取向性而被广泛关注。向列相液晶弹性体作为一类特殊的液晶弹性体，其分子在一定范围内呈向列排列。这种排列通常是长轴在特定方向上排列，形成向列相液晶结构。向列相液晶弹性体常常具有一定的孤立性，分子之间的排列相对较为有序。这种有序排列会赋予材料特定的光学性质和比较明确的弹性特性，这为向列相液晶弹性体在智能材料软体机器人设计中的应用奠定了基础。

综上所述，电场型电活性聚合物材料和向列相液晶弹性体材料为两种具有代表性的智能材料，在软体机器人领域有着广阔的应用前景。本章将分别对基于这两种材料制作的软驱动器进行详细的介绍。

7.2　智能材料软体机器人基础

7.2.1　介电弹性体驱动器

介电弹性体（dielectric elastomer，DE）材料是电场型电活性聚合物材料中最具代表性的一种，能在外加电场的作用下产生变形，从而产生驱动力或运动，实现电能向机械能的转换。基于这种特性，DE 材料可用于驱动器的制作。由于 DE 材料具有能量损耗低、能量密度高、应变大、响应速度快、重量轻等优点，介电弹性体驱动器（dielectric elastomer actuator，DEA）在软体机器人领域有着广泛的应用。

1. 介电弹性体驱动器的驱动原理

DEA 的基本结构为三层的“三明治”结构，由上、下两层柔性电极和中间一层 DE 薄膜组成。当在柔性电极上施加驱动电压后，电荷通过外部导线传递到柔性电极上，使两层柔性电极分别积聚正负电荷。两层柔性电极上相反电荷之间产生的静电力 σ_M［即 Maxwell 应力 σ_M，其数学表达式见式（7-1）］，使得 DE 薄膜的厚度从 L_3 压缩至 l_3。DE 材料是一种高弹聚合物，而当高弹聚合物发生大形变时，其形状的改变通常要比体积改变大得多。因此，可以认为 DE 材料是不可压缩的，也就是说其体积在变形过程中保持不变。鉴于此，在体积保持不变的情况下，DE 薄膜在厚度方向（即 z 方向）上的压缩会导致其在平面区域（即 xoy 平面）上发生扩张。这两种形状的变化都会将电能转化为机械能，使 DEA 的形状发生变化并产生驱动力。图 7-2 所示为 DEA 的驱动原理。由式（7-1）可知，Maxwell 应力与驱动电压的二次方成正比，即 DEA 具有平方输入非线性特性。

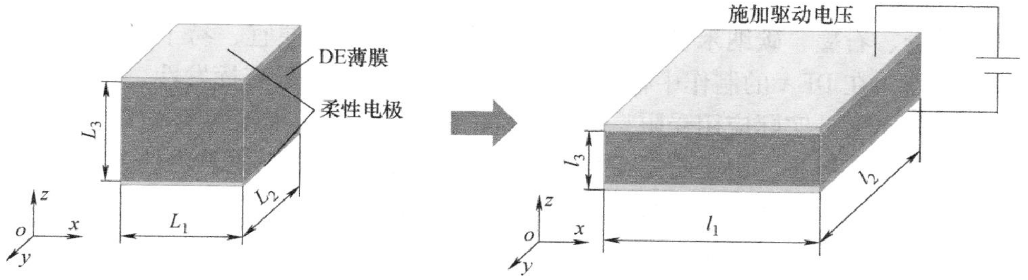

图 7-2　DEA 的驱动原理

$$\sigma_M = \varepsilon_0 \varepsilon_r \left(\frac{v}{d}\right)^2 \tag{7-1}$$

式中，ε_0 是真空介电常数，单位为 F/m，$\varepsilon_0=8.85\times10^{-12}$；$\varepsilon_r$ 是相对介电常数，单位为 F/m；v 是驱动电压，单位为 kV；d 是 DE 薄膜的厚度，单位为 mm。

2. 介电弹性体驱动器的材料

从图 7-2 中可以看出，DEA 的主要组成部分为 DE 薄膜和柔性电极。下面将对常用的 DE 材料和柔性电极材料进行介绍。

目前常用的 DE 材料分为三类：丙烯酸树脂材料、硅橡胶材料和聚氨酯材料。丙烯酸树脂是以丙烯酸酯、甲基丙烯酸酯及其衍生物为主要原料的共聚物，其弹性主要来源于支的柔顺性和主链的交联。美国 3M 公司生产的 VHB 材料是目前使用最广泛的丙烯酸树脂材料，厚度为 0.13~1mm 不等。VHB 材料的特点是杨氏模量低，仅为千帕量级，在特定条件下其电致变形最高可达到 2200%。VHB 材料的介电常数为 4.7 左右，驱动电压较高。VHB 材料的缺点是具有高黏性，因此其实际上是一种黏弹性材料。这种黏弹性导致其电致变形、机电耦合效率、变形稳定性等均表现出很强的时间相关性。此外，要使 VHB 材料产生大应变必须对其进行高度预拉伸，而预拉伸需要添加额外的刚性支架，容易造成力学失稳、应力松弛等问题。

硅橡胶是一种由 Si、O 原子交替构成主链结构且 Si 原子上连有有机基团的聚合物。目前在驱动器领域应用最为广泛的是聚二甲基硅氧烷（Polydimethylsiloxane，PDMS），其商业化产品遍布生活中的各个角落。PDMS 具有良好的力学稳定性、较低的模量，较快的响应速度和良好的环境适应性，且耐高热和低温。用 PDMS 材料制作的 DEA 可以在较高频率下工作，同时能量损失也比较小。相较于 VHB 材料，PDMS 材料的黏性较低。然而，PDMS 材料的介电常数较小（一般为 2~3），需要使用较高的驱动电压才能产生大应变，存在一定的安全隐患。

聚氨酯又称聚氨基甲酸酯，是一种主链含氨基甲酸酯重复结构单元的聚合物，由异氰酸酯和羟基化合物加聚而成。聚氨酯的特点是耐磨损、耐辐照、承重能力强、抗氧化能力强。由于聚氨酯通常具有较高的介电常数（>7），因此用聚氨酯薄膜制成的 DEA 可以使用较低的驱动电压进行驱动，输出的力也较大。然而，基于聚氨酯材料制作的 DEA 应变较小。因此，相较于 VHB 材料和 PDMS 材料，聚氨酯材料较少用于 DEA 的制作。

DEA 的另一个主要组成部分是柔性电极。柔性电极的作用是同步跟随 DE 薄膜变形，使驱动电压产生的电场也能同步跟随 DE 薄膜的变形。因此，柔性电极通常具有以下特点：电阻低、柔顺性高、附着力强、易于涂布、使用寿命长、在大应变下表面密度高。常用的柔性电极材料有碳膏、石墨、碳纳米管等。碳膏柔性电极具有价格便宜、易于应用、附着力强、导电性好等优点，在 DEA 的制作中很受欢迎。然而，碳膏电极具有挥发性，使用寿命较短，且难以制成均匀厚度，实际应用受限。石墨柔性电极价格便宜，易于实际应用，且没有挥发性，使用寿命较长。但是，由于石墨柔性电极比较干燥，它的表面附着力较差，在大变形的情况下表面密度不高，导致其导电性能随着应变的增大而变差，影响 DEA 的电致变形。为了解决上述问题，有研究人员利用基于碳纳米管的柔性电极制作 DEA，可以在电极厚度很小的情况下满足高导电性要求，且附着力强、耐疲劳性强。但是，碳纳米管复杂的工艺流程限制了其大规模实际应用。

3. 介电弹性体驱动器的结构设计

基于 DEA 的基本结构及工作原理，研究人员开发了各种各样的 DEA，典型的 DEA 结构如图 7-3 所示。

平面型 DEA（见图 7-3a）的结构及制作工艺最简单，将 DE 薄膜在平面内预先拉伸一定倍数，然后在 DE 薄膜两个表面上涂布柔性电极就形成了平面型 DEA。目前已有不少研究人员对平面型 DEA 进行了理论和实验研究，取得了一定的研究成果，为复杂形状 DEA 的研究打下了基础。

在锥型 DEA（见图 7-3b）中，DE 薄膜被内外框架固定，内框架上有一个偏置机构，目的是使 DE 薄膜拉伸形成锥形结构。偏置机构有很多形式，如弹簧、砝码等，能够预拉伸 DE 薄膜使整体驱动器处于平衡状态，并且可以在一定方向上引导移动。

为了实现较大输出力的应用需求，多层型 DEA（见图 7-3c）成为人们非常关注的一种结构形式。多层型 DEA 顾名思义就是将多个单层 DEA 在薄膜厚度方向进行多次堆叠后得到的 DEA。多层型 DEA 在面内方向的形变与单层 DEA 基本一致，但输出力却成倍提升，而且随着多个单层 DEA 的有序堆叠，厚度方向上的变形也成倍增加。

卷轴型 DEA（见图 7-3d）主要依靠卷轴母线的伸长和缩短来进行驱动。相比于多层型 DEA，卷轴型 DEA 的制备更为简单，结构也更为紧凑，也可以实现较大的驱动力。

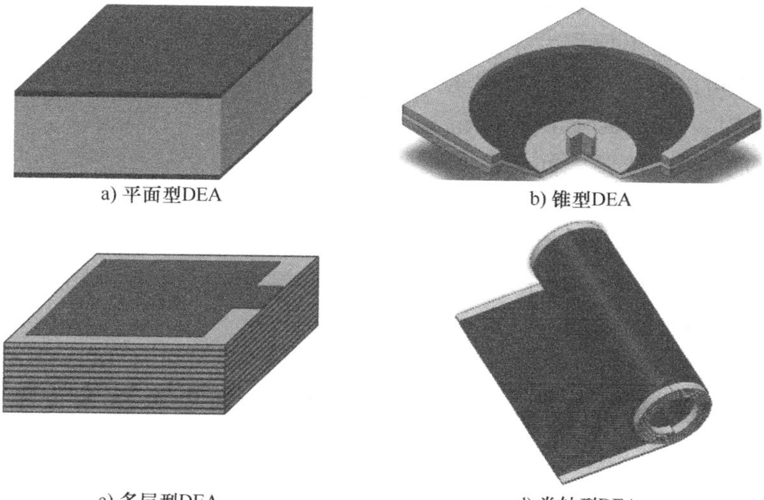

a) 平面型DEA　b) 锥型DEA

c) 多层型DEA　d) 卷轴型DEA

图 7-3 典型的 DEA 结构

4. 介电弹性体驱动器的动态行为

实验研究表明，DEA 的动力学行为具有明显的黏弹性特征。在循环驱动电压的驱动下，DEA 表现出明显的蠕变、迟滞等复杂非线性行为，其迟滞行为还具有明显的非对称特性、率相关特性和应力相关特性。

具体而言，当在 DEA 两端施加变频变幅的周期性正弦驱动电压时，DEA 位移与所施加驱动电压之间的变化关系表现为，加载曲线与卸载曲线不重合，而是形成滞环，表明 DEA 具有明显的迟滞非线性行为，如图 7-4 所示。DEA 的迟滞非线性行为非常复杂。首先，DEA 的迟滞非线性行为具有多值映射性，即同样大小的输入电压映射到多个不同大小的 DEA 位移。其次，DEA 的迟滞非线性行为具有记忆性，即 DEA 的位移不仅与当前驱动电压有关，还与过去时刻的位移和驱动电压有关。此外，从图 7-4 中可以看出，DEA 的迟滞非线性行为具有非对称特性和率相关特性，换言之，DEA 具有非对称迟滞非线性行为和率相关迟滞非线性行为。其中，DEA 的非对称迟滞非线性行为是指其迟滞环不是对称的，无法找到一条直线将其迟滞环划分为对称的两个部分；DEA 的率相关迟滞非线性行为是指其迟滞环的大小会随着输入电压频率的变化而变化，即随着输入信号频率的增大，迟滞环也会变大。除了非对称迟滞非线性行为和率相关迟滞非线性行为之外，DEA 的迟滞非线性行为具有应力相关性和温度相关性等复杂特性。因此，DEA 的迟滞非线性行为非常复杂，给 DEA 的建模和后续高精度控制带来巨大挑战。

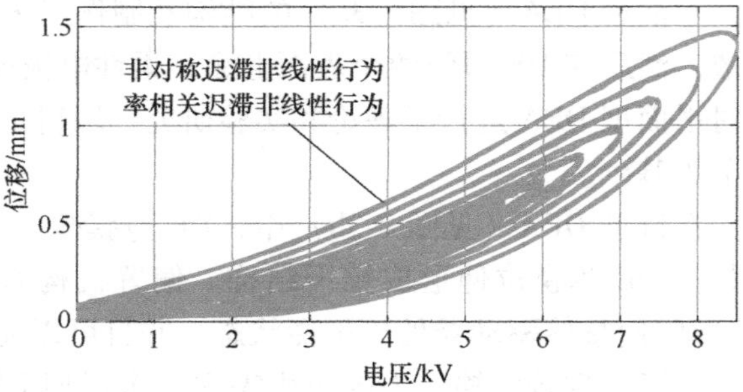

图 7-4　DEA 的迟滞非线性行为

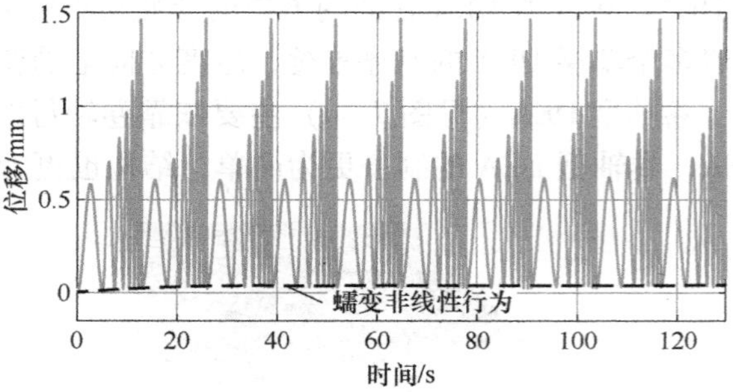

图 7-5　DEA 的蠕变非线性行为

DEA 的蠕变非线性行为是指在外加驱动电压作用下 DEA 输出位移发生漂移的行为。从图 7-5 可以看出，在周期性驱动电压降低到零时，DEA 回不到初始位置，此时 DEA 到其初始位置之间的距离称为蠕变。一般来说，DEA 的蠕变行为在前 3 个周期最明显。随着时间的推移，蠕变的增加量逐渐减小。最后，蠕变逐渐消失，DEA 的位移趋于稳定。此外，对于不同的 DE 材料，蠕变的大小也不同。例如，VHB 材料的蠕变远大于硅橡胶材料的蠕变。

通过上述分析可以看出，DEA 的动态行为非常复杂。为了推动 DEA 的实际应用，有必要建立能够准确描述 DEA 复杂动态行为的动力学模型，进而实现其高精度运动控制。

7.2.2　液晶弹性体驱动器

与介电弹性体相似，液晶弹性体（liquid crystal elastomer，LCE）作为一种特殊的智能软材料，因其具有可逆形变和快速响应的优点，被广泛应用于软体机器人、光子设备、细胞培养和组织工程等领域。

1. 液晶弹性体概念与形变原理

液晶弹性体其本质上是由液晶弹性体分子组成的橡胶材料。下面将对液晶弹性体材料进行介绍。

液晶弹性体兼具液晶与弹性体的双重特性，不但保留了原有非交联液晶聚合物的性能，还在机械力场作用下表现出优异的取向性、压电性、铁电性、软弹性等特性。其中取向性是液晶弹性体较为重要的性质，即液晶弹性体在受到外部刺激后，从微观层面上看内部分子秩序发生变化，在宏观上则表现为液晶弹性体发生定向的形变。当撤销刺激后，液晶弹性体会恢复到原状态，即具有记忆功能。

根据分子排列方式和秩序的不同，液晶弹性体可分为向列相、胆甾相和蓝相等多种类型，不同类型的液晶弹性体表现出不同性质。向列相液晶弹性体具有优异的取向性，因此被广泛应用于液晶弹性体驱动器。此外，向列相液晶弹性体还表现出快速的响应速度，在毫秒时间尺度内可实现高达 400%~500%的收缩率。向列相液晶弹性体根据驱动方式的不同，可以分为热驱动液晶弹性体、光驱动液晶弹性体等不同的类型。这些液晶弹性体基本的驱动原理都大致相同。

在液晶弹性体未受到外界刺激时，构成液晶弹性体驱动器的液晶弹性体内部分子呈向列相分布，即分子大致沿某一个确定的方向 x 排列，这个方向是在制备时确定的。当其受到刺激后液晶弹性体内部分子会由向列相逐步转变为各向同性，即分子由有序态逐步变为无序态，如图 7-6 所示。

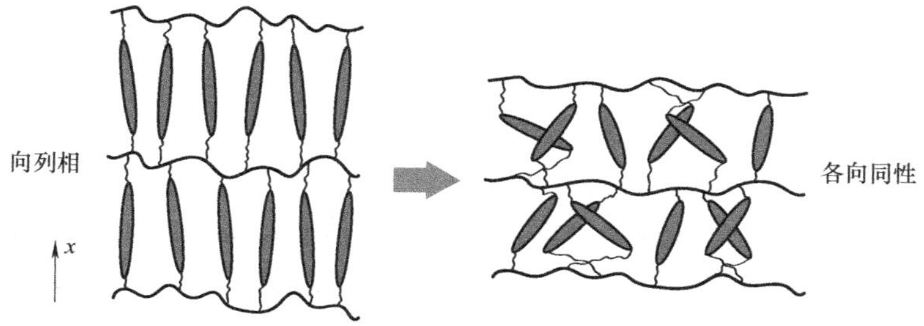

图 7-6　液晶弹性体内部分子相变过程

在宏观上，液晶弹性体表现为沿 x 方向收缩，同时向与 x 方向垂直的两个方向伸展，这是因为液晶弹性体被近似认为在形变过程中体积不会发生变化，即式（7-2）成立。

$$L_1L_2L_3 = l_1l_2l_3 \tag{7-2}$$

式中，L_1、L_2、L_3 是室温下液晶弹性体的长、宽、高，单位为 mm；l_1、l_2、l_3 是受刺激后液晶弹性体的长、宽、高，单位为 mm。

因此，液晶弹性体在受刺激后形状出现变化并产生驱动力。液晶弹性体宏观形变过程如图 7-7 所示。

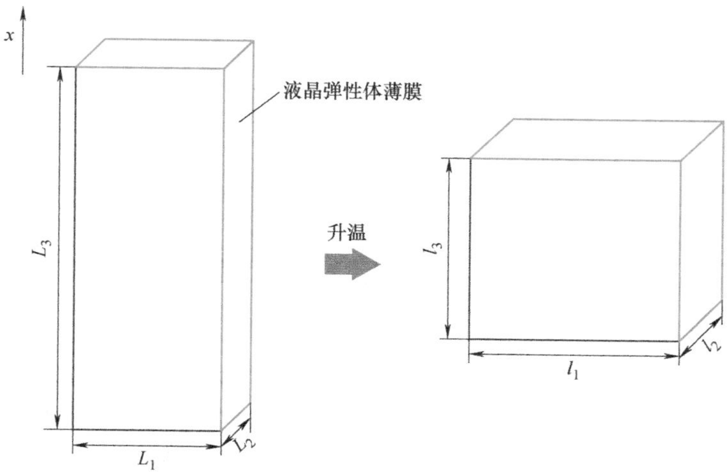

图 7-7　液晶弹性体宏观形变过程

在各种液晶弹性体中，光驱动液晶弹性体可以实现无接触控制，通过改变光照强度或方向即可实现形变，避免了直接接触或机械操作。相较于其他驱动方式，光驱动通常具有较低的能耗，可以在一定程度上提高系统能效。

此外，在液晶弹性体制造过程中，通过在液晶中掺杂其他物质，可以实现液晶弹性体的多刺激响应，即同时对多种刺激产生反应。例如，在光驱动液晶弹性体的制备过程中加入磁粉可以使其同时对光刺激与磁刺激产生响应，实现更为精确的非接触式远程控制。

液晶弹性体作为一种新型材料，在具有诸多优点的同时也存在一些缺点。例如，液晶弹性体的制备过程相对复杂，需要一定的技术和设备支持，导致制备成本较高；为了实现液晶弹性体的变形通常需要提供较大的动力输入，这会导致一定的能量消耗；液晶弹性体的形变范围受限于其材料特性和制备工艺，无法实现过大的形变；液晶弹性体在一些特定条件下稳定性较差，会受到外界因素的影响。因此，在实际应用中需要综合考虑这些缺点，寻求合适的应用场景和改进方向，以发挥液晶弹性体的优势。

2. 液晶弹性体驱动器的结构设计

基于液晶弹性体的形变原理，研究人员设计了多种液晶弹性体驱动器（liquid crystal elastomer actuator，LCEA）。其中较为经典的液晶弹性体驱动器是对负载进行一维牵拉的液晶弹性体驱动器。这种液晶弹性体驱动器的结构及制备最为简单，将液晶弹性体一端进行固定，另一端悬挂负载就构成了一维的液晶弹性体驱动器。这种驱动器在液晶弹性体受到刺激后会牵拉负载向上运动如图 7-8 所示。目前，众多研究人员在一维方向上对液晶弹性体驱动器进行性能研究与实验，取得了一定的研究成果，为多层复杂材料液晶弹性体驱动器的研究打下了坚实基础。

其次，是通过在液晶弹性体一面附着没有光响应的材料，使液晶弹性体在光刺激下光能部分转化为热能，引起液晶弹性体内部液晶分子的向列相-各向同性转变。具有光响应性一侧的可逆收缩行为将会导致液晶弹性体软体机器人整体发生反向卷曲形变，如图 7-9 所示。

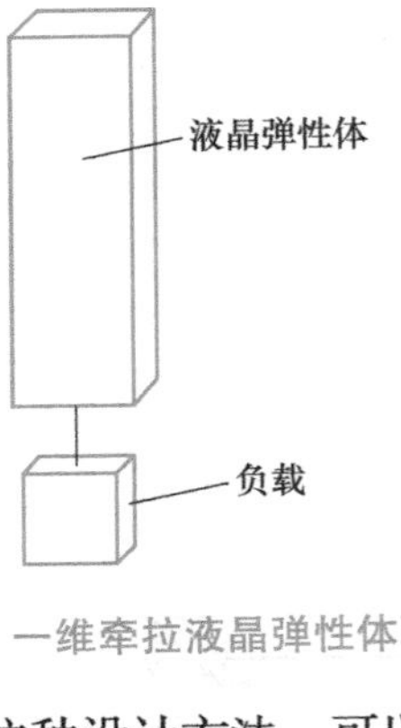

图 7-8　一维牵拉液晶弹性体驱动器

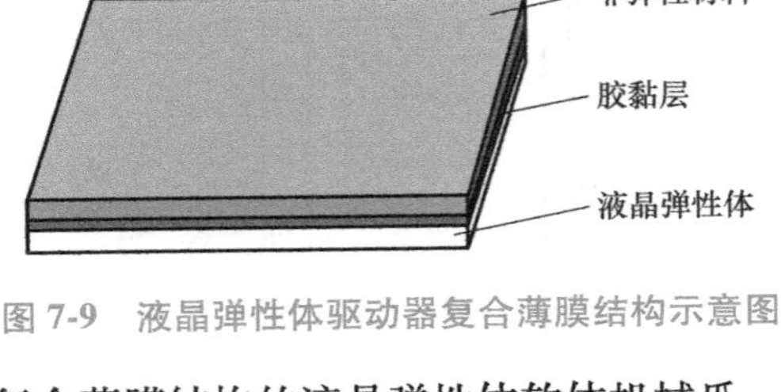

图 7-9　液晶弹性体驱动器复合薄膜结构示意图

通过这种设计方法，可以设计出基于复合薄膜结构的液晶弹性体软体机械爪、机械臂以及一些小型软体机器人。除了上述方法外，可以通过在制备过程中向光驱动液晶弹性体中添加磁粉或其他磁感材料，为液晶弹性体驱动器赋予多种控制方式，从而设计更为复杂的驱动器。

液晶弹性体驱动器备受重视的原因在于其主要驱动方式为光驱动或热驱动，因此液晶弹性体材料与控制模块之间通常不需要电性连接，从而能够实现无须接触的远程控制。当液晶弹性体驱动器未受外界刺激时，会处于自由的初始状态。光照或温度刺激可以引起液晶分子有序排列的改变。在电场或温度刺激下，液晶分子的方向性排列会发生变化。由于液晶分子之间存在相互作用力，这种排列变化会导致材料整体形状的改变，而这种形状变化可以通过调节电场或温度的强度和方向来控制。当外界刺激消失时，液晶弹性体驱动器就会自动恢复到初始形状。通过反复施加刺激，液晶弹性体驱动器可以实现连续的形状变化和运动。通过合理设计液晶弹性体驱动器的结构、光照和温度控制系统，可以实现高精度和高响应速度的驱动效果。与介电弹性体驱动器相同，液晶弹性体驱动器有着复杂的动态行为，为其设计与应用带来了不小的挑战。

3. 液晶弹性体驱动器的动态行为

据研究显示，液晶弹性体驱动器的动力学行为与介电弹性体驱动器的动力学行为在非对称迟滞特性和率相关特性方面表现相似。然而，与介电弹性体驱动器不同的是，液晶弹性体驱动器并不表现出明显的蠕变特性。

具体而言，液晶弹性体驱动器表现出的非对称迟滞特性较介电弹性体而言更为复杂。液晶弹性体驱动器末端位置的位移与输入信号之间的变化关系表明，液晶弹性体驱动器升温过程曲线与降温过程曲线不重合，而是形成具有死区和饱和的迟滞环，具有明显的非线性迟滞，如图 7-10 所示。

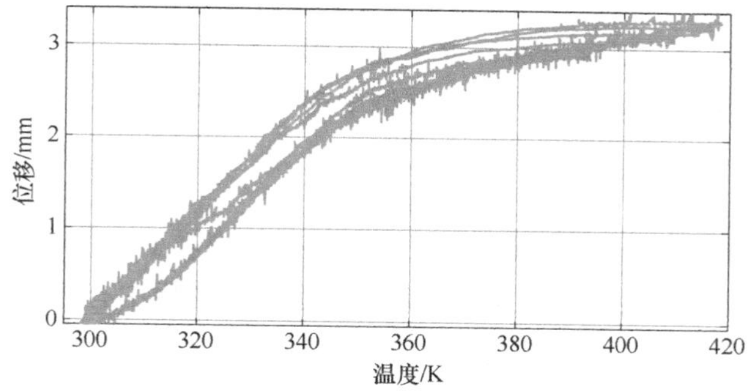

图 7-10　液晶弹性体驱动器的动力学行为

与介电弹性体驱动器的动力学行为相比，液晶弹性体驱动器的动力学行为不仅具有多值映射性、死区特性等介电弹性体驱动器具有的特性，还具有饱和特性，即液晶弹性体驱动器在形变过程中存在形变极限，在形变量达到一定程度时，形变量不会再随温度的变化而变化，这提高了液晶弹性体驱动器的建模难度。

综上所述，液晶弹性体驱动器的动态行为非常复杂，为了推动液晶弹性体驱动器的控制与应用，对液晶弹性体驱动器动态行为建模以精准地描述其形变过程显得尤为重要。

4. 液晶弹性体驱动器的建模方法介绍

为了描述液晶弹性体驱动器的复杂动力学行为，常用的建模方法可以分为唯象建模法、物理建模法和半物理半唯象建模法。这三种建模方法各有其优缺点，在设计控制器时，需要综合考虑各种建模方法的优劣，并针对实际应用情况进行选择。

唯象建模方法是一种基于系统输入输出数据的建模方法，不考虑液晶弹性体驱动器形变时内部复杂的物理机制。它通过分析系统的输入输出关系，使用数学函数或传统统计学模型来描述液晶弹性体驱动器的非线性迟滞现象。唯象建模方法的优势在于简单直接，使得建立模型的过程更加容易和高效。常用的唯象迟滞模型有 P-I 模型、Preisach 模型等。但是这些模型无法进一步研究液晶弹性体驱动器形变过程中的物理性质，不利于深入了解液晶弹性体驱动器。

为了深入研究液晶弹性体驱动器在形变过程中的物理性质，借鉴其他软材料的建模经验，可采用物理建模法对液晶弹性体驱动器进行建模。这类方法通常需要考虑液晶弹性体驱动器内在复杂的物理机理，以更准确地描述其形变过程和性质，并进一步推动对液晶弹性体驱动器的深入研究。常用的物理建模方法包括分子动力学建模法、有限元分析法和蒙特卡罗法等。这些建模方法通常涉及复杂的物理定律，导致得到的模型较为复杂，难以用于后续系统控制器的设计。

因此，采用半物理半唯象模型来对液晶弹性体驱动器的动态行为进行建模。这种方法结合了唯象建模法简单高效的优点和物理建模法能够准确描述液晶弹性体驱动器形变过程的特点，能够提供一个更全面的视角，从而推动液晶弹性体驱动器研究的深入和发展。

7.3 介电弹性体驱动器建模与控制

7.3.1 介电弹性体驱动器唯象建模

为了全面描述 DEA 的非对称迟滞、率相关迟滞、蠕变和平方输入等非线性行为，本节采用唯象建模法建立 DEA 的动力学模型。模型中的未知参数采用非线性最小二乘算法进行辨识。

1. 非对称迟滞模型

常用的迟滞唯象模型有 Preisach 模型、Bouc-Wen 模型和 P-I 模型。其中，P-I 模型因其计算简单，存在解析逆等优点，在智能材料驱动器动力学建模中有着广泛的应用。因此，本节采用 P-I 迟滞模型对 DEA 的迟滞非线性进行描述。经典 P-I 模型的基本算子为 Play 算子，其表达式见式（2-55）和式（2-56）。由图 2-16a 可见，Play 算子的输出范围为$(-\infty,+\infty)$。然而，由于 DEA 具有平方输入非线性行为，正常工作频率下 DEA 的输出始终是非负的，因此，需要对 Play 算子进行改进，构造单边 Play 算子。对于任意分段连续输入 $u(t)\in[0,t_E]$，阈值为 $r>0$ 的单边 Play 算子 $F_r[u](t)$ 表达式为

$$\begin{cases} F_r[u](t)=g_r(u(t),F_r[u](t_i)) \\ g_r(u(t),F_r[u](t_i))=\max(u(t)-r,\min(u(t),F_r[u](t_i))) \end{cases} \tag{7-3}$$

单边 Play 算子的几何表示如图 7-11 所示。基于单边 Play 算子加权叠加，可得单边 P-I 模型，其表达式为

$$H(t)=\sum_{i=1}^{n_H} q_i F_{r_i}[u](t) \tag{7-4}$$

式中，q_i 是单边 Play 算子的权值；n_H 是单边 Play 算子的数目。

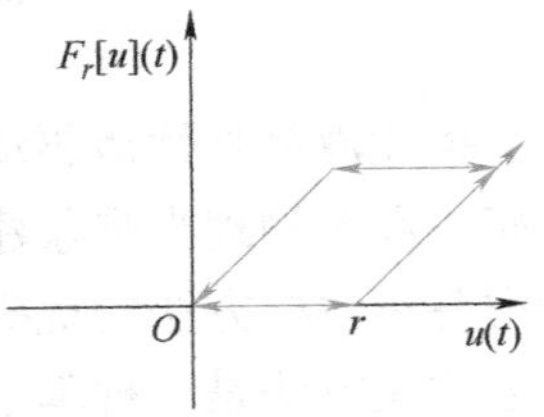

图 7-11　单边 Play 算子的几何表示

单边 P-I 模型只能描述对称的迟滞非线性行为。然而，如前所述，DEA 的迟滞非线性行为具有非对称的特

点。为了构造非对称迟滞模型，可以采用非对称函数与单边 P-I 模型串联。本节采用平方函数 $u(t)=[v(t)]^2$ 来描述 DEA 的平方输入非线性行为。而在 $t\geqslant 0$ 时，$u(t)=[v(t)]^2$ 恰好为非对称函数。因此，采用平方函数模块与单边 P-I 模型串联以构建非对称迟滞模型来同时描述 DEA 的非对称迟滞和平方输入非线性行为。

2. 线性系统

上面所建立的非对称迟滞模型是静态模型，只能描述率无关迟滞非线性行为。因此，采用一个线性系统与非对称迟滞模型串联以进一步描述 DEA 的率相关迟滞非线性行为。需要说明的是蠕变非线性行为也能用线性系统来描述。可以将两个线性系统合并，只采用一个线性系统来同时描述 DEA 的率相关迟滞和蠕变非线性行为。线性系统的表达式为

$$G(s)=\frac{\beta_m s^m+\beta_{m-1}s^{m-1}+\cdots+\beta_1 s+\beta_0}{s^n+\gamma_{n-1}s^{n-1}+\cdots+\gamma_1 s+\gamma_0} \tag{7-5}$$

式中，m 是线性系统分子的阶数；n 是线性系统分母的阶数，$n\geqslant m$；$\beta_i(i=0,1,\cdots,m)$ 是线性系统分子的系数；$\gamma_j(j=0,1,\cdots,n-1)$ 是线性系统分母的系数；s 是 Laplace 算子。

3. 介电弹性体驱动器动力学模型

基于所建非对称迟滞模型和线性系统，建立 DEA 动力学模型的结构如图 7-12 所示。其中，$v(t)$ 为动力学模型的输入，$M(t)$ 为动力学模型的输出。

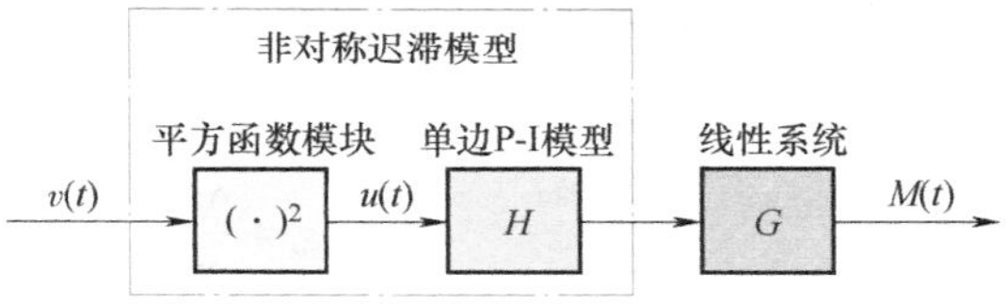

图 7-12　DEA 动力学模型的结构

4. 模型参数辨识

由于所建立的 DEA 动力学模型属于唯象模型，其参数没有明确的物理意义，只能根据输入输出数据进行辨识。此外，在不同幅值和频率的驱动电压下，DEA 的迟滞非线性有所不同。因此，为了辨识得到一个有效且泛化能力强的 DEA 动力学模型，选择多频率、多幅值的驱动电压［式(7-6)］采集实验数据。

$$\begin{cases} t_{\mathrm{d}}=\mathrm{rem}\left(t,\sum\limits_{k=1}^{7}1/f_k\right) \\ t_{k-1}=\left(\sum\limits_{j}^{k}1/f_j\right)-1/f_k,k=1,2,\cdots,7 \\ v(t_{\mathrm{d}})=a_k\sin[f_k\pi(t_{\mathrm{d}}-t_{k-1})],t_{k-1}\leqslant t_{\mathrm{d}}<t_{k-1}+1/f_k \end{cases} \tag{7-6}$$

式中，a_k 是驱动电压的幅值，单位为 kV；f_k 是驱动电压的频率，单位为 Hz；$\mathrm{rem}(\varpi,\varsigma)$ 是 ϖ 除以 ζ 的余数。

为了采集实验数据进行模型参数辨识，也为了验证后续所提控制方法的有效性，搭建如图 7-13 所示的锥形 DEA 实验平台。它主要包括高电压放大器（制造商为 TREK 公司，型号为 10/40A-HS-H-CE）、I/O 板卡（制造商为 NI 公司，型号为 PCIe-6361）、激光位移传感器（制造商为 Keyence 公司，型号为 LK-H152）、计算机（CPU 为 i7-8700，内存为 16G）和制作好的锥型 DEA。其中，激光位移传感器用于测量 DEA 在高压驱动下产生的位移。I/O 板卡用于产生作用于高压放大器的控制电压信号，并接收激光位移传感器输出的位移信号。高压放大器用于将 I/O 板卡输出的控制电压信号放大 1000 倍，并作用于 DEA。计算机用于产生作用于 I/O 板卡的电压信号，并接收 I/O 板卡输出的位移信号。

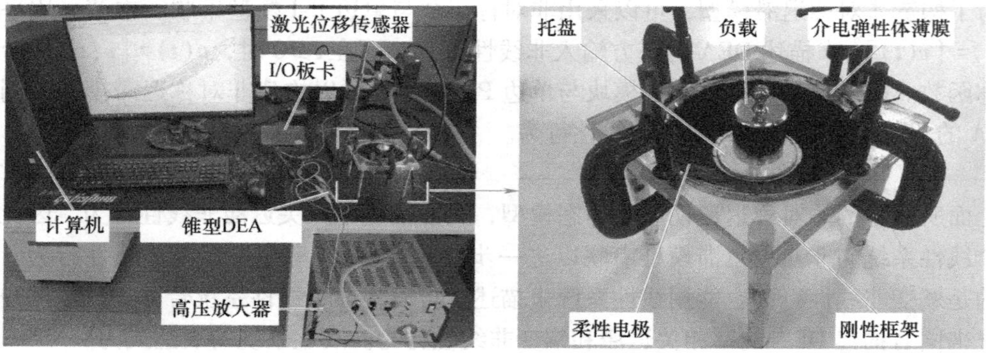

图 7-13　锥型 DEA 实验平台

锥型 DEA 的制作分为五步：①准备一张 DE 薄膜（制造商为 Wacker 公司，材料为硅橡胶，初始厚度为 200μm），将其按 15cm×15cm 尺寸进行裁剪；②将裁剪好的 DE 薄膜固定在一套刚性框架（材料为聚甲基丙烯酸甲酯，内径为 12cm）上；③将托盘（直径为 5cm）固定在 DE 薄膜中央；④将柔性电极（制造商为 Yamate 公司，型号为 GV-919）均匀涂抹在 DE 薄膜两面的环形区域；⑤将负载固定在托盘的中央。

此外，采用相对均方根误差 e_{rms}［式(7-7)］作为评价指标以评价建模精度。

$$e_{\mathrm{rms}}=\frac{\sqrt{\frac{1}{N_m}\sum_{k=1}^{N_m}(E_k-M_k)^2}}{\max(E_k)-\min(E_k)}\times 100\% \tag{7-7}$$

式中，N_m 是采样点总数；E_k 是对应 k 采样点的 DEA 位移，单位为 mm；M_k 是对应 k 采样点的模型输出，单位为 mm。

第一步，辨识单边 P-I 模型的参数。由于单边 P-I 模型只能描述率无关的迟滞非线性，因此将驱动电压［式(7-6)］的频率设置为 $f_k=0.2\mathrm{Hz}$，幅值设置为 $a_k=(4.5+0.5k)\mathrm{kV}$，$k=1,2,\cdots,7$。对应于上述驱动电压下 DEA 的响应如图 7-14 所示。从图 7-14 可以看出，整个响应过程包含两个阶段：过渡阶段和稳定阶段。前四个周期对应的是过渡阶段。在这个阶段中，DEA 的位移随时间漂移，表现出蠕变行为；后六个周期对应的是稳定阶段。此阶段 DEA 的位移逐渐稳定，蠕变可以忽略不计。因此，为了避免蠕变的影响，仅提取后三个周期的实验数据（图 7-14 中方框处）以辨识单边 P-I 模型的参数。

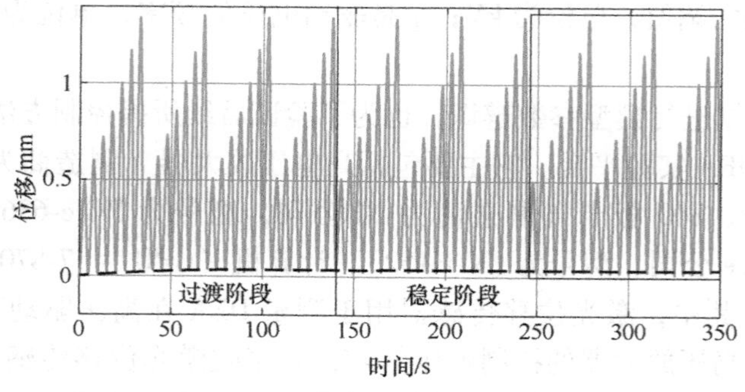

图 7-14　单频率、多幅值驱动电压下 DEA 的响应

为了平衡参数辨识的建模精度和计算复杂度，设置 $n_H = 10$。此外，为了简化辨识过程，提前设置单边 P-I 模型的阈值为 $r_i = 10i - 10(i = 1,2,\cdots,n_H)$。因此，单边 P-I 模型的待辨识参数为 q_i，参数辨识结果见表 7-1，实验数据与模型输出的对比如图 7-15 所示。此外，$e_{rms} = 1.12\%$。以上结果表明，平方函数模块与单边 P-I 模型串联能有效地描述 DEA 的平方输入和非对称迟滞非线性行为。

表 7-1　单边 P-I 模型参数辨识结果

参数	值	参数	值
q_1	0.0156	q_6	4.2501×10^{-4}
q_2	0.0041	q_7	0.0039
q_3	5.1056×10^{-4}	q_8	0.5469
q_4	1.0000×10^{-4}	q_9	0.9575
q_5	0.0015	q_{10}	0.9649

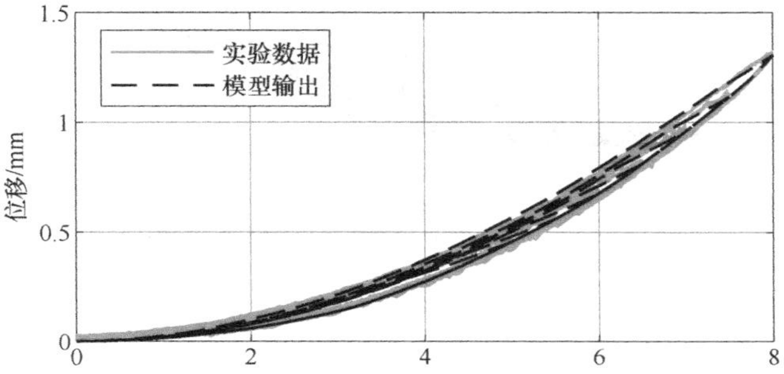

a) 电压-位移曲线拟合结果

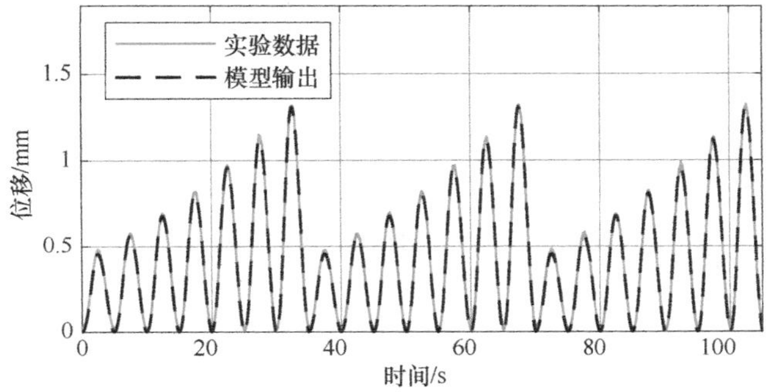

b) 时间-位移曲线拟合结果

图 7-15　实验数据与线性系统模型输出的对比

第二步，辨识线性系统的参数。选择多频率、多幅值的驱动电压［式(7-6)］采集实验数据，频率设置为 $f_k = (0.2k)$Hz，$k = 1,2,\cdots,7$；幅值设置为 $a_k = (4.5+0.5k)$kV，$k = 1,2,\cdots,7$。此外，将单边 P-I 模型的输出作为线性系统的输入。为了平衡参数辨识的建模精度和计算复杂度，设置 $m = 2$ 与 $n = 3$。因此，线性系统的待辨识参数为 β_0、β_1、β_2、γ_0、γ_1 和 γ_2，参数辨识结果见表 7-2，实验数据与线性系统模型输出（即 DEA 动力学模型的输出）的对比如

图 7-16 所示。辨识后的线性系统表达式见式（7-8）。此外，$e_{rms}=0.75\%$。以上结果表明，所建 DEA 动力学模型能有效地描述 DEA 的平方输入、非对称迟滞、率相关迟滞和蠕变非线性行为。

表 7-2 线性系统参数辨识结果

参数	值	参数	值
β_0	88.1939	γ_0	82.9719
β_1	540.3060	γ_1	553.8941
β_2	12.7981	γ_2	32.9336

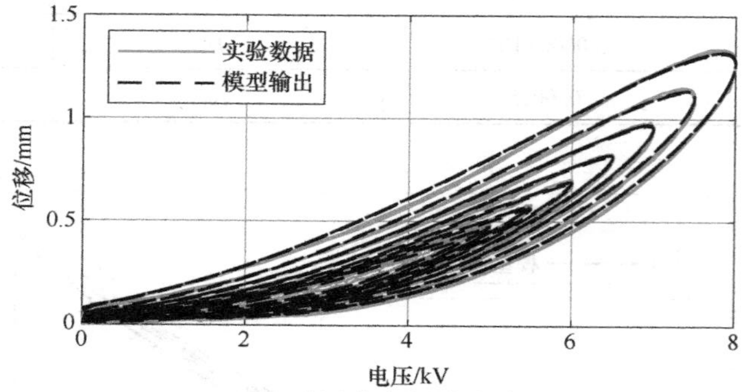

a) 电压-位移曲线拟合结果

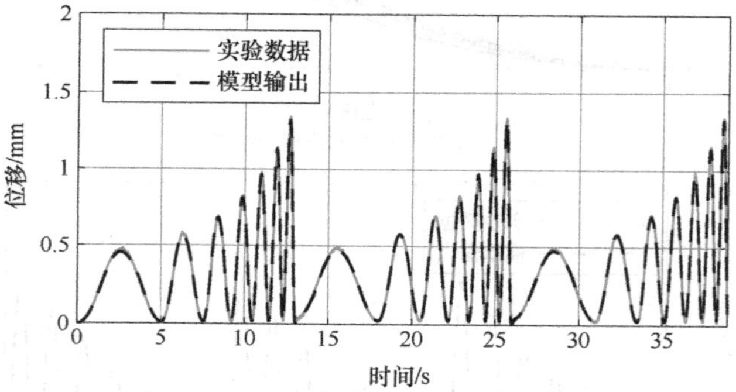

b) 时间-位移曲线拟合结果

图 7-16 实验数据与 DEA 动力学模型输出的对比

$$G(s)=\frac{12.7981s^2+540.3060s+88.1939}{s^3+32.9336s^2+553.8941s+82.9719} \tag{7-8}$$

将式（7-8）转化为状态空间形式

$$\begin{cases}\dot{x}=\boldsymbol{A}_l x+\boldsymbol{B}_l u\\ y=\boldsymbol{C}_l x+\boldsymbol{D}_l u\end{cases} \tag{7-9}$$

式中，x 是线性系统的状态；y 是线性系统的输出；$\boldsymbol{A}_l=\begin{bmatrix}0 & 1 & 0\\ 0 & 0 & 1\\ -82.9719 & -553.8941 & -32.9336\end{bmatrix}$；

$$\boldsymbol{B}_l=\begin{bmatrix}0\\0\\1\end{bmatrix};\ \boldsymbol{C}_l=\begin{bmatrix}88.1939\\540.3060\\12.7981\end{bmatrix}^{\mathrm{T}};\ \boldsymbol{D}_l=0。$$

计算可得

$$\begin{cases}\mathrm{rank}([\boldsymbol{B}_l,\boldsymbol{A}_l\boldsymbol{B}_l,\boldsymbol{A}_l^2\boldsymbol{B}_l])=3\\ \mathrm{rank}([\boldsymbol{C}_l^{\mathrm{T}},(\boldsymbol{C}_l\boldsymbol{A}_l)^{\mathrm{T}},(\boldsymbol{C}_l\boldsymbol{A}_l^2)^{\mathrm{T}}]^{\mathrm{T}})=3\end{cases}\tag{7-10}$$

式中，rank($\boldsymbol{Y}$)是求矩阵 $\boldsymbol{Y}$ 秩的函数。

根据式（7-9）和式（7-10），以及线性系统能控性和能观性的判定定理，线性系统［式(7-8)］是能控且能观的，便于后续控制器的设计。

7.3.2　介电弹性体驱动器前馈-反馈复合控制

基于 7.3.1 节所建立的 DEA 动力学模型，设计前馈-反馈复合控制器以实现 DEA 的高精度运动控制。

1. 前馈控制器设计

前馈控制器是用来补偿 DEA 的平方输入、非对称迟滞、率相关迟滞和蠕变非线性行为以实现其运动控制的目标。前馈控制器的设计主要分为两步：计算单边 P-I 模型的逆和计算线性系统的逆。

单边 P-I 模型的逆 H^{-1} 为

$$\begin{cases}H^{-1}(t)=\sum\limits_{i=1}^{n_{\mathrm{H}}}q_i^{-1}F_{r_i^{-1}}[\varpi](t)\\ q_1^{-1}=1/q_1\\ p_i^{-1}=-\dfrac{q_j}{\left(\sum\limits_{j=1}^{i}q_j\right)\left(\sum\limits_{j=1}^{i-1}q_j\right)},\ i=2,3,\cdots,n_{\mathrm{H}}\\ r_i^{-1}=\sum\limits_{j=1}^{i}p_j(r_i-r_j),\ i=1,2,\cdots,n_{\mathrm{H}}\end{cases}\tag{7-11}$$

式中，ϖ 是 H^{-1}的输入。

线性系统的逆为

$$\widetilde{G}^{-1}(s)=\frac{s^3+32.9336s^2+553.8941s+82.9719}{12.7981s^2+540.3060s+88.1939}\tag{7-12}$$

考虑到式（7-12）中分子阶数大于分母阶数，引入一个惯性环节来使分子阶数与分母阶数相等。最终线性系统的逆可以表示为

$$G^{-1}(s)=\frac{1}{\tau s+1}\frac{s^3+32.9336s^2+553.8941s+82.9719}{12.7981s^2+540.3060s+88.1939}\tag{7-13}$$

式中，τ 是惯性环节的时间常数，为了降低惯性环节造成的时延，将其设置为 1/300。

基于单边 P-I 模型的逆和线性系统的逆，构造逆补偿前馈控制器，其结构如图 7-17 所示。图 7-17 中，平方根模块是用来补偿 DEA 平方输入非线性的。

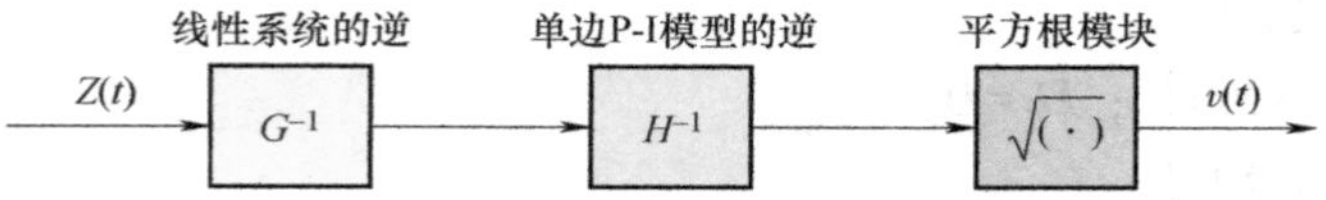

图 7-17　逆补偿前馈控制器结构

2. 反馈控制器设计

在实际应用中，DEA 的建模误差、参数摄动和外界扰动等不确定性不可避免。因此，需要进一步设计反馈控制器来加强系统的鲁棒性。

PID 控制方法是一个著名的反馈控制方法，它有着简单高效的优点。目前为止，PID 控制方法是工程中使用最广泛的反馈控制方法。因此，本节设计 PI 反馈控制器与逆补偿前馈控制器结合来实现 DEA 的轨迹跟踪控制。DEA 前馈-反馈控制系统框图如图 7-18 所示。

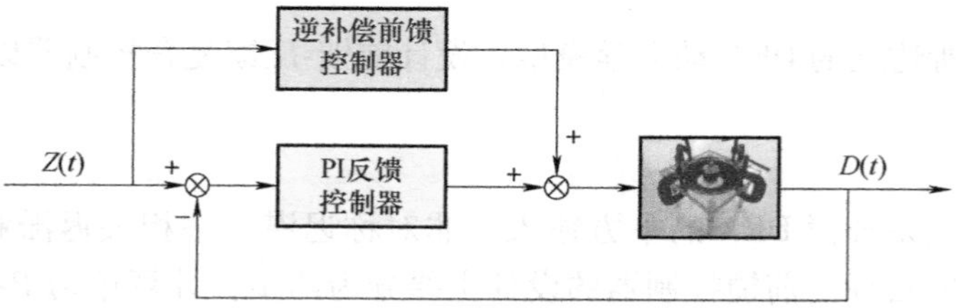

图 7-18　DEA 前馈-反馈控制系统框图

7.3.3　介电弹性体驱动器控制案例

为了验证所提出控制方法的有效性，基于图 7-13 所示实验平台进行一系列控制实验。通过试错法，PI 反馈控制器的 P 参数和 I 参数最终调节为 0.4 和 70。同时，采用相对均方根误差 RRMSE［式(7-14)］作为指标来评价实验结果。

$$\mathrm{RRMSE}=\frac{\sqrt{\dfrac{1}{N_n}\sum_{k=1}^{N_n}(Z_k-D_k)^2}}{\max(Z_k)-\min(Z_k)}\times 100\% \tag{7-14}$$

式中，N_n 是采样点总数；Z_k 是对应 k 采样点的目标轨迹，单位为 mm；D_k 是对应 k 采样点的 DEA 位移，单位为 mm。

首先，采用类正弦波作为目标轨迹进行实验，且只使用逆补偿前馈控制器，而不使用 PI 反馈控制器，以此验证所设计逆补偿前馈控制器的有效性。DEA 实际位移与类正弦波目标轨迹的对比如图 7-19 所示，对应的跟踪误差如图 7-20 所示。RRMSE = 1.61%，低 RRMSE 值说明了所设计逆补偿前馈控制器的有效性。

接着，同时采用逆补偿前馈控制器和 PI 反馈控制器进行实验，同样选择类正弦波作为目标轨迹。DEA 的实际位移与类正弦波目标轨迹的对比如图 7-19 所示，对应的跟踪误差如图 7-20 所示。RRMSE = 0.92%，相比于单独使用逆补偿前馈控制器，同时使用逆补偿前馈控制器和 PI 反馈控制器时控制性能更好。这是因为 PI 反馈控制器降低了建模误差、外部扰动等不确定性对系统的影响。

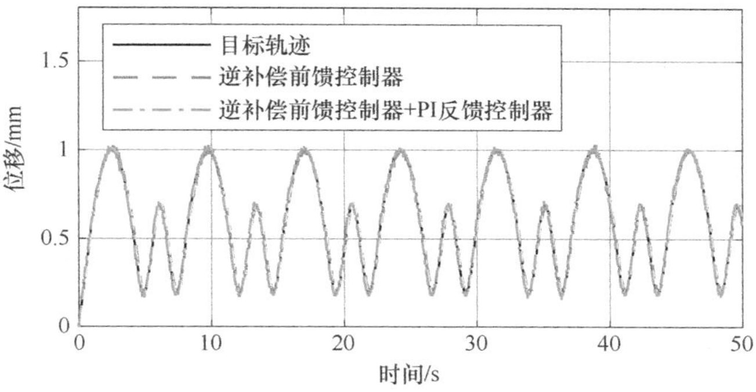

图 7-19　DEA 实际位移与类正弦波目标轨迹的对比

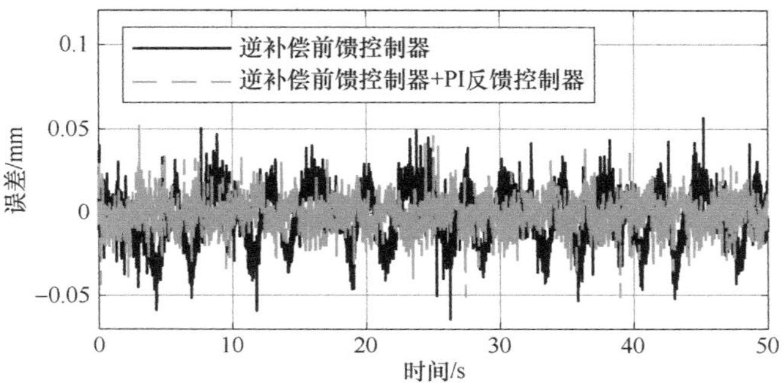

图 7-20　跟踪类正弦波目标轨迹时的误差

为了进一步验证逆补偿前馈控制器和 PI 反馈控制器的有效性，另选三角波、叠加波和阶梯波作为目标轨迹进行控制实验。这三组实验中 DEA 的实际位移与目标轨迹的对比如图 7-21～图 7-23 所示，对应的跟踪误差如图 7-24～图 7-26 所示。此外，三角波实验中 RRMSE＝1. 14%，叠加波实验中 RRMSE＝1. 10%，阶梯波实验中 RRMSE＝0. 91%。从实验结果可以看出，即使目标轨迹复杂，频率和幅值多变，同时使用逆补偿前馈控制器和 PI 反馈控制器也能很好地实现 DEA 的轨迹跟踪控制目标。

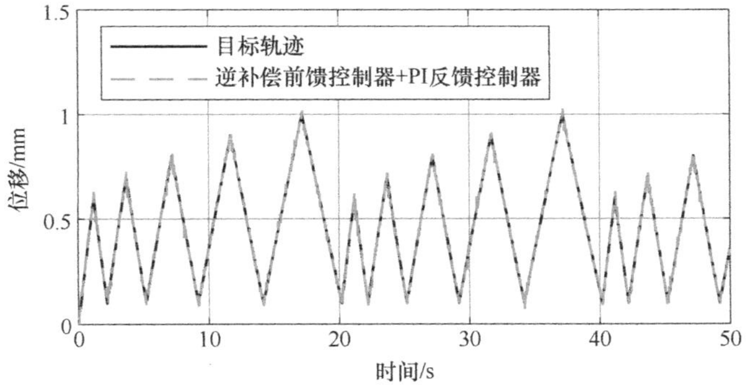

图 7-21　DEA 实际位移与三角波目标轨迹的对比

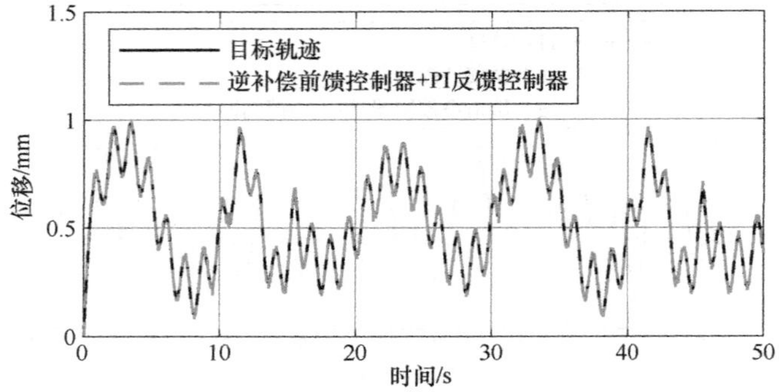

图 7-22　DEA 实际位移与叠加波目标轨迹的对比

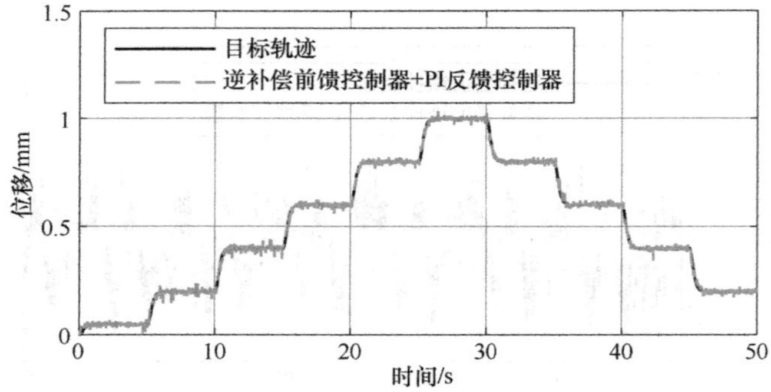

图 7-23　DEA 实际位移与阶梯波目标轨迹的对比

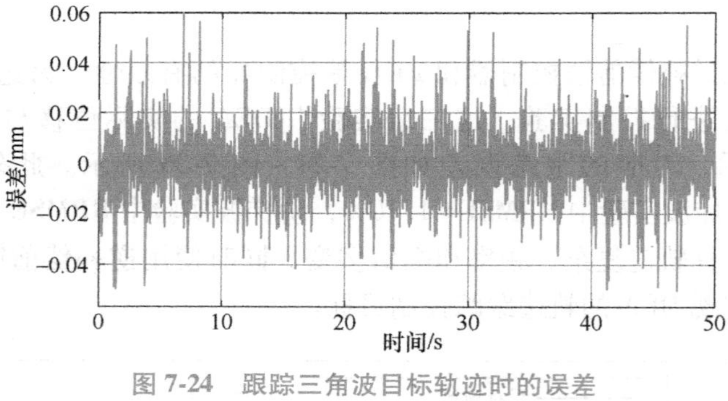

图 7-24　跟踪三角波目标轨迹时的误差

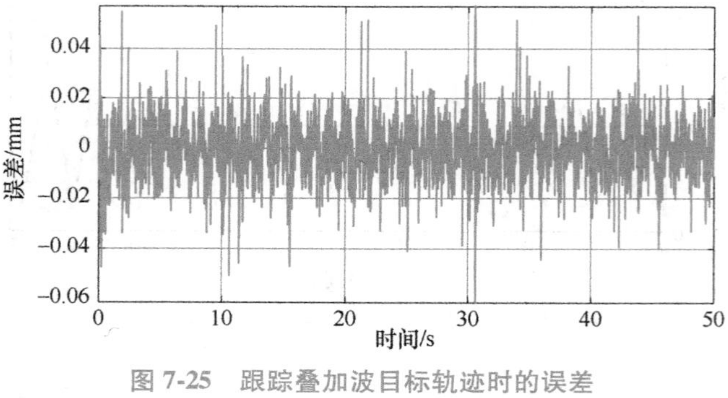

图 7-25　跟踪叠加波目标轨迹时的误差

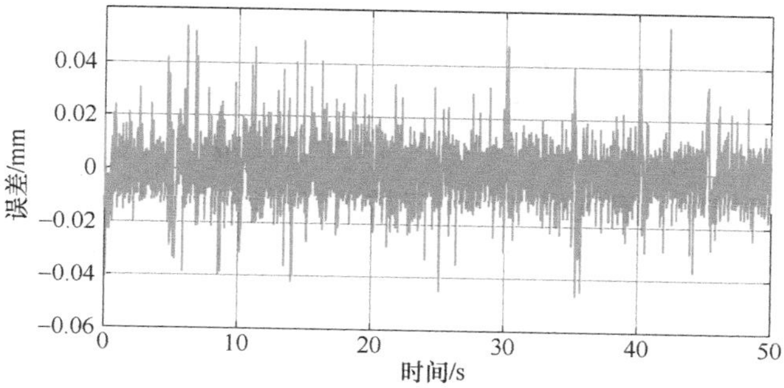

图 7-26　跟踪阶梯波目标轨迹时的误差

7.4　液晶弹性体驱动器建模与控制

7.4.1　光驱动液晶弹性体驱动器多步形变过程建模

光驱动液晶弹性体驱动器形变过程可以拆解为两部分：第一部分是以电压值为输入，液晶弹性体温度为输出的温度模型 $T(t)$；第二部分是以液晶弹性体温度为输入，液晶弹性体形变量为输出的动态形变模型 $x(t)$。将两个部分进行串联即构成完整的光驱动液晶弹性体动态形变模型，如图 7-27 所示。

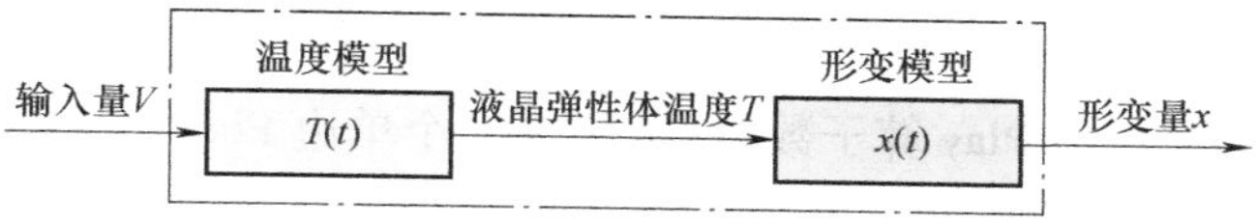

图 7-27　光驱动液晶弹性体分步建模

1. 温度模型

基于热力学原理建立液晶弹性体驱动器的温度模型，在建模中主要考虑可编程激光发射器为液晶弹性体温度升高所提供的热量、液晶弹性体由于自身温度与外界温度不同而产生的与外界热交换，以及液晶弹性体自身的温度变化速率。该模型的表达式为

$$\eta V_0-(T-T_{\mathrm{amb}})\alpha=\frac{\mathrm{d}T}{\mathrm{d}t} \tag{7-15}$$

式中，η 是与液晶弹性体吸收系数、热容和激光发电机参数相关的系数，单位为 $\mathrm{K \cdot V^{-1} \cdot s^{-1}}$；$\alpha$ 是与液晶弹性体散热系数、几何特性和热容相关的系数单位为 $\mathrm{s^{-1}}$；V_0 是系统电压，单位为 V；T 是液晶弹性体产生形变过程中的实时温度，单位为 K；T_{amb} 是实验时的环境温度，单位为 K。

从液晶弹性体在实验中表现出的性质来看，当输入电压小于某一阈值时，入射光不能被液晶弹性体有效吸收，液晶弹性体没有明显的温度变化。只有当输入电压大于阈值电压时，入射光对液晶弹性体有明显的刺激，液晶弹性体温度发生变化。因此，系统电压 V_0 的表达式为

$$V_0=V-V_{\mathrm{th}} \tag{7-16}$$

式中，V 是系统的输入电压，单位为 V；V_{th} 是刺激液晶弹性体产生形变的阈值电压，单位

为 V。

进一步可以得到最终的温度模型

$$\eta(V-V_{\text{th}})-(T-T_{\text{amb}})\alpha=\frac{\mathrm{d}T}{\mathrm{d}t} \tag{7-17}$$

在多步形变过程建模中，温度模型仅用于描述光驱动液晶弹性体驱动器在激光刺激下温度的变化趋势，并不能描述形变过程中的非对称迟滞非线性等特性。因此，需要进一步构建液晶弹性体驱动器的形变模型。

2. 形变模型

由于液晶弹性体在形变过程中会表现出饱和、死区和迟滞行为，使用含有单边 Play 算子、死区算子以及饱和算子加权串联的改进 P-I 模型进行建模，如图 7-28 所示。

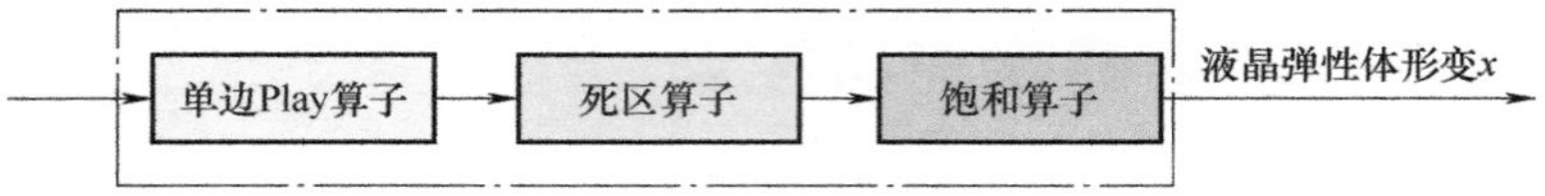

图 7-28　改进 P-I 模型结构

单边 Play 算子构成的单边 P-I 模型用于拟合液晶弹性体形变过程中的迟滞部分，死区算子构成的死区模型用于拟合液晶弹性体形变过程中的死区部分，饱和算子构成的饱和模型则是用于拟合液晶弹性体形变过程中的饱和部分。

将单边 Play 算子［式(7-3)］进行加权叠加构成单边 P-I 模型，计算公式如下

$$y_1[T](t)=\sum_{i=1}^{N_1} p_i F_{r_i}[u](t) \tag{7-18}$$

式中，$u=T-T_{\text{amb}}$；N_1 是单边 Play 算子数量；p_i 是第 i 个单边 Play 算子的权值。

死区算子 $Z_d[y_1](t)$ 的计算公式如下

$$Z_d[y_1](t)=\begin{cases}\max\{y_1-d,0\} & ,d>0\\ y_1 & ,d=0\end{cases} \tag{7-19}$$

式中，d 是死区算子 $Z_d[y_1](t)$ 的阈值。

死区算子的几何表示如图 7-29 所示。将死区算子进行加权叠加构成死区模型，计算公式如下

$$y_2[T](t)=\sum_{j=1}^{N_2} \psi_j Z_{d_j}[y_1](t) \tag{7-20}$$

式中，N_2 是死区算子数量；ψ_j 是第 j 个死区算子的权值。

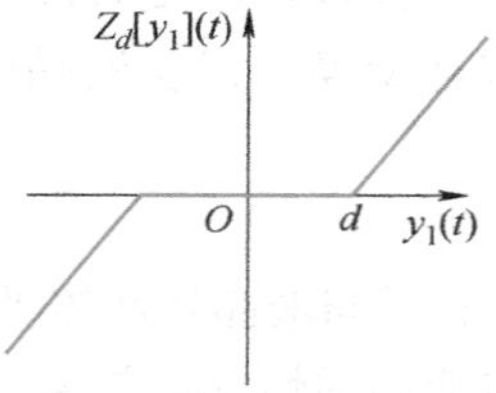

图 7-29　死区算子的几何表示

饱和算子 $S_{d'}[y_2](t)$ 的计算公式如下

$$S_{d'}[y_2](t)=\begin{cases}\min\{y_2,\max\{y_2\}-d'\} & ,d'>0\\ y_2 & ,d'=0\end{cases} \tag{7-21}$$

式中，d' 是饱和算子 $S_{d'}[y_2](t)$ 的阈值。

饱和算子的几何表示如图 7-30 所示。将饱和算子进行加权叠加构成液晶弹性体驱动器形变模型，计算公式如下

$$\lambda[T](t)=\sum_{k=1}^{N_3} \rho_k S_{d_k'}[y_2](t) \tag{7-22}$$

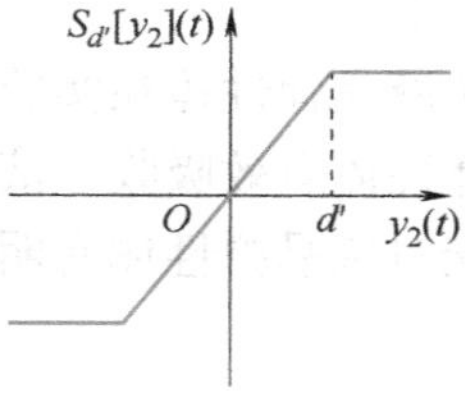

图 7-30　饱和算子的几何表示

式中，N_3 是饱和算子的数量；ρ_k 是第 k 个饱和算子的权值。

3. 模型参数辨识

与介电弹性体驱动器动力学模型相似的是，液晶弹性体驱动器迟滞非线性在不同幅值和频率的电压下不尽相同，且其自然冷却时间随光照时间强度的不同会发生变化，所以使用多组变频、变幅值驱动电压的方法进行实验，驱动电压如图 7-31 所示，驱动电压计算公式如下：

$$V=\begin{cases}A\sin\left(\dfrac{\pi t}{\theta}-\dfrac{\pi}{2}\right)+A+B, & 0\leqslant t<\theta \\ 0, & \text{其余时间}\end{cases} \tag{7-23}$$

式中，A 是驱动电压的幅值，单位为 V；B 是驱动电压的起始值，单位为 V；θ 是驱动电压的周期，单位为 s。

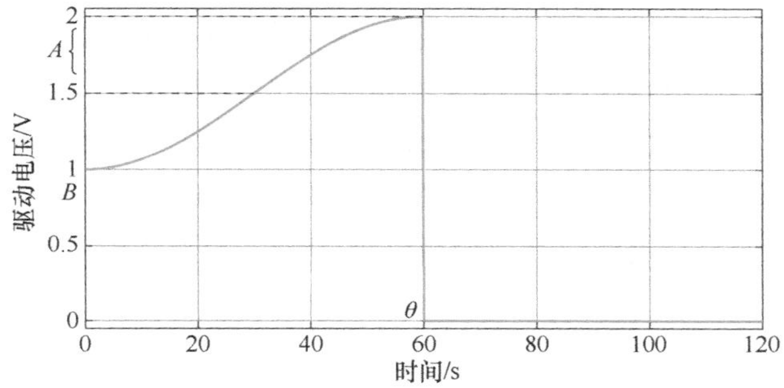

图 7-31　液晶弹性体驱动器驱动电压

为了采集实验数据并进行后续的模型参数辨识，同时验证针对光驱动液晶弹性体驱动器提出的控制策略，搭建如图 7-32 所示的实验平台。使用铁架台将液晶弹性体材料的上端固定悬挂在垂直平面上，并在下端悬挂负载，从而构成了一个简单的一维牵拉式液晶弹性体驱动器。在实验过程中，计算机通过 I/O 模块向可编程激光器发送控制信号，可编程激光器响应接收到的信号发射激光以刺激液晶弹性体驱动器。液晶弹性体材料在吸收可编程激光器发射的激光后，其温度升高导致内部液晶分子发生相变，在宏观上表现为液晶弹性体整体的变形，并牵引下端悬挂的负载沿垂直方向运动。在此过程中，使用热敏照相机测量液晶弹性体材料的温度变化，并通过激光传感器测量光驱动液晶弹性体材料末端位置在竖直方向的位移。

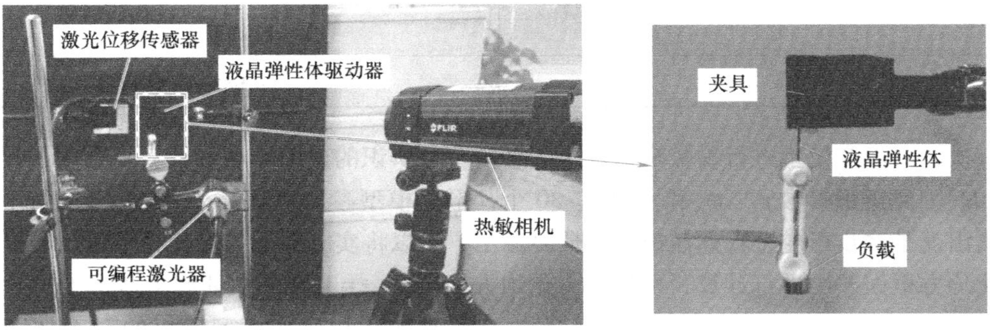

图 7-32　液晶弹性体驱动器实验平台

采用一维牵拉液晶弹性体驱动器进行实验，液晶弹性体驱动器上端使用夹具固定使其可以稳定悬挂，下端则悬挂 15g 砝码作为负载使液晶弹性体驱动器处于拉伸状态，以便进行数据采集。

此外，采用归一化均方根误差作为评价指标以评价建模精度，归一化均方根误差 σ 的计算公式如下

$$\sigma=\sqrt{\frac{\sum_{i=1}^{N_d}(x_i-x_{i,\exp})^2}{\sum_{i=1}^{N_d}(x_{i,\exp}-\bar{x}_{\exp})^2}}\times 100\% \tag{7-24}$$

式中，$x_{i,\exp}$是对应 i 采样点的液晶弹性体驱动器末端位移量，单位为 mm；x_i 是对应 i 采样点的模型输出，单位为 mm；$\bar{x}_{\exp}$是 $x_{i,\exp}$的平均值，单位为 mm；N_d 是采样点总数。

首先，辨识温度模型的参数，辨识结果见表 7-3。确定参数后，以驱动电压为模型输入，可以得到输出量温度。实验数据与温度模型输出的对比如图 7-33 所示。可以看出，实验数据与温度模型输出数据拟合度很高。同时，根据实验数据与模型输出数据进行计算可得归一化均方根误差 $\sigma=1.34\%$，这表明温度模型可以很好地描述光驱动液晶弹性体驱动器在受激光刺激后的温度变化趋势。

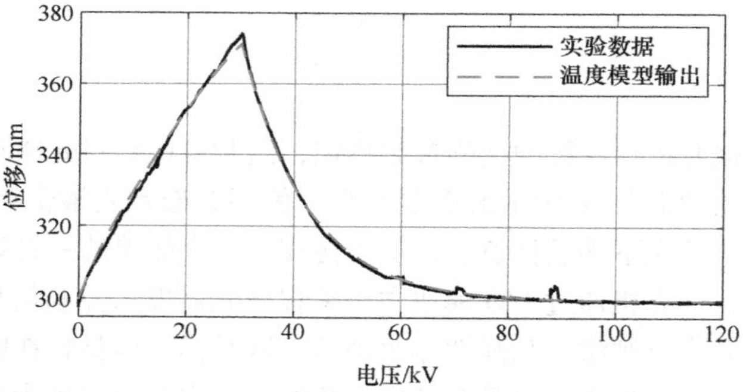

图 7-33　实验数据与温度模型输出的对比

表 7-3　温度模型参数辨识结果

参数	值
η	40.3020K · V^{-1} · s^{-1}
α	0.0841s^{-1}

其次，对形变模型进行参数辨识。为了平衡参数辨识的建模精度和计算复杂度，设置 i，j，$k=10$。因此辨识参数 p_i、ψ_j 和 ρ_k 共有 30 个，形变模型参数辨识结果见表 7-4。由于形变模型输出就是多步形变过程建模模型的最终输出，所以将实验数据与形变模型输出数据代入归一化均方根误差中进行计算，可得归一化均方根误差 $\sigma=1.03\%$，证明多步形变过程建模能很好地表征液晶弹性体驱动器的动态行为。实验数据与形变模型输出的对比如图 7-34 所示。

表 7-4　形变模型参数辨识结果

i,j,k	p_i	ψ_j	ρ_k
1	0.5258	0.3991	0.7425
2	0.4026	0.5994	0.7579
3	0.8621	0.8005	0.3891
4	0.6147	0.1051	0.4293
5	0.9912	0.8214	0.9563
6	0.2037	0.8411	0.5730
7	0.8272	0.3545	0.8497
8	0.6759	0.4301	0.2763
9	0.2489	0.5722	0.6223
10	0.4758	0.7008	0.5884

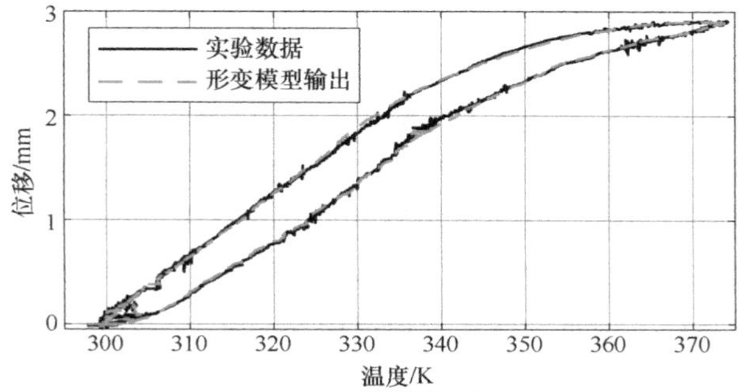

a) 温度-位移曲线拟合结果

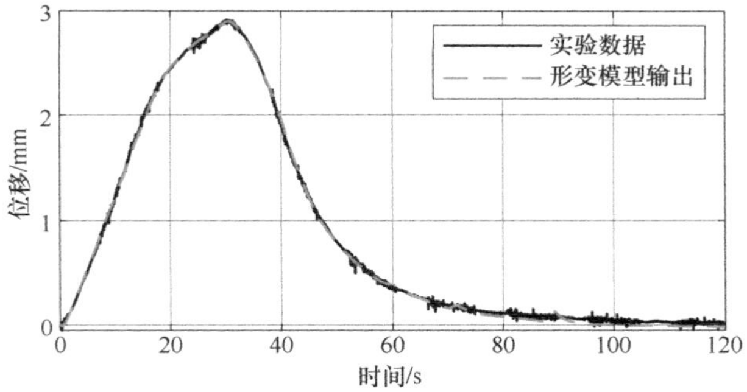

b) 时间-位移曲线拟合结果

图 7-34　实验数据与形变模型输出的对比

7.4.2　光驱动液晶弹性体驱动器双闭环控制

基于 7.4.1 节所建立的液晶弹性体驱动器模型，设计双闭环控制器以实现液晶弹性体的高精度运动控制。

1. 内环控制器设计

内环控制器是一个误差反馈控制器，用以控制液晶弹性体驱动器的温度达到目标温度。

现有多种控制器可用于这种情况，如滑模控制器、模糊控制器、PID 控制器、神经网络控制器等。内环控制器的设计主要分为两步：设计内部 PI 控制器和温度模型控制器。

内部 PI 控制器的计算公式如下

$$G_{in}(s)=K_P^{in}+K_I^{in}\frac{1}{s} \tag{7-25}$$

式中，K_P^{in} 是内部 PI 控制器的比例系数；K_I^{in} 是内部 PI 控制器的积分系数。

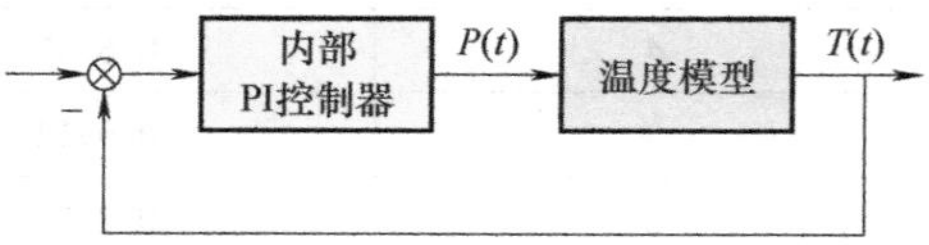

图 7-35　内环控制器结构

为了通过仿真调整内部 PI 控制器的参数，使用式（7-17）的温度模型来描述液晶弹性体驱动器控制功率与温度之间的关系。基于内部 PI 控制器和温度模型，构造内环控制器如图 7-35 所示。

2. 外环控制器设计

外环包括两个部分：外环控制器和与之并行的前馈控制器。前馈控制器用来补偿液晶弹性体驱动器的非对称迟滞非线性特性，以求更为精确地实现其运动控制。

前馈控制器由形变模型的逆模型构成，所以主要就是对形变模型进行求逆。由于该形变模型与介电弹性体驱动器使用的单边 P-I 模型相比更为复杂，是由单边 P-I 模型、死区模型和饱和模型共同构成的复合型 P-I 模型，对其进行求逆较为复杂，需要依次对饱和模型、死区模型和单边 P-I 模型进行求逆。前馈控制器结构如图 7-36 所示。在模型不可求逆的情况下，可以用数值逆模型来代替图 7-36 所示的前馈控制器进行控制系统的设计，实现液晶弹性体驱动器的位置控制目标。但是，使用数值逆模型会在一定程度上降低液晶弹性体驱动器轨迹跟踪控制的精度。

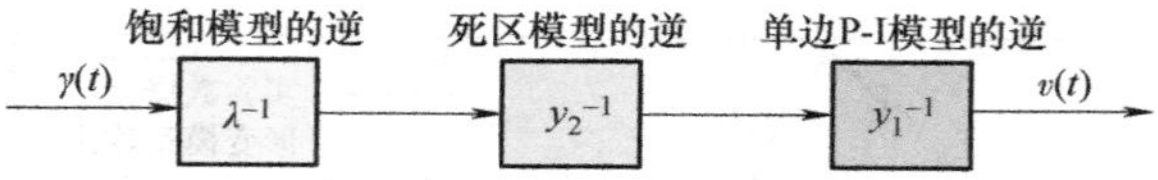

图 7-36　前馈控制器结构

饱和模型的逆 λ^{-1} 为

$$\begin{cases}\lambda^{-1}[T](t)=\sum\limits_{k=1}^{N_3}\rho_k^{-1}S_{d_k'^{-1}}[\gamma](t)\\ \rho_k^{-1}=1/\rho_k\\ p_{1,k}^{-1}=-\dfrac{\rho_l}{\left(\sum\limits_{l=1}^{k}\rho_l\right)\left(\sum\limits_{l=1}^{k-1}\rho_l\right)},\ i=2,3,\cdots,N_3\\ d_k'^{-1}=\sum\limits_{l=1}^{k}p_{1,l}(d_k'-d_l'),\ i=1,2,\cdots,N_3\end{cases} \tag{7-26}$$

式中，γ 是 λ^{-1} 的输入。

以饱和模型的输出作为死区模型的输入，可以得到死区模型的逆 y_2^{-1} 为

$$\begin{cases} y_2^{-1}[T](t) = \sum_{j=1}^{N_2} \psi_j^{-1} Z_{d_j^{-1}}[\lambda^{-1}](t) \\ \psi_j^{-1} = 1/\psi_j \\ p_{2,m}^{-1} = -\dfrac{\psi_m}{\left(\sum\limits_{m=1}^{j} \psi_m\right)\left(\sum\limits_{m=1}^{j-1} \psi_m\right)}, \ j = 2,3,\cdots,N_2 \\ d_j^{-1} = \sum\limits_{m=1}^{j} p_{2,m}(d_j - d_m), \ j = 1,2,\cdots,N_2 \end{cases} \tag{7-27}$$

同样地，以死区模型的输出作为单边 P-I 模型的输入，可以得到单边 P-I 模型的逆 y_1^{-1} 为

$$\begin{cases} y_1^{-1}[T](t) = \sum_{i=1}^{N_1} u_i f_{r_i^{-1}}[y_2^{-1}](t) \\ u_1^{-1} = 1/u_1 \\ p_{3,n}^{-1} = -\dfrac{u_n}{\left(\sum\limits_{n=1}^{i} u_n\right)\left(\sum\limits_{n=1}^{i-1} u_n\right)}, \ i = 2,3,\cdots,N_1 \\ r_i^{-1} = \sum\limits_{n=1}^{i} p_{3,n}(r_i - r_n), \ i = 1,2,\cdots,N_1 \end{cases} \tag{7-28}$$

这样可以得到形变模型的逆模型用作系统中前馈控制器设计，用以补偿液晶弹性体驱动器形变过程中的非对称迟滞非线性，使控制精度进一步提高。

外环控制器由外部 PID 控制器与形变模型构成。外部 PID 控制器的设计与内部 PI 控制器设计类似，其表达式如下

$$C_{\text{out}}(s) = K_P^{\text{out}} + K_I^{\text{out}} \frac{1}{s} + K_D^{\text{out}} \frac{N_{\text{out}}}{1 + N_{\text{out}} \dfrac{1}{s}} \tag{7-29}$$

式中，K_P^{out} 是外部 PID 控制器的比例系数；K_I^{out} 是外部 PID 控制器的积分系数；K_D^{out} 是外部 PID 控制器的微分系数；N_{out} 是滤波器的系数。

为了通过仿真调整外部 PID 控制器的参数，使用如式（7-22）所示形变模型来描述液晶弹性体驱动器温度与形变量关系的数学模型。

至此，光驱动液晶弹性体驱动器双闭环控制器设计完成，该控制器具有鲁棒性强、响应速度快、稳定性高、抗干扰能力强以及微小误差等优点。通过内环控制可以在外部环境变化或系统参数变化时保持稳定性和良好的性能，更快地响应外部变化，并且能够更准确地跟踪参考信号。此外，双闭环控制系统可以通过内环控制实现对外环控制的稳定性，从而提高系统的稳定性和性能，并且可以减小外部干扰对系统性能的影响，提高系统的抗干扰能力。同时，通过内环控制减小系统的静态误差，提高系统的精度和稳定性。双闭环控制系统的结构如图 7-37 所示。

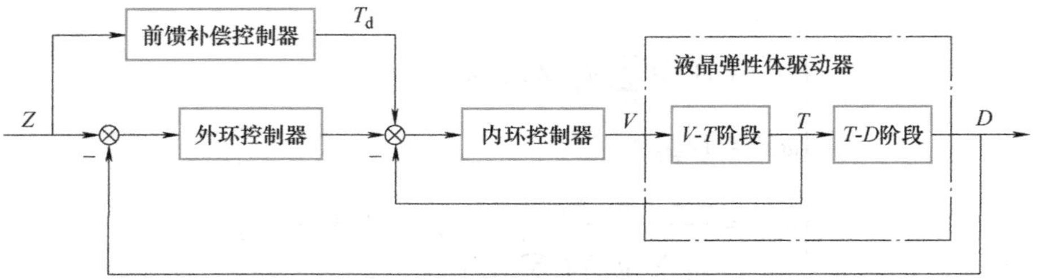

图 7-37 双闭环控制系统的结构

7.4.3 光驱动液晶弹性体驱动器控制案例

为了验证所提出控制方法的有效性，基于图 7-32 所示的实验平台进行一系列控制实验。通过试错法对控制器参数进行整定，得到内环 PI 控制器的 K_P^{in} 和 K_I^{in} 为 0.02 和 0.0095，外环 PID 控制器的 K_P^{out}、K_I^{out} 和 K_D^{out} 为 0.041、0.009 和 0.007。同时采用均方根误差 RMSE 作为评价指标来评价实验结果。

$$\text{RMSE}=\sqrt{\frac{1}{N_n}\sum_{k=1}^{N_n}(Z_k-D_k)^2} \tag{7-30}$$

式中，N_n 是采样点总数；Z_k 是对应 k 采样点的目标轨迹，单位为 mm；D_k 是对应 k 采样点的液晶弹性体驱动器位移，单位为 mm。

在确认控制方法和评价指标后，进行多组实验，以此验证设计双闭环控制器的有效性。设定三个不同的目标形变量，分别为 1.5mm、2.5mm 和 3.6mm。液晶弹性体驱动器实际位移与目标位置的对比如图 7-38～图 7-40 所示，对应的跟踪误差如图 7-41～图 7-43 所示。根据实验数据计算均方根误差，对应三个不同目标位置的均方根误差见表 7-5。

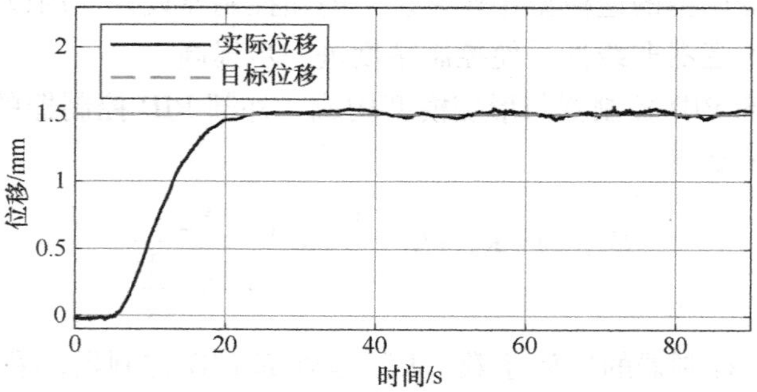

图 7-38 液晶弹性体驱动器以 1.5mm 为目标位置的控制曲线

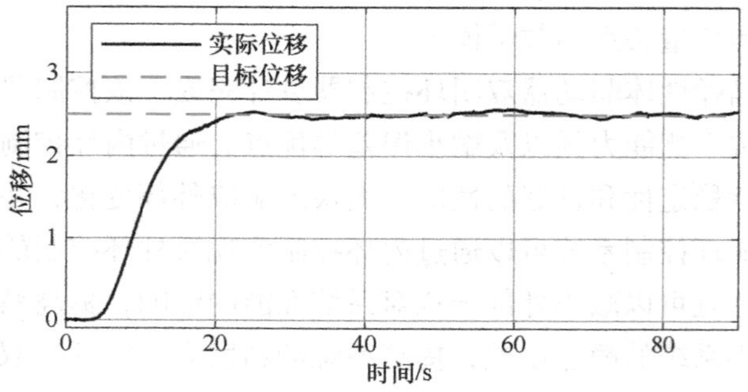

图 7-39 液晶弹性体驱动器以 2.5mm 为目标位置的控制曲线

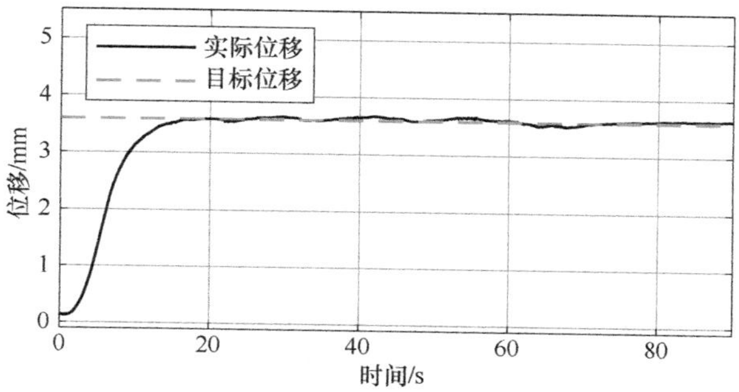

图 7-40　液晶弹性体驱动器以 3.6mm 为目标位置的控制曲线

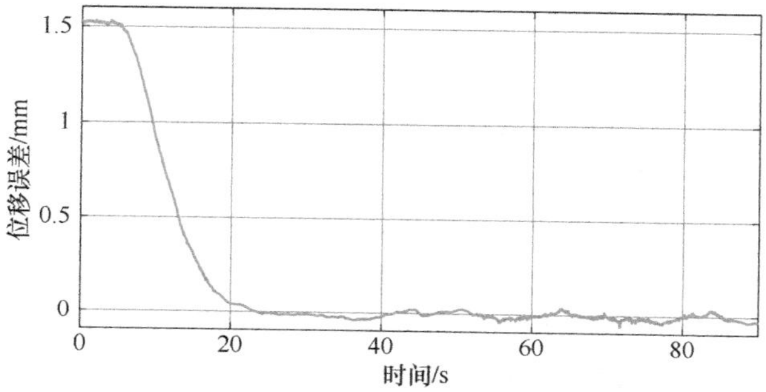

图 7-41　液晶弹性体驱动器以 1.5mm 为目标位置的误差曲线

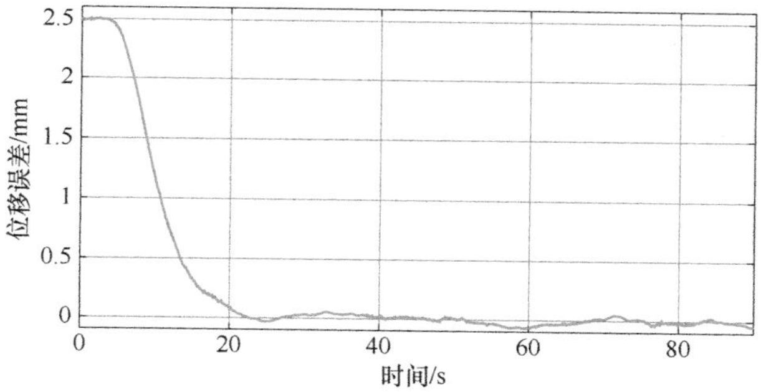

图 7-42　液晶弹性体驱动器以 2.5mm 为目标位置的误差曲线

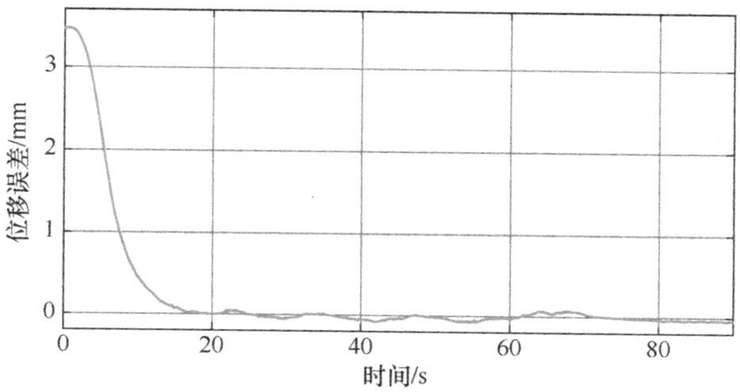

图 7-43　液晶弹性体驱动器以 3.6mm 为目标位置的误差曲线

表 7-5 双闭环控制实验均方根误差

目标位置/mm	均方根误差/mm
1.5	0.0446
2.5	0.0876
3.6	0.1400

从三组实验结果中可以看出，双闭环控制系统的收敛时间约为 20s，没有出现明显的超调，可以较好地对光驱动液晶弹性体驱动器进行位置控制，验证了所设计的双闭环控制器的有效性。

本章小结

本章主要以介电弹性体驱动器和液晶弹性体驱动器为例，介绍了智能材料软体机器人相关基础知识。

针对介电弹性体驱动器复杂的动态行为进行了详细描述，包括非对称、率相关迟滞、蠕变，以及平方输入非线性。为全面描述上述非线性行为，采用平方函数串联单边 P-I 模型再级联线性系统建立介电弹性体驱动器的动力学模型。然后，计算单边 P-I 模型的解析逆，将其与平方根函数级联构建逆补偿前馈控制器对非对称迟滞和平方输入非线性进行补偿。同时，设计 PI 反馈控制器与逆补偿前馈控制器相结合，实现介电弹性体驱动器的高精度运动控制。通过实际案例验证了所提控制方法的有效性。

此外，针对液晶弹性体驱动器的形变原理进行了阐述，说明了液晶弹性体驱动器在形变过程中出现非对称迟滞非线性、死区特性以及饱和特性的原因。考虑到液晶弹性体驱动器的形变过程主要可以分为两个部分，提出了光驱动液晶弹性体驱动器多步形变过程建模方法，利用该方法建立其动力学模型。基于此模型设计的双闭环控制器可以对液晶弹性体驱动器进行位置控制，并通过实际案例验证了双闭环控制方法的有效性。

习 题

7-1 除了 7.1 节提到的几种智能材料，还有哪些智能材料有可能应用到软体机器人中，为什么？

7-2 介电弹性体驱动器和液晶弹性体驱动器的驱动原理有什么不同？它们的动态行为有什么不同？

7-3 常见的介电弹性体材料有哪些？它们的优点和缺点分别是什么？

7-4 用两种方法证明式（7-8）所示线性系统的稳定性。

7-5 分别阐述 7.3.2 节前馈-反馈复合控制方法中前馈控制器和反馈控制器的作用。

7-6 哪种液晶弹性体被广泛应用于软体机器人设计中？主要依赖其何种特性？这种特性的本质是什么？

7-7 向列相液晶弹性体在受到刺激后内部微观层面会出现什么现象？在宏观上有什么表现？

7-8 液晶弹性体驱动器的建模方法有哪几种？各自有什么优缺点？

参考文献

[1] 梁秀兵，崔辛，胡振峰，等. 新型仿生智能材料研究进展 [J]. 科技导报，2018，36 (22)：131-144.

[2] WU J D，YE W J，WANG Y W，et al. Modeling based on a two-step parameter identification strategy for liquid crystal elastomer actuator considering dynamic phase transition process [J]. IEEE Transactions on Cybernetics，2023，53 (7)：4423-4434.

[3] 黄鹏，王亚午，叶雯珺，等. 基于介电弹性体的软体机器人设计、建模与运动控制研究综述 [J]. 控制工程，2023，30 (8)：1389-1401.

[4] ZHANG Y，WU J D，MENG Q X，et al. Robust control of dielectric elastomer smart actuator for tracking high-frequency trajectory [J]. IEEE Transactions on Industrial Informatics，2024，20 (1)：224-234.

[5] 李智，陈国强，徐泓智，等. 介电弹性体驱动系统建模及控制方法综述 [J]. 控制与决策，2023，38 (8)：2283-2300.

[6] 彭冬雪，刘茜. 介电弹性体致动器的结构设计及应用 [J]. 高分子通报，2020 (2)：13-22.

[7] 陈花玲，周进雄. 介电弹性体智能材料力电耦合性能及其应用 [M]. 北京：科学出版社，2017.

[8] 俞红锂，刘茜. 介电弹性体驱动器在柔性机器人中的研究进展 [J]. 中国塑料，2023，37 (10)：144-152.

[9] 胡爽，彭建文，田建君，等. 具有响应机制的功能化液晶弹性体材料研究进展 [J]. 塑料科技，2023，51 (3)：117-122.

[10] WU J D，XU Z C，ZHANG Y，et al. Modeling and tracking control of dielectric elastomer actuators based on fractional calculus [J]. ISA Transactions，2023，138：687-695.

[11] 王猛，杨剑峰. 基于液晶弹性体的软体机器人 [J]. 化学进展，2022，34 (1)：168-177.

[12] HUANG P，WU J D，ZHANG Y，et al. Dynamic modeling for soft dielectric elastomer actuator considering different input frequencies and external loads [J]. Journal of Intelligent Material Systems and Structures，2022，33 (8)：1087-1100.

[13] 任天淇，郭金宝. 胆甾相液晶弹性体的研究进展 [J]. 液晶与显示，2023，38 (12)：1615-1630.

[14] WU J D，YE W J，WANG Y W，et al. Modeling of photo-responsive liquid crystal elastomer actuators [J]. Information Sciences，2021，560：441-455.

[15] 雷冰，陈鹭剑. 光控仿生液晶弹性体软执行器 [J]. 液晶与显示，2024，39 (5)：707-724.

[16] WU J D，WANG Y W，YE W J，et al. Positioning control of liquid crystal elastomer actuator based on double closed-loop system structure [J]. Control Engineering Practice，2022，123：105136-105149.

第 8 章 总结与展望

导 读

从传统机器人到先进机器人，从全驱动到欠驱动，从刚性到柔性、软体，百年前的种子已然生根长大。如今，机器人学俨然已成为支撑起人类社会的一颗参天大树，唯有不断灌溉，方能枝繁叶茂，支撑起一片天地。本章将对本书所涉及的先进机器人建模与控制的知识点进行简要的总结。在此基础上，介绍现代机器人学在世界范围内的发展方向和影响、我国机器人学的发展战略以及未来发展面临的种种挑战。

本章知识点

- 全书内容总结
- 先进机器人的发展方向和面临的挑战

8.1 总结

本书共 8 个章节。其中，第 1 章为绪论，介绍了机器人的发展及其定义、机器人的基本构成，以及机器人的自由度和机器人材料的刚度等关键概念。以材料的刚度为引导，分别对刚性、柔性、软体机器人的定义及其典型应用进行了介绍。第 1 章旨在让读者对机器人学科有个初步了解，从发展的角度看待基于材料刚性的机器人分类。

第 2 章介绍了机器人的基础理论和方法。对于实际机器人系统，建模与控制为其重要的两环。建模部分，以刚性连杆机械臂为例介绍了机器人的 D-H 运动学模型，以及基于欧拉-拉格朗日方法的动力学模型；介绍了柔性机器人中存在的弯曲形变，以及针对后者的柔性梁理论；介绍了软体机器人中最为重要的迟滞非线性特征，并对针对迟滞的常用机理建模方法和唯象建模方法进行了简要介绍。控制部分，介绍了最为典型的前馈控制方法和 PID 控制方法，以及针对复杂系统的智能控制方法。第 2 章概括了机器人建模和控制方法中最为基础的部分，为后续章节的内容进行了理论铺垫。

第 3 章介绍了全驱动刚性机器人的控制方法。对于全驱动刚性机器人的位置控制问题，介绍了关节空间和位置空间的概念，并分别从关节空间和位置空间两个角度对全驱动机械臂的位置控制进行了介绍。方法涉及基于变换矩阵的逆运动学求解，以及基于 PD 控制器的动力学求解。在此基础上，简单阐述了迭代学习控制、模糊自适应控制、滑模控制等方法。介绍了全驱动机械臂的末端阻抗控制，方法涉及阻抗模型的建立以及阻抗控制器设计。在此基础上，对一些其他阻抗控制方法进行了介绍。第 3 章重点介绍针对全驱动刚性机器人的基本控制方法，同时包含机器人末端的位置控制以及机器人末端的阻抗控制两个实际案例。

第 4 章主要内容为欠驱动刚性机器人的控制。欠驱动机器人控制一般分为垂直平面内控制和水平面内控制两种。其中，垂直欠驱动机器人控制一般为摇起控制，需要进行运动空间划分，并分别设计摇起控制器和平衡控制器。对于平面欠驱动机器人，以 Acrobot 为例介绍了基于李雅普诺夫方法的关节控制器，同时介绍了基于粒子群算法的机器人逆运动学求解方法。第 4 章重点介绍针对欠驱动刚性机器人的基本控制方法，同时介绍了基于智能优化算法的逆运动学求解方法，还包含垂直两连杆欠驱动机器人控制以及平面两连杆欠驱动机器人控制两个实际案例。

第 5 章内容涉及具有柔性部位的柔性机器人建模与控制问题。针对柔性机器人建模问题，介绍了基于扭簧模型的柔性关节机器人建模方法以及基于假设模态法的柔性连杆机器人建模方法。针对柔性机器人控制问题，则分别介绍了基于 PD 控制的柔性关节机器人控制，以及基于李雅普诺夫方法的柔性连杆机器人控制。在实例中，介绍了一种基于模糊遗传算法的在线控制器参数优化方法。第 5 章详细介绍了针对两类柔性机器人的建模与控制器设计方法，同时介绍了基于智能优化算法的控制器参数优化方法，还包含柔性关节机器人控制以及柔性连杆机器人控制两个实际案例。

第 6 章介绍基于软材料的软体机器人系统，并重点介绍了针对气动软体机器人的建模与控制方法。其主要介绍对象为波纹管型气动软体机器人，包括波纹管型气动软体机器人的工作原理、结构设计、制作方法、实验平台搭建等，其中波纹管型气动软体机器人动态特性主要包括迟滞和蠕变特性，其动力学特征可用改进型三元模型进行描述，模型参数需要使用 LM 算法进行辨识；介绍了基于 PID 控制器的波纹管型气动软体机器人的位置和轨迹跟踪控制方法，在此基础上，介绍了基于非线性扰动观测器以及滑模控制器的更具鲁棒性和稳定性的轨迹跟踪控制方法；主要介绍了软体机器人中较为常见且易于实现的气动软体机器人的建模与控制方案，包含了波纹管型气动软体驱动器末端位置控制、波纹管型气动软体驱动器末端轨迹跟踪控制两个实际案例。

第 7 章以介电弹性体、液晶弹性体两类智能材料为例，介绍了基于智能材料的软体机器人驱动器的建模与控制方法。智能材料能够根据外部条件或信号做出自适应性响应，是材料科学和制造工艺发展的产物。第 7 章详细介绍了两类不同智能材料的驱动原理、驱动器结构以及实验平台搭建，在此基础上，介绍了针对介电弹性体驱动器的唯象建模方法、相应的前馈-反馈复合控制方法、针对光驱动液晶弹性体驱动器的多步形变过程建模、以及相应的双闭环控制方法；以两类智能材料的建模与控制方法为例，充分向读者展示了现代先进机器人的多样性和复杂性，以及针对这类复杂非线性系统的建模与控制手段；包含介电弹性体驱动器前馈-反馈复合控制以及光驱动液晶弹性体驱动器的双闭环控制两个实际案例。

第 8 章对本书的主要内容进行了概括和总结。

总体而言，本书内容全面涵盖了从刚性到柔性，再到软体机器人的常见建模与控制方法，同时结合模型仿真和实际实验系统，旨在让读者对传统和现代先进机器人的研究方法和实际实验手段有一个初步而全面的了解，也可为相关领域的科研人员和工程师提供一定的理论实验参考。

8.2 展望

近年来，全球机器人行业正呈现出极富活力的发展态势。随着基础学科的不断发展、材料科学的进步、制造工艺的不断完善、人工智能技术的逐渐普及，柔性机器人、软体机器人、智能机器人等概念变得不那么遥远，先进机器人的时代已悄然来临。如今，机器人学本身蓬勃发展的同时，也更加积极地与生物学、材料科学、自动化、计算机科学、甚至社会经济学等学科融合发展，延伸出许多充满无限可能性的发展方向。

众多先进材料的诞生正是如今机器人蓬勃发展最大的助力。如今，各式各类的新型软材料都具有独特的特性，为仿生机器人的发展提供了无限的可能性。例如，科学家们研制了一种基于智能变形水凝胶的软体机器人，能够根据环境的光照与温度产生体积和形态的变化，模仿尺蠖的爬行，在极为复杂的环境中爬行；也有人模拟自然界中植物的向阳行为，用热驱动液晶弹性体控制太阳能电池的转向，学习植物更高效地利用自然界的能量。机器人，是生命的模仿者，更是生命的探索者。它通过不断向大自然界中的“老师”学习，探索着生物们能如此坚强而有生命力的奥秘。

而在这条探索道路的更深处，将生物组织与机械结构融合的机器人设计也开始崭露头角。这类生物融合（biohybrid）系统使用细胞、组织甚至器官构成机器人的主体，与自然生物体一样具有一定的生命特征。同时，通过人造机械结构的增强和调整，使它的生物部分能够扩展和提升响应的功能。这类生物融合机器人能充分利用生物组织自身的感知、驱动能力进行动作，并通过外部刺激进行控制。例如，科学家们研制出了一种半机械蟑螂，通过在蟑螂身上安装电刺激系统，可以远程控制蟑螂爬行的方向；此系统甚至配备了一个微型无线控制模块，可以通过太阳能电池供电，而超薄型电子设备和柔性材料的使用则使蟑螂足以实现自由移动。

新型材料的推广使用所带来的另一个影响，则是小型和微型机器人相关应用的实现。如今，科学家们已经研发出了尺寸在微米甚至纳米级别的机器人，并应用于医疗和工业等领域。微纳米机器人体积很小，难以安装动力系统，一般通过化学反应提供动力，或使用外加磁场进行控制。例如，某种通过 3D 打印微流道制造的基于温敏-酶驱-磁控三重响应的纳米机器人，具有靶向装载、实时监测、可控封装和货物释放等微取样功能。这类机器人利用酶促反应实现自主运动，通过温度变化控制纳米通道的开闭，实现样本的加载和释放，而机器人本身包含磁性成分，能够通过磁场实现对纳米机器人的精确导航和货物运输。

随着机器人开发成本的降低，以及控制技术的发展、数学方法的进步，多机器人协同控制技术不断优化，集群机器人的开发与应用越来越广泛。集群机器人系统由许多简单、廉价和可替换的机器人组成，旨在实现类似动物群体之间的协同、自组织和自适应的行为。例如，某微型完全自主的空中机器人，只依靠机载传感器提供的有限信息就能够在高度混乱的野外环境中实现集群飞行。机器人上的轨迹规划算法能够自主规划飞行路线，并满足诸如飞行效率、避障、集群协调等各类要求。这项研究成果未来在复杂环境监测、灾难救援以及军事等领域有望得到广泛应用。

如今，随着人工智能技术的不断突破，具有感知、学习、推理、决策能力的智能机器人已经成为当代最热门的课题之一。通过将机器人与人工智能技术结合，机器人能够在不确定、动态和开放的环境中有效地学习和执行任务。此外，机器人对社会与教育的正向作用也在被开发与探索。越来越多的人开始探索机器人与人类的社会性交互行为，试图让机器人学习、认知人类的情感。例如，“小哈”智能早教机器人，具备 AR 教学、远程互动监控、作息管理等功能，能够陪伴孩子快乐、健康成长；Loona、MarsCat 等陪伴型宠物机器人，不仅能为主人提供情绪价值，甚至对抑郁症、自闭症患者的康复也有积极作用。这类情感机器人的探索，虽然带有浓厚的科幻色彩，却也开始逐渐成为现实。

我国作为工业与制造业强国，对机器人产业的发展极其重视。《“十四五”机器人产业发展规划》（以下简称《规划》）中指出，机器人产业是衡量一个国家科技创新和高端制造业水平的重要标志，也是推动经济社会可持续发展的重要组成。面对新一轮科技革命和产业变革，以及建设现代化经济体系和美好生活的迫切需求，我国需要加快推动机器人产业高质量发展，抢占科技产业竞争的前沿和焦点。在《规划》中，我国对机器人的发展提出了先进化、智能化要求，同时指出，应大力发展机器人的先进技术，并面向制造业、家庭服务业、医疗健康业、特殊环境作业等领域拓展应用方向。目前，我国拥有庞大的机器人市场和机器人产业链，但仍然存在国产化率偏低、核心技术卡脖子等问题。可以说，在如此时代背景下，充分学习、发展和投入到机器人研究中，是我国每一个机器人领域工作者义不容辞的责任。

然而，先进机器人行业在蓬勃发展的同时，也面临着一系列严峻的挑战。这其中包括理论研究、能源材料、制造安全和伦理等各方面的问题。一方面，基于新型材料的先进机器人的建模与控制技术仍是一个开放且具有挑战性的难题。这些新型材料往往具有各种复杂的非线性特征，这些非线性特征相互耦合，对精确的建模和控制带来了巨大的挑战。另一方面，先进机器人的设计和制造，对于材料的选择、能源的携带往往有着更高的要求。例如，微纳型机器人为了减轻体积和质量，无法携带传统的电池，而必须探寻更轻便、节能的功能方案；复杂环境中的探索，对外壳材料的密度、强度、耐磨损性能也有着更高的要求。

无疑，在未来的发展中，需要深入探寻解决这些挑战的方法。在现代科技发展的洪流中，更应该看清时代局势，明确未来的发展目标，鼓励多学科合作和共同进步。机器人的探索之路道阻且长，但广大机器人领域工作者唯有直面困难，迎难而上，方能不负所望，长风破浪，迎来属于中国机器人的时代。

习　题

8-1　本书介绍了机器人从刚性到软体的发展历程及在各领域的典型应用。请简要说明软体机器人相较于刚性机器人的优势与劣势，并举例说明其在某一领域的具体应用。

8-2　随着智能材料在机器人领域的应用不断推进，智能材料软体机器人成为研究热点。请探讨智能材料在机器人领域的应用前景和挑战，并提出应对挑战的解决策略。

8-3　随着先进机器人技术的不断发展，机器人在医疗领域的应用逐渐增多。请探讨机器人在医疗领域的应用现状和潜在发展方向，并分析机器人在医疗领域应用中可能面临的技术挑战。

8-4　集群机器人系统通过多台机器人之间的协同合作，能够实现更复杂的任务和更高效的工作。请探讨集群机器人系统在工业生产和灾难救援等领域的优势和挑战，以及如何解决集群机器人系统面临的技术和管理问题。

参考文献

[1] WU B Y, XUE Y T, ALI I, et al. The dynamic mortise-and-Tenon interlock assists hydrated soft robots toward off-road locomotion [J]. Research, 2023 (1): 553-564.

[2] WU J D, WANG Y W, YE W J, et al. Positioning control of liquid crystal elastomer actuator based on double closed-loop system structure [J]. Control Engineering Practice, 2022, 123: 105136-105150.

[3] KAKEI Y, KATAYAMA S, LEE S, et al. Integration of body-mounted ultrasoft organic solar cell on cyborg insects with intact mobility [J]. npj Flexible Electronics, 2022, 6 (1): 726-734.

[4] LIU X J, CHEN W J, ZHAO D F, et al. Enzyme-powered hollow nanorobots for active microsampling enabled by thermoresponsive polymer gating [J]. ACS nano, 2022, 16 (7): 10354-10363.

[5] ZHOU X, WEN X Y, WANG Z P, et al. Swarm of micro flying robots in the wild [J]. Science Robotics, 2022, 7 (66): 1-17.

[6] 王伟嘉，郑雅婷，林国政，等. 集群机器人研究综述 [J]. 机器人，2020，42 (2): 232-256.

[7] 简珣. 仿生机器人研究综述及发展方向 [J]. 机器人技术与应用，2022 (3): 17-20.

[8] 徐岚，商丽，徐紫馨，等. 机器人在制造业中的应用与发展趋势 [J]. 科技资讯，2023，21 (24): 44-48.

[9] 刘伟，赵潇，傅扬. 医疗机器人研究、应用现状及发展趋势 [J]. 中国医疗设备，2023，38 (12): 170-175.

[10] 张珺仪. 机器人驱动的现状及发展趋势 [J]. 工业控制计算机，2023，36 (10): 7-9.

[11] 张志春，赵远飞，镡志伟. 水域救援用水下机器人的发展现状与趋势 [J]. 机电工程技术，2024，53 (3): 17-21.

[12] 赵亮亮，李雪皑，赵京东，等. 面向航天器自主维护的空间机器人发展战略研究 [J]. 中国工程科学，2024，26 (1): 149-159.

[13] 潘博，马如奇. 月面建造机器人现状与展望 [J]. 华中科技大学学报 (自然科学版)，2024，52 (8): 56-64.

[14] 中国政府网. 十五部门关于印发《"十四五" 机器人产业发展规划》的通知 [EB/OL]. (2021-12-28) [2024-6-8]. https://www.gov.cn/zhengce/zhengceku/2021-12/28/content_5664988.htm.

[15] 人民网. 未来五年机器人产业发展：拥抱升级换代窗口期 [EB/OL]. (2021-12-28) [2024-6-8]. http://finance.people.com.cn/n1/2021/1228/c1004-32319059.html.

[16] ABB. ABB 预测 2023 年机器人主流发展三大趋势 [EB/OL]. (2023-3-3) [2024-6-8]. https://new.abb.com/news/zh-CHS/detail/103012/abb-robotics-2023-3trends.

[17] 澎湃新闻. 顶级专家讨论：生成式 AI 与机器人技术的未来 [EB/OL]. (2023-12-25) [2024-6-8]. https://www.thepaper.cn/newsDetail_forward_25773953.